碱金属电池

关键材料基础与应用

王 勇 主编　陈双强 刘 浩 副主编

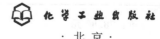

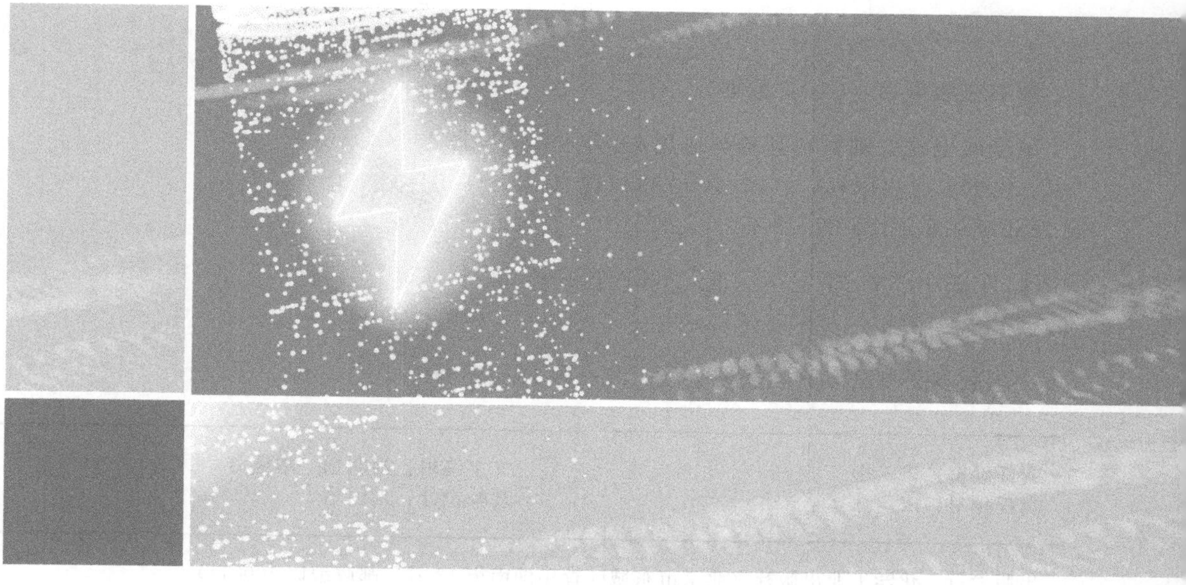

化学工业出版社

·北京·

内容简介

在各种储能系统中，碱金属电池受到了越来越多的关注。本书从碱金属电池基本原理以及关键材料开发、设计和应用技术出发，内容涵盖碱金属电池概述和工作原理；电池材料的制备方法；电池材料的表征；锂离子电池；钠离子电池；碱金属硫电池；金属空气电池（锂空气电池、钠空气电池、钾空气电池、锌空气电池）；碱金属负极；其他新型二次电池（钾离子电池、镁离子电池、铝离子电池、锌离子电池、钙离子电池）等。全书反映了国内外的碱金属电池工艺研究及应用领域的更新成果，展现了新技术发展和研究趋势。

本书内容全面系统，实用性突出，既可作为电池相关企业以及高校和科研院所相关科研人员的参考书籍，也可作为新能源、新能源材料、材料与化工等专业在校师生的教材或教学参考书。

图书在版编目（CIP）数据

碱金属电池关键材料基础与应用/王勇主编．—北京：化学工业出版社，2021.10（2023.11重印）

ISBN 978-7-122-39477-4

Ⅰ.①碱…　Ⅱ.①王…　Ⅲ.①碱性蓄电池-材料

Ⅳ.①TM912.2

中国版本图书馆CIP数据核字（2021）第133207号

责任编辑：朱　彤　　　　文字编辑：师明远　毕梅芳

责任校对：宋　玮　　　　装帧设计：刘丽华

出版发行：化学工业出版社（北京市东城区青年湖南街13号　邮政编码100011）

印　　装：北京天宇星印刷厂

787mm×1092mm　1/16　印张13　字数320千字　　2023年11月北京第1版第3次印刷

购书咨询：010-64518888　　　　售后服务：010-64518899

网　　址：http://www.cip.com.cn

凡购买本书，如有缺损质量问题，本社销售中心负责调换。

定　　价：78.00元

前言

能源是人类社会赖以生存和发展的物质基础，在国民经济中具有特别重要的战略地位。随着社会的发展，人类消耗的能源日益增长；同时，煤炭、石油等常规化石资源的燃烧和有害物质的排放导致了一系列环境和生态问题。为了适应日益增长的能源需求，也为了保护人类赖以生存的自然环境，开发先进的可再生能源技术，研制新型储能材料以及制造新型储能设备等，正在成为全球解决能源问题的当务之急。

可再生新能源技术开发利用的主要难点在于收集、储存和转换，而对于新能源发电领域，良好稳定的储能系统和设备是制约能量转换的关键性因素。近年来，我国储能技术呈现多元发展的良好态势，超导储能和超级电容及铅蓄电池、锂离子电池、钠硫电池、液流电池等储能技术取得了一定进展；我国储能技术总体上已经初步具备了产业化发展的良好基础。在各种可持续储能系统中，可充电碱金属电池受到了越来越广泛的关注，碱金属电池以其高能量/功率密度、高转化效率、长循环寿命、宽工作温度范围、高可靠性、清洁无污染等优势在众多先进储能技术中脱颖而出，其应用领域包括便携式电子设备、电动汽车（EV）和混合动力车辆（HEV）等。大力发展碱金属电池技术，对于我国能源行业具有重要的现实意义，将成为提升电池产业发展水平的新动能。

为了更好地推动碱金属电池技术的发展，本书根据当前电化学能源材料领域的新技术、新成果、新进展，同时结合储能技术与产业发展理念，全面、系统地总结了新型电化学能源材料和相关测试与表征技术等。全书主要阐述了目前新能源领域中电池材料的常用制备方法和表征手段，着重探讨了碱金属（包括锂、钠和钾）电池的工作原理，相关电极材料的制备、表征和应用，以及在电池工作过程中出现的关键问题，主要包括碱金属离子电池、碱金属硫电池、金属空气电池（本书中的金属空气电池，主要是指碱金属空气电池）和碱金属负极材料的新研究进展和新成果。此外，还对电化学能源材料的发展现状和未来趋势进行了讨论和展望，希望能够引起有志于从事能源、电池、能源材料和储能材料的研究人员、工程技术人员以及在校师生等广大读者的兴趣，同时也希望在一定程度上能够助力相关产业的发展。

本书由王勇担任主编，陈双强和刘浩担任副主编。其中，上海大学环境与化学工程学院的陈双强教授负责第 6 章~ 第 8 章和第 10 章的编写；刘浩教授负责第 9 章的编写，其余章节由王勇教授负责编写。本书主编王勇教授于 2000 年开始从事能源电池材料研究，在该领域研究时间已达 20 余年，在此衷心感谢给予关心和帮助的广大老师、同人、朋友和研究生们。本书的最终完成是整个课题组无私贡献的成果。

由于水平和时间有限，加之本书涉及面较广，书中疏漏之处在所难免，敬请广大读者批评、指正。

编者

2021 年 4 月

于上海大学

目录

第4章 电池材料的表征 / 044

第5章 锂离子电池 / 076

第6章 钠离子电池 / 105

第7章 碱金属硫电池 / 122

第8章 金属空气电池 / 141

第9章 碱金属负极 / 158

第10章 其他新型二次电池 / 182

第1章 绪论

能源是指能够提供能量的各种物质资源。能源不仅是国民经济的重要物质基础，而且具有特别重要的战略地位。自然界的能源主要分为两大类：可再生能源和非可再生能源。可再生能源指的是能够不断得到补充或者可以在一个短的周期内再产生的能源；而非可再生能源是亿万年间形成于自然界中，并且在短期内无法恢复的能源，例如煤、石油和天然气等，这些非可再生能源的储量会随着人类大规模开发利用而逐渐枯竭。在未来的20年中，能源需求将比人们目前的使用量至少增长35%，而化石燃料的消耗量预计将增加而不是减少，这将对世界非可再生能源的储备带来越来越大的压力。另外，煤炭、石油等化石资源的燃烧和有害物质的排放导致了一系列的环境和生态问题，比如酸雨、大气污染、温室效应等。因此，为了应对日益增加的全球人口的能源需求，同时为了保护人类赖以生存的自然环境，先进的可再生能源技术的发展成为全球能源问题的当务之急。

自然界中存在多种可再生能源，包括风能、太阳能、潮汐能、生物质能和地热能等。这些可再生能源具有能量密度低、资源丰富、分布广、环境友好等共同优点。因此，对这些清洁可再生能源的存储和利用能够极大地缓解能源危机以及环境污染。新能源充分开发利用的难点在于收集、存储和转换，而对于新能源发电领域，良好、稳定的储能系统和设备是制约能量转换的关键性因素。常见的能源存储和转换系统有超级电容器、燃料电池、太阳能电池和储氢设备等。在各种可持续储能系统中，可充电碱金属电池受到了越来越广泛的关注，其应用领域包括便携式电子设备、电动汽车（EV）和混合动力车辆（HEV）等。

正负极、电解液、隔膜是碱金属电池的重要组成部分。锂离子电池与传统电池（铅酸电池、镍镉电池、镍氢电池等）相比，具有能量密度高、电压高、自放电低、无记忆效应、可微型化和便于商业化生产等优点。但是，碱金属电池也存在一些缺点，例如负极由于库仑效率低、体积变化大、枝晶生长严重、电极易龟裂等问题，在实际应用中面临着巨大挑战。如金属电极表面存在的不均匀的固体电解质界面（solid electrolyte interphase，SEI），会导致电极界面上电荷的不均匀分布，从而导致不均匀的金属沉积和枝晶生长问题；在反复的充放电循环过程中，碱金属负极会发生不可避免的体积变化，其连续的界面重建不仅会引起表面SEI膜的破裂，还将消耗电池系统中有限的金属源，因而存在严重的安全隐患，这也是导致电池的使用寿命急剧缩短的原因之一。因此，选择、设计和制备合适的正负极、电解液以及隔膜材料直接决定了碱金属电池的电化学性能。

提高电池材料性能的关键，在于对电池材料本质特征的深入了解和不断探索。电池原理的探究，电池材料的制备、表征及电化学行为，是研究和开发新型高效可充电碱金属电池的基础。本书阐述了碱金属（锂/钠/钾）相关电池（主要分为碱金属离子电池、碱金属硫电池、碱金属空气电池）和碱金属负极。其中，应用最广的碱金属离子电池工作原理遵循广泛被接受的“摇椅式”离子工作机制。在该过程中，Li^+/Na^+/K^+往复穿梭于正负极之间，在两极材料中可逆地脱出与嵌入，其本质上是一种金属离子的浓度差电池。人们将正极材料集中在与硫或者空气等材料相关的碱金属电池研究领域，将其划分为碱金属硫电池或者碱金属空气电池。其能量转化的基本方式仍然是通过在正负两极之间发生的与碱金属有关的氧化还原反应，只不过在此过程中涉及硫或者氧与碱金属硫化物或者氧化物之间复杂的转换机制，但本质上仍然是碱金属离子电池。关于碱金属电池的大致分类和工作原理将在本书的第2章中阐述。

不同电池材料由于制备方法与原理各不相同，得到的材料的物理化学特性也大不相同，对最终电极材料的电化学性能也影响巨大。常见的电极材料制备方法按照反应介质可以分为三大类：固相制备法、液相制备法和气相制备法。其中，固相制备法包括高温固相反应法、机械化学法、熔融浸渍法、碳热还原法、固相配位反应法等。固相制备法具有工艺简单、可操作性强、成本低、易大规模生产等优点，是许多储能材料合成的最常用方法。液相制备法主要有微波合成法、静电纺丝法、溶胶-凝胶法、聚合物前驱体法、共沉淀法、喷雾干燥法、溶剂热/水热合成法、微乳液法。在诸多液相制备法中，微波合成法由于具有加热速度快、加热均匀、加热效率高、加热渗透力强、安全无害等特点，较易实现工业化生产。溶剂热/水热法是一种在密闭容器内完成的湿化学方法，与溶胶-凝胶法、共沉淀法等其他湿化学方法的主要区别在于温度和压力。溶剂热/水热法因其方法简单，易操作，对环境友好，目前已成为合成纳米材料的最重要的方法之一，广泛应用于合成纳米材料、磁性材料、光学材料、红外线反射膜材料和传感器材料。气相制备法可分为化学气相沉积（chemical vapor deposition，CVD）和物理气相沉积（physical vapor deposition，PVD）两种方法。

对于碱金属电池材料而言，鉴别、确定其独特的结构组成及评价其优异的电化学性能的根本途径是对这些材料进行全面的表征与测试。常见的材料表征方法分为四类，分别是结构表征、形貌表征、成分表征和性质表征。其中，结构表征主要包括X射线衍射技术、红外光谱分析技术、拉曼光谱分析技术、固体核磁分析技术；形貌表征主要包括扫描电子显微镜（scanning electron microscopy，SEM）技术、透射电子显微镜（transmission electron microscopy，TEM）技术、扫描探针技术；成分表征主要包括元素分析、X射线能量色散、X射线光电子能谱分析技术、微分质谱技术；性质表征主要包括热重分析测试技术、气体吸附法。一般来说，X射线衍射技术（X-ray diffraction，XRD）是固体材料进行结构分析的重要工具之一，通过分析其衍射图谱，可以获得材料的成分、材料内部原子或分子的结构或形态等信息。红外光谱分析（infrared spectra analysis，IR）指的是利用红外光谱对所制备的材料进行官能团和分子结构的分析鉴定。SEM可直接利用样品表面材料的物质性能进行微观成像，从而实现对材料微观形貌的表征分析。相对SEM，TEM更适合了解材料内部的结构形貌，比如对于探测表征空心或多孔结构是一个非常有效的测试技术。目前，SEM和TEM已经被广泛应用于材料、冶金、生物等众多领域，已经成为材料科研领域中必不可少的重要表征技术。X射线光电子能谱（X-ray photoelectron spectroscopy，XPS）是当前成分分析测试中使用最广泛的光谱仪器之一，可以鉴定元素种类、化学价态和估算元素含量，同时还能测量该元素周围其他元素、官能团、原子团对其内壳层电子的影响所产生的化学位移。常见的电池电化学表征方法主要有充放电测试、循环伏安法（cyclic voltammetry，CV）、电化学阻抗技术、恒电流间歇滴定技术（galvanostatic intermittent titration technique，GITT）、控制电流技术。半电池的恒电流充放电测试，主要考察离子电池正负极材料在充放电过程中的充电和放电的电压随时间（或者转化为比容量）的变化曲线关系，以及电化学容量反复充放电的循环稳定性能。循环伏安法是一种很有用的电化学研究方法，可应用于电极反应的性质、机理和电极过程动力学参数的研究；也可用于定量分析反应物浓度、电极表面吸附物的覆盖度、电极活性面积以及电极反应速率常数、交换电流密度、反应的传递系数等动力学相关参数。交流阻抗法主要是测量法拉第阻抗（Z）及其与被测定物质的电化学特性之间的关系。该方法原本是研究线性电路网络频率响应特性的一种方法，现在被应用到电极过程中，成为了一种电化学研究方法。关于碱金属电池电极材料的制备、材料表征以及电化学表征的详细内容将在本书的第 3、4 章中阐述。

碱金属离子电池工作原理是碱金属离子在电池正负极间的反复嵌入和脱出，在此过程中伴随着氧化还原反应，即化学能和电能的相互转化。根据碱金属的种类，将离子电池分为锂离子电池、钠离子电池、钾离子电池，其他新型电池还有锌离子电池、镁离子电池、铝离子电池等。由于金属锂具有较高的活性，且离子半径较其他碱金属小，在离子嵌入和脱出过程中体现出显著的动力学优势。因此，锂离子电池成为目前最重要的碱金属离子电池。锂离子电池在储能技术中具有较高的能量密度，自 1991 年由索尼公司商业化开发成功以来，迅速产业化，已用于轻巧、灵活的可穿戴设备和运输系统中，如智能手机、无人机、混合动力汽车和电动汽车。锂离子电池展示出广阔的发展潜力和巨大的经济效益，并且迅速成为近年来广为关注的研究热点。另外，还使用硫或硫复合物代替传统的含碱金属多元化合物作为离子电池正极材料，碱金属作为负极材料组成的电池也具有优异的电化学性能，该类电池被称为碱金属硫电池。碱金属硫电池是极具竞争力的下一代电池体系，包括锂硫电池、钠硫电池和钾硫电池等。其中，硫（S）正极材料的理论比容量高达 1672mA · h/g，被认为是一种理想的正极材料。锂、钠、钾（Li、Na、K）三种碱金属作为负极时的理论比容量分别高达约 3860mA · h/g、1166mA · h/g 和 685mA · h/g，被认为是几种最理想的负极材料。虽然碱金属硫电池具有上述性能优势，但是目前研究还面临着一些挑战，例如充放电过程中产生的多硫化物中间产物所引起的穿梭效应，以及负极碱金属在循环过程中不均匀沉积形成碱金属枝晶导致的安全问题。金属空气电池是化学电池装置的一种，其负极是金属，正极是空气中的氧气。锂空气电池由于在正极上使用空气中的氧作为活性物质，理论上正极的容量是无限的。另外，如果负极使用金属锂，理论容量会比锂离子电池提高一个数量级。但是，锂空气电池存在致命缺陷，即固体反应生成物氧化锂（Li_2O）会在正极电极表面堆积，使电解液与空气的接触被阻断，从而导致放电停止。

电极、电解液和隔膜是碱金属电池的重要组成部分。其中，电极在电池中一般指与电解质溶液（即电解液）发生氧化还原反应的部分，是电池的核心，在一定程度上直接决定了电池的性能。电极有正负之分，一般正极为阴极，获得电子，发生还原反应；负极则为阳极，失去电子发生氧化反应。电极一般由活性物质、导电剂和黏结剂组成。其中，正负极活性物质在电池电极工作过程中起主导作用，是产生电化学能源的源泉，是决定电池基本特性的不可或缺的组成部分。目前，商业锂离子电池一般使用锂合金金属氧化物为正极活性材料、石墨为负极材料。当电池处于工作状态时，电极材料通过发生氧化还原反应提供能量。因此，探索电极反应的热力学过程，对于开发、设计新型电极材料具有重要的理论指导意义。电解液作为离子移动的介质，在电池正、负极之间起到传导离子的作用。电解液一般由高纯度的有机溶剂、电解质金属盐、必要的添加剂等原料，在一定条件下、按一定比例配制而成。电解液的电导率很大程度上决定了电池的放电能力，电解液的稳定性也影响了电池系统的性能指标，因此选择合适的电解液对于提高电池性能是至关重要的。在碱金属电池的结构中，隔膜也是关键的内层组件之一。隔膜的主要作用是使电池的正、负极分隔开来，防止两极接触而短路。此外，其还具有电解质离子通过的功能。隔膜材质是不导电的，其物理化学性质对电池的性能有很大影响。电池的种类不同，采用的隔膜也不同。对于锂电池系列，由于电解液为有机溶剂体系，需要耐有机溶剂的隔膜材料，一般采用高强度薄膜化的聚烯烃多孔膜。隔膜的性能决定了电池的界面结构、内阻等，直接影响电池的容量、循环以及安全性能等特性，性能优异的隔膜对提高电池的综合性能具有重要的作用。本书第 5～8 章将会详细介绍有关碱金属离子电池、碱金属硫电池和碱金属空气电池的内容，包括电极材料、电解液及隔膜的选择、设计和制备。第 8 章还会介绍与碱金属空气电池一样重要并受到广泛关注的锌空气电池。

同时，电池的设计，尤其是碱金属电池负极材料的合成设计，还面临许多挑战，例如更好的循环性能，更好的安全性，更高的功率密度和能量密度。碱金属枝晶生长是影响碱金属电池安全性和稳定性的基本问题之一。枝晶的生长将导致离子电池循环期间电极和电解质界面的不稳定性，破坏生成的固体电解质界面（solid electrolyte interphase，SEI）膜，并且碱金属枝晶将在生长过程中继续消耗电解质并导致碱金属的不可逆沉积，从而造成低的库仑效率。另外，碱金属枝晶的形成甚至会刺穿隔膜，进而导致碱金属离子电池内部短路，造成电池的热失控，从而引起电池燃烧，甚至爆炸。关于锂枝晶的生长机制在学术界仍存在争议。通过各种电子显微镜技术，在纳米尺度上深入了解和认识碱金属枝晶的生长演变过程，对于解决此问题至关重要。只有预先对碱金属枝晶形成一定的理论分析基础，才能够从各方面探索抑制碱金属枝晶形成的策略。目前，为了抑制碱金属枝晶的形成方法，常见的方法主要是从以下几个方面展开：电解液的改性、人造 SEI 膜、隔膜修饰、负极电极和集流体的有效设计等。关于碱金属负极枝晶生长、形成、抑制策略的详细内容见本书第 9 章。

对自然界中可再生能源的开发与利用将是人类永恒的话题。电池系统在化学能与电能的转换过程中起到了不可替代的作用，因此开发和设计各种高性能电池应用技术迫在眉睫。除上述碱金属电池内容以外，其他新型二次电池，例如，研究相对较新但较少的钾离子电池和部分非碱金属离子电池包括镁离子电池、铝离子电池、锌离子电池和钙离子电池会在第 10 章中阐述，以方便读者了解金属离子电池领域的更新技术发展和前沿知识。

第2章 碱金属电池概述和工作原理

锂/钠/钾三种元素是碱金属一族中最具代表性的元素，它们具有较高的理论比容量和较低的还原电位，已经发展成为二次电池电极应用领域的宠儿。其中，排在第一位的金属锂具有离子半径最小和氧化还原电势最低的优势（见表2-1[1]），在离子嵌入和脱出过程中展现出显著的动力学优势，在目前各类二次电池中的应用最为广泛。以金属锂作为负极的初始锂二次电池（Li-TiS_2 和 Li-MoS_2）受限于锂枝晶生长带来的安全隐患[2]，其商业化应用举步维艰。为了解决该问题，以碳材料替代金属锂负极的锂离子二次电池应运而生。自1991年，基于“摇椅式”充放电机制的锂离子二次电池投入市场以来，锂离子电池因其工作电压高、能量密度高以及循环寿命长的优势，已经在便携式电子设备、电动汽车等领域获得了广泛应用[3,4]。但是，锂元素的资源匮乏、资源分布极度不均匀以及锂离子电池每千瓦时的高成本限制了其应用。钠/钾元素与锂类似，它们的氧化还原电势与锂相差不大，虽然理论比容量比锂低，但其丰度高和成本低的优势促使钠/钾离子二次电池未来最有潜力替代锂离子电池。在科学研究领域，相比于钠/钾离子电池，锂离子电池发表论文的总数目仍然遥遥领先（2019年发文数量近23000篇，见表2-2）。锂/钠/钾离子电池的文献发表数量逐年攀升［图2-1(a)］，钠/钾离子电池作为后起之秀，从2014年开始，相关文献发表数量增速显著，同比增长率已经超过“前辈”锂离子电池［图2-1(b)］。值得注意的是，尽管目前对这些电化学储能系统的研究取得了巨大成功，但其性能仍不能满足当今市场对大容量能量存储装置的需求，开发具有更高能量/功率密度以及更低成本的新型二次电池迫在眉睫[5,6]。下一代高比能二次电池，尤其是碱金属硫和碱金属空气电池（分别以单质硫和空气中的氧气为正极反应材料）引起研究者们的极大关注。其中，锂硫和锂空气电池的理论能量密度分别可达约2600W·h/kg和约3456W·h/kg（见表2-1）。此外，单质硫材料天然储量丰富，金属空气电池更是直接利用空气中的氧气作为正极活性物质，因此两种二次电池成本低廉，环境友好，在储能领域有着巨大的应用潜力。由图2-1(c)可知，从2013年开始，有关锂/钠/钾金属负极的文章发表量占比整体上均呈现逐年增加的趋势，这从侧面反映出科研领域对碱金属直接作为电池负极的研究关注度不断增加。但是，碱金属负极的发展也面临巨大的挑战，如金属负极在不断地沉积/剥离期间不稳定的SEI膜的破裂、锂枝晶生长和体积膨胀等问题亟待解决。

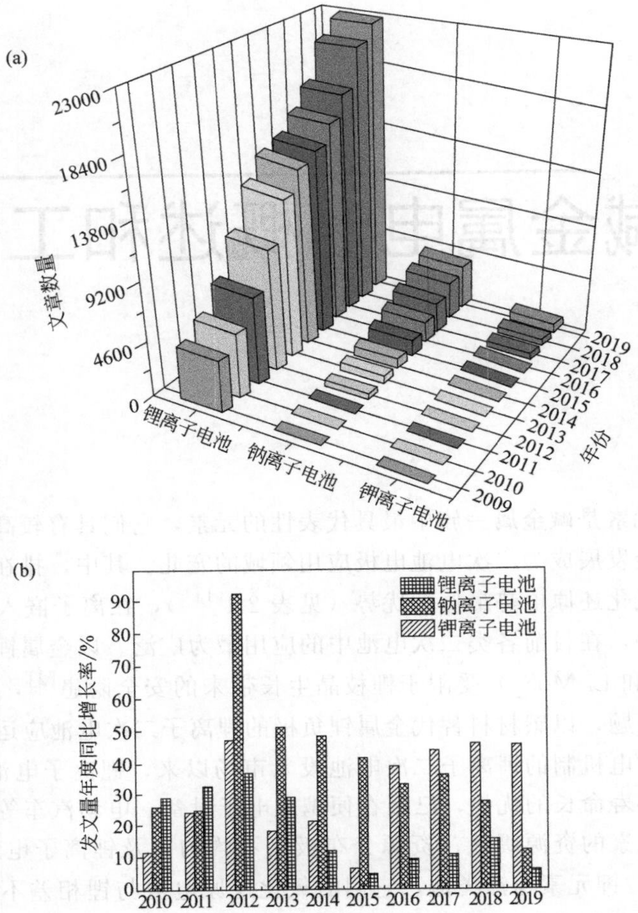

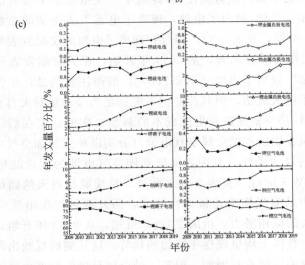

图 2-1　基于表 2-2 数据的各类碱金属电池文章发表量统计图

（a）近年来碱金属离子电池领域论文发表数量统计图；

（b）近年来碱金属离子电池领域论文发表数量年度增长率统计图；

（c）近年来各类碱金属电池论文发表数量所占百分比统计图

⊡ 表 2-1 锂/钠/钾金属负极的物理和电化学特性

碱金属	地壳丰度（质量分数）	原子量	离子半径	密度	氧化还原电位	理论比容量	理论能量密度（金属-O_2）分别基于放电产物 Li_2O_2、Na_2O_2、KO_2 计算	理论能量密度（金属-S）
	%	—	Å	g/cm³	V(vs. 标准氢电极)	mA · h/g	W · h /kg	W · h /kg
Li	约 0.01	6.94	0.76	0.53	−3.04	约 3860	约 3456	约 2600
Na	2.83	22.99	1.02	0.97	−2.71	约 1166	约 1108	约 1230
K	2.59	39.10	1.38	0.86	−2.93	约 687	约 935	约 914

目前报道的碱金属（锂/钠/钾）电池，主要包括锂/钠/钾离子电池、锂/钠/钾硫电池、锂/钠/钾空气电池和以碱金属直接为负极的锂/钠/钾金属负极电池[2]。在各类碱金属电池体系中，电极材料是决定电池性能的关键。因此，对电极材料的开发研究也成为研究者们关注的重点，这主要涉及对新材料的开发以及对现有材料的修饰改性。掌握各类电池运行机制的基础知识，将有助于研究者们有的放矢地开展研发相应电极材料的工作，并且这些基础知识将对碱金属电池的深入和可持续发展提供有力的理论支撑。因此，本章对各类碱金属电池的分类和不同的工作原理进行了概述。

⊡ 表 2-2 2009 年~ 2019 年各类碱金属电池论文发表数量统计表（使用 Web of Science 数据库按“主题”搜索）

关键词	年份										
	2019	2018	2017	2016	2015	2014	2013	2012	2011	2010	2009
lithium ion battery(锂离子电池)	22848	21522	18638	16879	15464	14787	13232	10257	7491	5651	4380
sodium ion battery(钠离子电池)	3895	3482	2734	2007	1509	1067	721	478	249	200	159
potassium ion battery(钾离子电池)	927	637	437	304	219	206	170	144	98	79	71
lithium sulfur battery(锂硫电池)	2995	2580	1970	1534	1266	943	670	376	249	161	127
sodium sulfur battery(钠硫电池)	576	468	371	294	206	261	227	159	97	77	31
potassium sulfur battery(钾硫电池)	136	92	61	50	37	36	24	19	14	6	5
lithium air battery(锂空气电池)	2791	2767	2241	2033	1735	1588	1431	1004	631	452	288
sodium air battery(钠空气电池)	389	354	275	231	157	141	118	62	39	38	27
potassium air battery(钾空气电池)	124	100	83	74	46	55	32	21	15	25	9
lithium metal anode(锂金属负极)	3696	3063	2300	1782	1438	1373	999	695	557	440	421
sodium metal anode(钠金属负极)	1063	952	684	472	434	312	233	185	133	119	110
potassium metal anode(钾金属负极)	293	185	152	98	107	81	67	63	52	57	55

2.1 碱金属电池的分类

本书提及的碱金属（锂/钠/钾）电池主要按照碱金属离子电池、碱金属硫电池、碱金属空气电池和以碱金属直接为负极的碱金属负极来分类阐述[2]。如前所述，初代锂二次电池直接以锂金属作为负极，但是负极表面金属锂枝晶生长带来了电池性能衰减和安全隐患。为了避免这些问题，采用可以脱嵌碱金属离子的化合物，如石墨等层状材料，来替代碱金属负极，进而发展出了碱金属离子电池，并且成功地进行了商业化。其中，最具代表性的就是锂离子电池和钠离子电池。

2.2 碱金属电池的原理

2.2.1 碱金属离子电池

碱金属离子电池是由数个电化学电池单元并联或串联组成，提供一定的电流或电压。每个电池单元通常都由正极材料、电解液、隔膜、负极材料和集流体五部分组成。电解液将两极隔开，具有电绝缘性和离子导电性。锂/钠/钾离子电池均遵循 Armand 提出的“摇椅式”（rocking chair type）Li^+工作机制[7]，具有类似的工作过程（如图 2-2 所示，以锂离子电池为例）。在该过程中，$Li^+/Na^+/K^+$ 像 U 形池滑板选手一样往复穿梭于正负极之间，在两极材料中可逆地脱出与嵌入，其本质上是一种金属离子的浓度差电池。

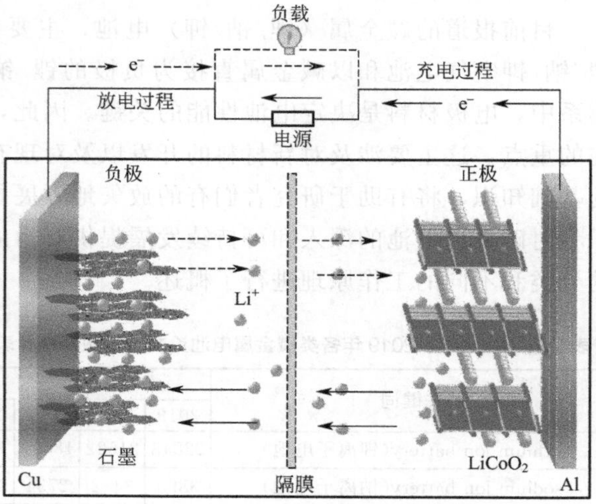

图 2-2 锂离子电池工作原理示意图

2.2.1.1 锂离子电池工作原理

锂离子电池充放电过程中Li^+和电子的转运过程如图 2-2 所示，以典型的嵌锂材料 $LiCoO_2$ 正极和石墨负极配置的电池为例。在充电阶段，在外电场的驱使下，Li^+ 从 $LiCoO_2$ 正极中脱出，随后在电解液中穿梭并通过隔膜进入负极电解液一侧，最终嵌入石墨负极的层间。在 Li^+ 转运的同时，为了维持电荷平衡，电子则从正极释放通过外电路向负极迁移。充电过程最终使得石墨负极因沉积大量 Li^+ 而处于富锂态；相反地，正极相应地变成了贫锂态。在放电阶段，Li^+ 从石墨负极层间脱嵌，经由电解液穿过隔膜迁移至正极并重新嵌入 $LiCoO_2$ 晶格结构中。电子则从负极释放经由外电路转运至正极[8, 9]。如此充放电过程实现化学能与电能之间的相互转化，其中 Li^+ 的嵌入/脱嵌伴随着过渡金属离子的还原/氧化，充放电过程的化学表达式如下（互为逆反应）：

正极：$$LiCoO_2 \rightleftharpoons Li_{1-x}CoO_2 + xLi^+ + xe^- \tag{2-1}$$

负极：$$6C + xLi^+ + xe^- \rightleftharpoons Li_xC_6 \tag{2-2}$$

总反应：$$LiCoO_2 + 6C \rightleftharpoons Li_{1-x}CoO_2 + Li_xC_6 \tag{2-3}$$

2.2.1.2 钠/钾离子电池工作原理

类似于上述锂离子电池的运行机制，钠/钾离子电池的充放电过程也遵循离子嵌入/脱嵌的可逆过程机理[10]。在充电阶段，Na^+/K^+ 从正极中脱出，随后在电解液中穿梭并通过隔膜进入负极电解液一侧，最终嵌入层状负极材料的层间。在 Na^+/K^+ 转运的同时，为了维持电荷平衡，电子通过电池外部电路以相同的方向运动[11]。充电过程最终使得正负极之间产生 Na^+/K^+ 浓度差。在放电阶段，Na^+/K^+ 逆向迁移，即从层状负极层间脱嵌，经由电解液穿过隔膜重新返回正极材料晶格结构中；电子则经由外电路转运至正极，详见第 6 章。

2.2.2 碱金属硫电池

典型的碱金属硫电池由锂/钠/钾金属作为负极材料，单质硫作为正极材料，所使用的电解液通常是酯类（碳酸乙烯酯、碳酸二乙酯、碳酸二甲酯等）或醚类（二乙醚、二甘醇二甲醚等）溶剂与各种碱金属盐及其他添加剂的混合液[12]，也包括离子液体电解质、全固态聚合物电解质、凝胶态聚合物电解质以及无机固体电解质等可有效抑制多硫化物“穿梭效应”的电解液[13,14]。图 2-3 是以锂硫电池为代表性示例，展示了其结构组成和充放电过程。典型的锂硫电池分别以含硫的碳硫复合物和锂金属为正负极，电解液采用有机液体电解质。在充放电过程中，碱金属负极发生金属溶解/沉积的可逆过程，而硫正极进行可逆的负离子氧化还原反应[15]。金属离子和电子分别在电解液和外电路中迁移。正负极的电化学反应通式可表示为：

正极总反应： $S_n + 2nM^+ + 2ne^- \rightleftharpoons nM_2S \ (1 \leqslant n \leqslant 8)$ (2-4)

负极总反应： $2M \rightleftharpoons 2M^+ + 2e^-$ (2-5)

2.2.2.1 锂硫电池工作原理

锂硫电池是一种高比能电化学储能装置，它将电能储存在硫电极中。与传统的锂离子电池“摇椅式”脱出/嵌入工作机制不同，发生在正负两极之间的氧化还原反应是锂硫电池能量转化的基本方式。单个锂硫电池单元的元件组成以及充放电过程如图 2-3 所示。典型的锂硫电池元件包含金属锂负极、电解液、隔膜、含硫的正极材料和集流体。起始的硫正极处于一种非嵌锂状态，因此首先需要对新组装的锂硫电池进行放电操作。在放电阶段，负极金属锂发生氧化反应产生 Li^+；Li^+ 经由电解液穿过隔膜扩散到硫正极电解液一侧，电子则从负极释放经由外电路转移至硫正极。当外电路电子和 Li^+ 到达硫正极，单质硫发生逐步的还原反应直至最后转变成硫化锂（Li_2S）。充电过程则逆向进行，在外电场的驱使下，Li^+ 从 Li_2S 中脱出，经由电解液穿过隔膜扩散至金属锂负极，电子从正极经由外电路转移至负极。最终 Li_2S 被逐步地氧化为硫单质，Li^+ 在负极被还原为金属锂[16]。放电过程的化学反应方程式如下（充电过程则是逆反应过程）：

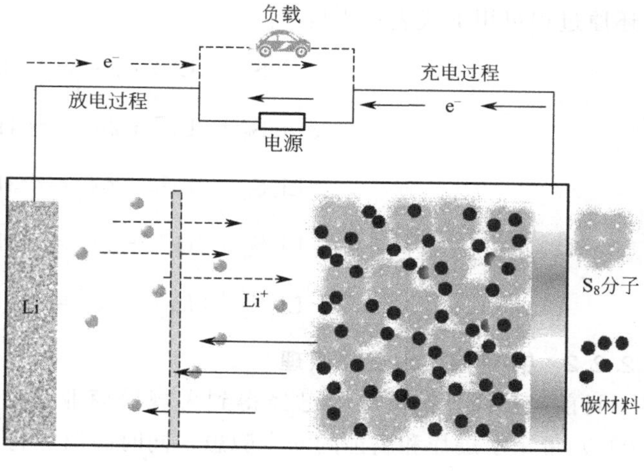

图 2-3 锂硫电池工作原理示意图

正极总反应： $S + 2Li^+ + 2e^- \rightleftharpoons Li_2S$ (2-6)

负极总反应： $2Li \rightleftharpoons 2Li^+ + 2e^-$ (2-7)

电池总反应： $S + 2Li \rightleftharpoons Li_2S$ (2-8)

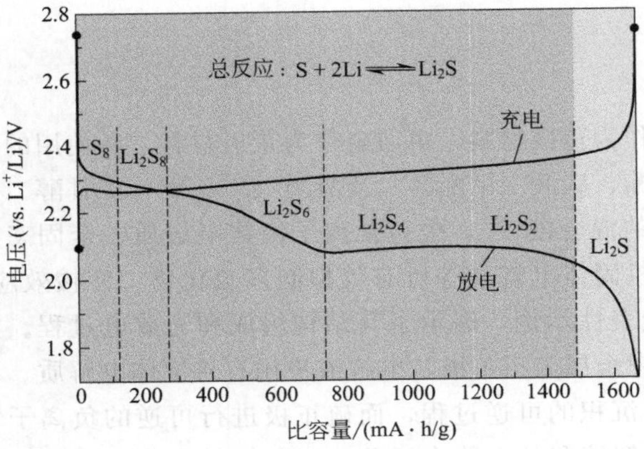

图 2-4　锂硫电池的充放电曲线示意图

实际上，硫正极经历了多步骤的复杂氧化还原反应过程。通常锂硫电池的放电曲线对应于两个放电平台和单质硫还原的四个阶段，如图 2-4 所示。第一个放电平台出现在 2.4V 左右，该平台对应于固态单质 S_8 还原为可溶的长链 Li_2S_8 的固-液相转化过程（第一阶段）。随着放电的进行，第二阶段发生液-液相的相互转化，即 Li_2S_8 进一步还原产生可溶的短链 Li_2S_6 和 Li_2S_4，放电平台也降到 2.1V 左右。在该放电平台上发生 Li_2S_4 向固态不溶的 Li_2S_2 的转化过程，即第三阶段的液-固相转化过程。第四阶段的固-固相转化过程涉及固态的 Li_2S_2 转化为固态的 Li_2S 的反应，放电区间低于 2.1V。充电曲线表现为一个较宽的充电平台，对应于 Li_2S 逐步地失电子氧化最终转变为单质硫和金属锂的过程。正极单质 S_8 经历的多步氧化还原过程可用下式表示[17]：

$$S_8 + 2Li^+ + 2e^- \rightleftharpoons Li_2S_8 \tag{2-9}$$

$$3Li_2S_8 + 2Li^+ + 2e^- \rightleftharpoons 4Li_2S_6 \tag{2-10}$$

$$2Li_2S_6 + 2Li^+ + 2e^- \rightleftharpoons 3Li_2S_4 \tag{2-11}$$

$$Li_2S_4 + 2Li^+ + 2e^- \rightleftharpoons 2Li_2S_2 \tag{2-12}$$

$$Li_2S_2 + 2Li^+ + 2e^- \rightleftharpoons 2Li_2S \tag{2-13}$$

2.2.2.2　钠/钾硫电池工作原理

目前虽然高温钠硫电池已经得到大规模商业化运用，但是其较高的工作温度（300～350℃）带来了爆炸和腐蚀的安全隐患，同时高温运行也意味着能源消耗以及维护成本的增加，因此室温钠硫电池开始引起人们的关注。室温钠硫电池与锂硫电池具有类似的组成结构以及充放电机理。在充放电过程中，正极单质硫同样经历多步复杂的氧化还原过程，涉及长链聚硫化钠（Na_2S_n，$4 \leqslant n \leqslant 8$）和短链聚硫化钠（$Na_2S_n$，$1 \leqslant n \leqslant 3$）之间的相互转变。从图 2-5 的充放电曲线示意图可看出，放电曲线在 2.2V 附近存在一个电压平台，对应于放电过程中固态单质硫 S_8 向 Na_2S_8 转化的过程。2.2V 至 1.65V 之间的斜坡平台对应于液态 Na_2S_8 向液态 Na_2S_6、Na_2S_5 以及 Na_2S_4 的转化过程，

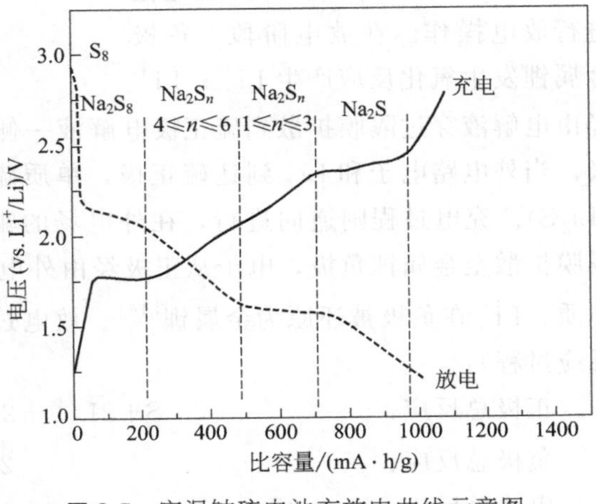

图 2-5　室温钠硫电池充放电曲线示意图

1.65V 附近的电压平台对应于 Na_2S_4 向固态 Na_2S_3、Na_2S_2 以及 Na_2S 的转化过程。1.60V 至 1.20V 之间的斜坡平台对应于 Na_2S_2 向 Na_2S 的转变过程。充电过程为放电过程的逆向过程，充电曲线经历了 1.75V 和 2.40V 两个充电平台[18]。钾硫电池的起步还要晚于室温钠硫电池，到目前为止，钾硫电池充放电过程中准确的中间 K_2S_n 相之间的相互转化反应机制还没有完全建立，仍然是需要进一步探索的关键课题[12]，详见第 7 章。

2.2.3 碱金属空气电池

碱金属空气电池（又称碱金属氧气电池）分别以空气中的氧气和碱金属作为正极反应活性物质和负极材料，其结构组成包括碱金属负极、隔膜、电解液和空气扩散电极。根据所用电解液的类型，碱金属空气电池可分为四种类型：有机系金属空气电池、水系金属空气电池、混合电解液金属空气电池（负极为有机电解液，正极为水系电解液）和全固态金属空气电池。图 2-6 为碱金属空气电池的工作原理示意图。简而言之，放电反应使碱金属负极氧化，在溶液中形成碱金属阳离子。同时，氧气扩散到多孔碳正极，在那里接受电子并与溶液中的金属阳离子结合，形成碱金属过氧化物或超氧化物沉积。充电反应则涉及负极金属的沉积以及正极的氧析出反应。

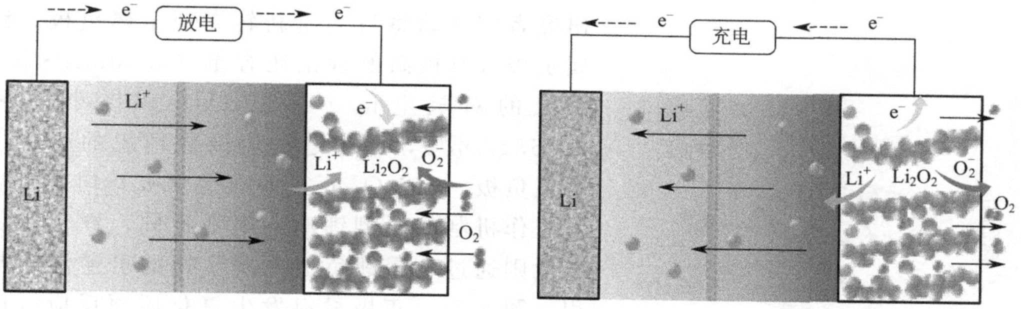

图 2-6　碱金属空气电池充放电过程示意图（以锂空气电池为例）

充放电过程中正极的反应机制在不同类型的电解液中也不尽相同。以锂空气电池为例，在水系或者混合电解液体系中，不同 pH 值电解液下的反应如式(2-14) 和式(2-15) 所示。在有机电解液中，目前报道的放电正极产物以 Li_2O_2[19, 20] 为主［反应式(2-16)］，其他放电产物如 Li_2O[21] ［反应式(2-17)］也被报道。Bruce 等[22] 提出 Li_2O_2 在正极生成的可逆性理论，引发了研究者对锂空气电池充放电反应机制的进一步研究。目前被广泛认可的 Li_2O_2 的产生途径如下。在放电阶段，正极的氧分子被还原为 O_2^-，与一个 Li^+ 反应生成 LiO_2；随后 LiO_2 经历两个不同的反应过程：沉积在电极表面的 LiO_2 继续与一个 Li^+ 反应生成 Li_2O_2，或者 LiO_2 经历歧化反应转化为 Li_2O_2[23]。在充电阶段，Li_2O_2 可经历两步分解过程，首先分解为 LiO_2 和 Li^+，随后 LiO_2 再进一步分解为 Li^+ 和 O_2，或者可以直接分解为 Li^+ 和 O_2[24]。事实上，有机体系锂空气电池的正极反应机理尚无定论。相比于有机体系，固态锂空气电池的构造更为复杂，并且发展起步较晚，充放电过程中正极产物的生成与分解机理目前尚不明确。

酸性电解液： $4Li+O_2+4H^+ \rightleftharpoons 4Li^+ +2H_2O$ (2-14)

碱性电解液： $4Li+O_2+ 2H_2O \rightleftharpoons 4LiOH$ (2-15)

有机电解液：

$$2Li^+ +2e^- +O_2 \rightleftharpoons Li_2O_2 (E^0=2.96V) \quad (2\text{-}16)$$

$$4Li+O_2 \rightleftharpoons 2Li_2O \ (E^0=2.90V) \quad (2\text{-}17)$$

与锂空气电池类似，钠空气电池的正极也存在不同类型的反应过程。目前已见报道的放电产物有超氧化钠 NaO_2[25]、过氧化钠（Na_2O_2）、过氧化钠二水合物（$Na_2O_2 \cdot 2H_2O$）[26]。有研究报道，Na_2O_2 在充放电过程中的生成与分解机制与锂空气电池类似，这种可逆的过程是此类钠空气电池能量转化过程的核心。而对于放电产物为 NaO_2 的钠空气电池则具有更低的充电过电位[27]，但是电池反应机制尚不明确，详见第 8 章。

与金属锂/钠空气电池不同，钾空气电池在放电时由于 K^+ 间的空间斥力，更易得到热力学稳定的 KO_2，而且 KO_2 是唯一的放电产物[27]。在充电阶段，KO_2 分解生成 K^+ 和 O_2，整个可逆反应过程是基于单电子氧化还原电对 O_2/O_2^- 之间的相互转化来完成的[28]。

2.2.4 碱金属负极

鉴于目前商业锂离子电池中石墨负极的比容量已接近其理论极限（372mA・h/g），研究者们开始将目光重新转向锂金属负极。锂金属负极以其极高的理论比容量（3860mA・h/g）、最低的对氢电位（－3.04V）和极小的密度（$0.53g/cm^3$），成为电池负极最理想的材料[29]。与正负极（$LiCoO_2$ 正极，石墨负极）均基于插层式工作机制的典型锂离子电池不同，锂金属负极电池则通过金属锂负极上发生锂的可逆溶解与沉积（图 2-7），正极材料发生氧化还原反应（比如氧气和单质硫正极分别与锂发生四电子和两电子转移的化学反应）来完成电池的反复充放电过程，该过程不存在反应相变所导致的负极体积变化[29]。这种储能机制使锂金属负极电池具有极高的理论能量密度（表 2-1）。

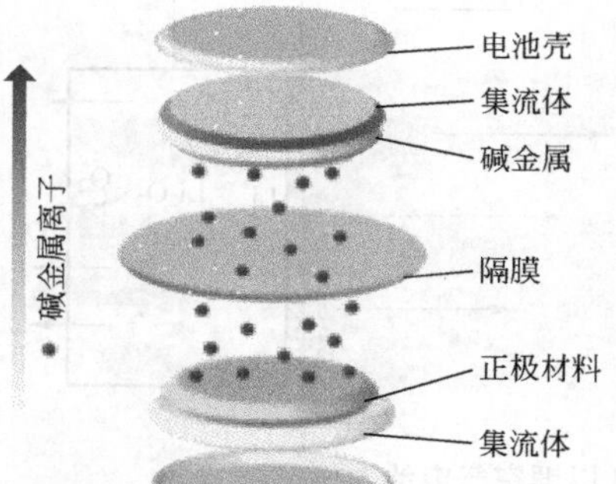

图 2-7 以碱金属为负极的电池结构组成和碱金属离子在负极的沉积示意图

钠/钾金属与锂金属类似，具有相近的电化学电势和较高的理论比容量，并且比金属锂具有更高的地壳丰度（表 2-1），被认为是钠/钾金属电池最合适的负极材料。因此，室温钠硫电池、钠空气电池、钾硫电池和钾空气电池等的研究也迅速吸引了研究者们的注意。钠/钾金属负极遵循与锂金属负极类似的充放电机制。这些碱金属电池虽然具有巨大的应用前景，但是金属枝晶生长、不稳定 SEI 膜的形成和金属的无主体沉积引起的体积膨胀[29] 等一些关键问题亟待解决（详见本书第 9 章），以推动下一代高比能碱金属电池的商业化应用进程。

参考文献

[1] Wang H, Yu D, Kuang C, et al. Alkali Metal Anodes for Rechargeable Batteries[J]. Chem, 2019, 5: 313-338.

[2] Cheng X, Zhang R, Zhao C, et al. Toward Safe Lithium Metal Anode in Rechargeable Batteries: A Review [J]. Chem Rev, 2017, 117: 10403-10473.

[3] 陈宁，刘斌，杜燕萍，等．SnO_2 复合材料作为锂离子电池负极的研究进展[J]. 现代化工，2020，40(2)：28-31.

[4] 黄可龙．锂离子电池原理与关键技术[M]. 北京：化学工业出版社，2007：1-362.

[5] 黄路露，孙凯玲，刘明瑞，等．非水系锂空气电池碳基正极材料[J]. 化学进展，2019，31(10)：1406-1416.

[6] 刘树和，刘彬，赵焱，等．香蒲活性炭用于锂硫电池正极材料[J]. 材料导报，2020，34(4)：08014-08019.

[7] Armand M. Materials for advanced batteries[M]. New York: Plenum Press, 1980: 145.

[8] Shao T, Liu C, Deng W, et al. Recent Research on Strategies to Improve Ion Conduction in Alkali Metal-Ion Batteries[J]. Batteries & Supercaps, 2019, 2(5): 403-427.

[9] Ven A V D, Deng Z, Banerjee S, et al. Rechargeable Alkali-Ion Battery Materials: Theory and Computation [J]. Chem Rev, 2020, 120(14): 6977-7019.

[10] Chen B, Chao D, Liu En, et al. Transition metal dichalcogenides for alkali metal ion batteries: engineering strategies at the atomic level[J]. Energy Environ Sci, 2020, 13: 1096-1131.

[11] 杨绍斌．锂离子电池制造工艺原理与应用[M]. 北京：化学工业出版社，2020：1-504.

[12] Ding J, Zhang H, Fan W, et al. Review of Emerging Potassium-Sulfur Batteries[J]. Adv Mater, 2020, 32 (23): 1908007.

[13] 王丽莉，叶玉胜，钱骥，等．高比能锂硫电池功能电解质材料[J]. 储能科学与技术，2017，6(3)：451-463.

[14] 陈人杰，刘真，李丽，等．高比能锂硫二次电池的电解质材料[J]. 科学通报，2013，58(32)：3301-3311.

[15] Bruce P G , Freunberger S A , Hardwick L J , et al. Li-O_2 and Li-S batteries with high energy storage[J]. Nat Mater, 2012, 11: 172.

[16] Manthiram A, Fu Y, Chung S, et al. Rechargeable Lithium-Sulfur Batteries[J]. Chem Rev, 2014, 114(23): 11751-11787.

[17] Lv L-P, Guo C F, Sun W W, et al. Strong Surface-Bound Sulfur in Carbon Nanotube Bridged Hierarchical Mo_2C-Based MXene Nanosheets for Lithium-Sulfur Batteries[J]. Small, 2018, 15(3): 1804338.

[18] 曾林超．柔性锂（钠）硫电池和锂（钠）硒电池正极材料的制备及电化学性能研究[D]. 合肥：中国科学技术大学，2016.

[19] 侯晓彦，毛亚，殷洁炜，等．花状 SnS_2 微球用作高效锂空气电池催化剂的研究[J]. 上海航天（中英文），2020，37(2)：75-80.

[20] Yu W, Wang H, Hu J, et al. Molecular Sieve Induced Solution Growth of Li_2O_2 in the Li-O_2 Battery with Largely Enhanced Discharge Capacity[J]. ACS Appl Mater Interfaces, 2018, 10: 7989-7995.

[21] Kwak W, Park J, Jung H, et al. Controversial Topics on Lithium Superoxide in Li-O_2 Batteries[J]. ACS Energy Lett, 2017, 2(12): 2756-2760.

[22] Ogasawara T, Debart A, Holzapfel M, et al. Rechargeable Li_2O_2 electrode for lithium batteries[J]. J Am Chem Soc, 2006, 128(4): 1390-1393.

[23] 尹彦斌．锂空气电池关键正负极材料及器件的研究[D]. 长春：吉林大学，2017.

[24] 杨晓阳．柔性锂空气电池正极材料制备及器件集成研究[D]. 长春：吉林大学，2019.

[25] Hartmann P, Bender C L, Vracar M, et al. A rechargeable room-temperature sodium superoxide (NaO_2) battery[J]. Nat Mater, 2013, 12: 228-232.

[26] Bender C L, Schrcder D, Pinedo R, et al. One- or Two-Electron Transfer The Ambiguous Nature of the Discharge Products in Sodium-Oxygen Batteries[J]. Angew Chem Int Ed, 2016, 55: 4640-4649.

[27] William M C, Neng X, Gerald G, et al. Alkali-Oxygen Batteries Based on Reversible Superoxide Chemistry [J]. Chemistry A European Journal, 2018, 24(67): 17627-17637.

[28] 王焕峰．金属空气电池双功能正极催化剂的制备及电化学性能研究[D]. 长春：吉林大学，2019.

[29] 梁杰铬，罗政，闫钰，等．面向可充电电池的锂金属负极的枝晶生长：理论基础、影响因素和抑制方法[J]. 材料导报，2018，(11)：1779-1786.

第3章 电池材料的制备方法

随着人类社会的不断发展，人们消耗了大量的煤、石油、天然气，不仅产生了严重的污染，还导致了能源的紧缺。因此，研究清洁环保、可再生的能源是未来发展的重中之重。碱金属电池作为一种新能源，近年来得到了迅速发展。通常电池的性能主要取决于自身的材料，有关材料的制备方法多种多样。根据材料制备过程中反应所处的介质环境不同，可将材料制备方法大体分为以下三种：固相制备法、液相制备法和气相制备法。在这三大类合成方法下还有很多更具体的合成方法。下面将结合电极材料的制备实例，具体介绍相关的各种电池材料的合成方法[1,2]，值得注意的是：这些制备方法并不局限于制备碱金属电池电极材料，也适用于各类无机/有机功能材料的合成制备，具有一定的普遍适用性。

3.1 固相制备法

固相反应是指有固态物质参加的反应，固体原料混合物以固态形式直接参加反应。固相制备法主要分为：机械化学法、高温固相反应法、中温固相反应法、低温固相反应法、碳热还原法、熔融浸渍法、固相配位反应法、固相燃烧合成法。固相制备法具有工艺简单、可操作性强、成本较低、能够大规模生产等优点，是制备储能材料常用的方法[3]。

3.1.1 机械化学法

纳米合金材料在碱金属电池中有着广泛的应用，并取得了较大的成就。目前，对于离子电池合金负极的制备，采用得最多的方法就是机械化学法。机械化学法是一种通过机械力的作用使颗粒破碎，以增大反应物的比表面积，在物质晶格中产生各种缺陷、位错、原子空位及发生晶格畸变，达到促进固体物质在较低温度下顺利进行反应的方法。

机械化学的特征在于施加机械能（例如压缩、剪切或摩擦）以实现化学转化，其在纳米科学或矿物工程等多个领域有着广泛的应用。此外，作为基于热激活或辐射激活的传统策略的补充，它允许进行化学反应。因此，IUPAC（国际纯粹与应用化学联合会）化学技术纲要将机械化学反应定义为直接吸收来自研磨过程的机械能而引起的反应。

在绿色化学的背景下，机械化学活化可以不使用溶剂，因而显得特别重要。历史上，第一次机械化学反应是通过将反应物与研钵和研杵一起研磨而实现的，这种方法也被称为"磨石化学"。这种技术不需要专门的设备，很容易在实验室中使用，但它的局限性在于不实用，如反应时间短且反应不易重复，反应程度取决于操作员的体力等。最近，已引入自动化球磨机用于实验室规模的合成。这些仪器允许通过调整球磨频率来控制能量输入，因此具有更好的再现性。此外，由于反应是在密闭容器中进行的，操作者不暴露于反应物、催化剂或产物中，因而特别安全。

常用的球磨机主要有两种，即行星式球磨机和混合振荡球磨机。在行星式球磨机中，球和反应物经历两种类型的运动，即由于离心力而与罐内壁的摩擦以及当它们飞起并与罐子碰撞时的冲击。在混合振荡球磨机中，罐子水平放置并来回摆动，这种运动使得球和反应物与罐子发生内壁碰撞，通常被描述为高速振动摩擦（high-speed vibration milling，HSVM）或高速球磨（high-speed ball milling，HSBM）。影响这些反应的主要因素除了反应时间和研磨频率等明显的因素外，还有球磨机的类型、球和罐的材料以及球的数量。为了增加摩擦，特别是对于液体原料，可能还需用到研磨助剂。常见的普通研磨助剂有 NaCl、Al_2O_3 和 SiO_2，它们在反应条件下可能是惰性的，也可能是辅助反应的。例如，SiO_2 不仅提供酸性环境，而且还保留水，从而在某些情况下取代缩合平衡。

与传统的低能球磨不同，机械化学法具有足够高的机械能，能够诱发化学反应的发生，从而达到合成新材料的目的，而传统的球磨工艺只会对原料起到粉碎和均匀混合的作用。

与其他方法相比，机械化学法除了具有简单实用、能够提高产物产量、减少反应时间、提高反应选择性，可在较温和的条件下制备产物等优点外，它还具有以下优势：

① 减少有机溶剂的使用。在大多数情况下，机械化学法避免了在反应介质中使用大量溶剂。更重要的是，一些机械化学反应可直接得到分析纯物质，因此避免了后处理和纯化程序。

② 新型反应。在某些情况下，新的多组分转化可以在机械化学条件下实现，这在溶液中反而是不可能的。

③ 使用不溶性原料。一些需要通过多组分转化进行改性的化合物，在普通有机溶剂和水中溶解度较低。在这些情况下，无溶剂方法是强制性的，因此机械化学法是非常必要的。

④ 提高安全性。球磨通常是在密封的钢制容器中进行，因此对于反应中间产物可能含有叠氮化物等潜在爆炸性化合物的反应，在球磨机中进行机械化学反应比在玻璃器皿中反应更安全。

然而，机械化学法仍然存在着一些缺点，主要是容易引入杂质，特别是杂质氧，会使得产物表面被氧化。

Park[4] 等以羟基氧化铁［FeO(OH)］为原料，采用机械化学反应制备出了分散良好的 Fe_3O_4 纳米颗粒（粒径约 10～20nm），并将得到的纳米铁氧化合物用作可充电锂离子电池的负极，获得了良好的电化学性能。其可逆比容量为 914mA·h/g，能够稳定循环 120 圈以上，且具有快速充电的能力。

3.1.2 高温固相反应法

在炉子里面升温煅烧是最常用的一种电极材料处理方法，可以方便地将各种前驱体高温分解或发生其他反应转化为最终产品。根据反应温度的不同，可以将固相反应法分为高温固相反应法（高于600℃）、中温固相反应法（100～600℃）和低温固相反应法（低于100℃）。

高温固相反应法是指反应温度在600℃以上，固体界面间经过接触、反应、成核、晶体生长反应而生成复合氧化物（如含氧酸盐类、二元或多元陶瓷化合物等）的一种固相制备方法。高温固相反应法在材料合成领域占据着主导地位，传统固相反应通常是指高温固相反应。

作为一种固-固态反应，高温固相反应能够发生的前提条件是反应物之间必须接触。因此，反应物的分散状态、孔隙度以及反应物之间的接触面积都会对反应产生很大的影响。为了增加反应速率，可采用将反应物粉碎并充分混合的措施，从而增加反应物的接触面积。

作为传统的制粉工艺，高温固相法具有制备的粉体颗粒无团聚、填充性好、成本低、产量大、制备工艺简单、容易实现工业化生产等优点。其不足之处在于合成温度高、能耗大、效率低、粉体不够细、易混入杂质、配方控制困难等。

对于锂离子电池常用的正极材料 $LiMn_2O_4$ 来说，即可通过高温固相反应法制备。以锂盐以及锰盐为原料，混合均匀后，在空气中进行淬火，冷却至室温后，通过机械球磨和筛分来控制粒度大小和分布。主要工艺流程为：原料—混料—淬火—球磨—筛分—目标产物。根据产物的组成以及反应的特点，选取的原料一般在高温下能够分解，杂原子能够以气体的形式排出。因此，选用的锂盐通常有 Li_2CO_3、$LiCOOCH_3$、LiOH 等；常用的锰盐有 MnO_2、$MnCO_3$ 等。通常将含锂元素和含锰元素的物质按照1：2的摩尔比进行混合，然后在高温下进行煅烧，得到目标产物。

3.1.3 中温固相反应法

中温固相反应法是指反应温度在100～600℃之间，固态物质参加反应的合成方法。通过中温固相反应，可获得动力学控制的、只能在较低温度下稳定存在而在高温下分解的介稳化合物。此外，中温固相反应可使产物保留反应物的结构特征。

刘冬如[5] 等采用中温固相还原法，合成了锂离子电池正极材料 $LiMn_{0.85}Cr_{0.15}O_{1.95}F_{0.05}$，得到的材料晶粒细密均匀，但有少量极细小的锂锰氧化物。同时，还测试了该材料的电化学性能，在2.0～4.3V、常温下循环18圈后，充电比容量为186mA·h/g，放电比容量为163mA·h/g；在高温下循环9圈后，充电比容量为193mA·h/g，放电比容量为151mA·h/g。

3.1.4 低温固相反应法

低温固相反应是指在室温或接近室温（≤100℃）的条件下固相之间所进行的化学反应，又称为室温固相反应。与高温固相反应不同，低温固相反应的温度较低，每个反应阶段都可能是反应速率的决定步骤[6]。

低温固相反应具有操作简单、不使用溶剂、选择性高、产率高、环境友好、节省能源、合成工艺简单等优点。但由于反应温度较低，得到的产物中往往会含有一些杂质，结晶度不高，这将导致材料的性能偏差。因此，低温固相反应会与其他方法相结合来制备性能优异的产品。

李荐[7] 等将低温固相反应与水热反应相结合，以 Li_2CO_3、$MnCO_3$、$FeC_2O_4 \cdot 2H_2O$ 和 $NH_4H_2PO_4$ 为原料合成了 $LiMn_{0.4}Fe_{0.6}PO_4$，得到的材料形貌规整，粒径均匀。当用作锂离子电池正极材料时，在电流密度为 0.1C 下，获得的首圈放电比容量为 157mA・h/g；电流密度为 0.5C 下的首圈放电比容量为 143mA・h/g，并且经过 50 圈循环后，比容量保持在 133mA・h/g 左右，仅衰减了 7%。

3.1.5 碳热还原法

碳热还原法是一种在高温下，以碳源作为还原剂来还原物质（如金属氧化物），简便合成新材料的技术。碳热还原法具有方便、成本相对较低、重复性好等无可比拟的优点，可用于商业应用[3]。

碳热还原法通常用于合成金属纳米粒子，如金属碳化物、金属氧化物、金属硼化物、零价金属等。而对于某些特殊的金属，如钠和钾，碳热还原法不适用。目前，碳热还原法已经广泛用于各种能源材料（如 ZnO、MnO_2、$LiFePO_4$ 等）与碳纳米材料的复合。此外，各种碳源可作为成本相对较低的碳前体；还可用于合成碳功能材料，如多孔磁性纳米颗粒，这些功能材料在能源和环境应用方面具有巨大的潜力。

碳源的性质（如表面特性和杂质）对合成的纳米材料的结构有着重要影响。例如，在碳热还原-气相输运生长过程中，杂质对生长系统的污染会改变纳米结构的生长形态和排列。用于碳热还原的碳源非常广泛，包括炭黑、活性炭、石墨、生物炭、木炭、有机聚合物（如溶胶-凝胶）、生物聚合物（如纤维素）、糖（如葡萄糖）和轻烃（如 CH_4、C_2H_2、C_3H_6）等。

磷酸铁锂（$LiFePO_4$）因其具有成本低、毒性小、原料丰富、循环稳定性好、理论容量高、结构稳定性好等优点，而被广泛应用于锂离子电池正极材料中。$LiFePO_4$ 的颗粒大小直接影响其性能、成本和潜在的应用。因此，合成技术至关重要。目前，已经采用了固体反应、碳热还原、水热处理、溶胶-凝胶处理、沉淀法等多种方法合成了 $LiFePO_4$。与其他方法相比，碳热还原具有成本低、合成工艺简单、易于量产等优点。此外，在碳热还原过程中，还原剂引入的残余碳不仅可以在复合电极中提供更好的电子传递，而且还会阻碍 $LiFePO_4$ 粒子的生长，从而提高电极的电化学性能。

然而，碳热还原法本质上是一个固体反应过程，它利用更高的温度和更长的反应时间来增强扩散过程，并生成一个有序的结构。由于所用的温度高，反应时间长，该方法合成的产物粒径分布宽，颗粒较大，而且会含有一些杂质。因此，通常将碳热还原法与其他方法相结合来合成材料。一种合适的途径是湿磨辅助碳热还原来制备纳米/亚微米级 $LiFePO_4$。

研究者采用湿磨辅助碳热还原法合成了 $LiFePO_4/C$，并研究了球料比对其结构、形貌和电化学性能的影响。通过改变球料质量比，可以调整 $LiFePO_4/C$ 的粒度。扫描电子显微镜（SEM）图像显示，纳米级的原生粒子已经形成了轻微的团块；透射电镜（TEM）显微图像显示，$LiFePO_4$ 粒子被碳网包围，阻止了 $LiFePO_4$ 粒子在碳热还原过程中生长。当球料质量比达到 25∶1 时，样品表现出最高的放电比容量（0.5C 下为 155mA・h/g，10C 下为 125mA·h/g）和优异的容量保持能力。这归因于反应后的颗粒尺寸减小到纳米尺度、颗粒尺寸分布变窄、碳网涂层包覆着活性材料[8]。

3.1.6 熔融浸渍法

熔融浸渍法（melt-impregnation）是改进了的固相合成法，是固体与熔融盐进行反应的一种方法，其反应速率要比固体快。采用熔融浸渍法制备电池正极材料锰酸锂时，首先将锂盐或其他含锂化合物与锰的氧化物按一定比例进行混合，然后加热到锂盐的熔点使其熔化，充分浸入锰的氧化物表面和空隙中，从而形成均一的混合物，最后再进行加热反应。熔融浸渍法的优点是可以降低热处理温度，获得具有高比表面积、保持金属氧化物基质孔隙结构的产物，还能够克服原料混合的不均匀性，加速固态反应的进行。熔融浸渍法的缺点在于：操作复杂、条件较为苛刻、不利于工业化生产。

Yu[9] 等以前驱体 MnO_2 和 LiOH 为原料，采用熔融浸渍法制备了单晶尖晶石型 $LiMn_2O_4$。在热重分析（thermogravimetric analysis，TGA）/差热分析法（differential thermal analysis，DTA）的基础上，确定了最佳煅烧条件：先在 470℃下煅烧 5h，然后在 750℃下煅烧 12h。X 射线衍射（X-ray diffraction，XRD）、傅里叶变换红外光谱（Fourier transform infrared spectroscopy，FTIR）和扫描电子显微镜（scanning electron microscopy，SEM）图像结果表明，单晶尖晶石型 $LiMn_2O_4$ 纳米棒颗粒均匀，结晶度良好。通过熔融浸渍法获得的单晶 $LiMn_2O_4$ 用于锂离子电池中时，显示出了优越的电化学性能，在 3.0～4.4V 电压范围内，其初始比容量为 126mA·h/g，循环 100 圈后，其容量保持率为 91%。

3.1.7 固相配位反应法

固相配位反应法是首先在室温或低温下，制备可在较低温度下分解的固相金属配合物，然后将固相配合物在一定温度下进行热分解，得到氧化物超细粉体的一种物质制备方法。作为一个新的研究领域，固相配位反应法在物质合成方面取得了许多良好的效果，尤其是在金属簇合物和固相配合物的合成等方面，展现出了巨大的优势。

与传统的高温固相反应相比，固相配位反应法继承了操作简单的优点，同时具备高温固相反应所不具备的合成温度低、反应时间短的优点。此外，固相配位反应法在合成产物的粒度大小及分布等方面也优于传统的高温固相反应法。因此，固相配位反应法是一种很有应用前景的新方法。

陈立宝[10] 以硝酸锂、醋酸锰和柠檬酸为原料，按照 1∶2∶3 的摩尔比，采用固相配位反应法成功地合成出了超细尖晶石型 $LiMn_2O_4$ 材料。合成的材料物相纯净、结晶性好、粒度细小；当其用于锂离子电池中时，展现出优异的电化学性能：首圈放电比容量为 124.2mA·h/g；循环 10 圈后放电比容量为 109.8mA·h/g；容量保持率为 88.4%。

3.1.8 固相燃烧合成法

燃烧是一种复杂的现象，包含自我维持的化学反应，伴随着快速的放热，这种放热通常以高温反应的形式出现。与其他制造纳米材料的高温技术（如电弧放电、脉冲激光合成、微波加热、化学气相沉积和物理气相沉积）相比，燃烧具有不需要任何外部加热源，反应时间短，产物冷却快，可形成具有独特电化学、物理、生物和机械性能的非平衡产物等优点。

固相燃烧合成（solid-phase combustion synthesis，SP-CS）是由 Merzhanov 教授在 1967 年发现的，也被称为自蔓延高温合成（self-propagation high-temperature synthesis，SHS）。原则上，这种方法适用于任何能够维持自我维持反应的固态放热混合物，并形成有价值的冷凝产物。目前，该方法已成为制备各类无机化合物（如金属、合金、氧化物及金属碳化物、硼化物、硅化物等）的一种非常流行的方法。与材料制备的传统工艺相比，SP-CS 具有工艺简单、所得产品纯度高及能够实现过程的机械化和自动化、成本低、经济效益好等优点。然而由于其反应过程过快，难以研究合成过程中产物的形态结构。

通常，SP-CS 工艺是在充满氩气或氮气的不锈钢高压反应器中进行的。在 SP-CS 过程中，固体的粒径、容器压力等不仅会影响反应速率，还会影响产物的组成和形貌，具体表现如下。①固体粒径的大小对燃烧合成产物的形态影响较大。粒径越小，固体反应物之间的接触面积就越大，反应速率越快，中间产物的相组成越少。②容器压力会对燃烧温度和燃烧速率产生影响。在一般情况下，压力越大，燃烧温度越低，燃烧速率越大。因此，在反应过程中，应合理控制工艺参数，使燃烧保持在稳态燃烧状态[11,12]。

Wang[13] 等以碳酸锂、碳酸锰、乙酸镍和碱式乙酸铝为原料，采用简易的固相燃烧合成法，制备了铝镍（Al，Ni）共掺杂的 $LiAl_{0.15}Ni_xMn_{1.85-x}O_4$ 复合材料。所得材料均为尖晶石结构，具有相似的球形形貌，颗粒分布均匀，粒径范围为 150～300nm。其中，$LiAl_{0.15}Ni_{0.03}Mn_{1.82}O_4$（LANMO-0.03）正极展现出了最优的电化学性能，在 1*C* 和 5*C* 下，首圈放电比容量分别为 103.3mA·h/g 和 102mA·h/g，循环 100 圈后，容量保持率分别为 72.0% 和 68.6%。即使在 1*C* 和 55℃ 的高温下，经过 200 圈循环后，仍然保持了 76.6%的容量。

3.1.9 小结

在固相制备法中，反应物之一必须是固态物质。采用固相法制备储能材料，一般是先利用机械手段对原材料进行混合和细化，然后高温煅烧混合物得到目标产物。在反应过程中，往往伴随着脱水、热分解、相变、共熔、熔解、析晶和晶体生长等物理、化学以及物理化学变化。固相制备法具有工艺简单、可操作性强、成本低、易大规模生产等优点，是许多储能材料合成的最常用方法，应根据不同的目的选择不同的固相制备法。表 3-1 是常用固相制备法的比较。

表 3-1 常用固相制备法的比较

合成方法	条件	优点	缺点
机械化学法	施加机械能以实现化学转化	简单实用、能够提高产物产量、减少反应时间、提高反应选择性，可在较温和的条件下制备产物	易引入杂质，特别是杂质氧，会使得产物表面被氧化
高温固相反应法	反应温度在 600℃ 以上，反应物之间必须接触	制备的粉体颗粒无团聚、填充性好、成本低、产量大、制备工艺简单，容易实现工业化生产	合成温度高、能耗大、效率低、粉体不够细、易混入杂质、配方控制困难

续表

合成方法	条件	优点	缺点
低温固相反应法	反应温度在100℃以下，反应物之间必须接触	操作简单、不使用溶剂、选择性高、产率高、环境友好、节省能源、合成工艺简单	得到的产物中往往会含有一些杂质，结晶度不高，这将导致材料的性能偏差
碳热还原法	在高温下，以碳源作为还原剂来还原物质	方便、成本相对较低、重复性好	反应温度高，反应时间长，合成的产物粒径分布宽，颗粒较大，而且会含有一些杂质
熔融浸渍法	固体与熔融盐进行反应	可以降低热处理温度，获得具有高比表面积、保持金属氧化物基质孔隙结构的产物，还能够克服原料混合的不均匀性，加速固态反应的进行	操作复杂、条件较为苛刻，不利于工业化生产
固相燃烧合成法	适用于任何能够维持自我维持反应的固态放热混合物	工艺简单、所得产品纯度高，能够实现过程的机械化和自动化；其成本低，经济效益好	反应过程过快，难以研究合成过程中产物的形态结构

3.2 液相制备法

液相制备法从均相溶液出发，通过各种途径使溶质和溶剂分离，溶质形成具有一定形状和大小的颗粒，再经过热解得到所需产物。与固相制备法相比，液相制备法能够达到原子和分子水平上的均匀混合，而且反应温度较低。常用的液相制备法有：水热/溶剂热法、离子热法、微波合成法、静电纺丝法、模板法、溶胶-凝胶法、聚合物前驱体法、共沉淀法、喷雾干燥法、微乳液法、溶液燃烧合成法和超临界流体法[1-3]。目前，液相制备法主要用来制备多组分材料。

3.2.1 水热法

水热法是指在高温高压条件下，在水溶液或者水蒸气等流体中进行化学反应，制备目标材料的一种方法；也是液相制备超微颗粒的一种常用方法[1]。

在水热过程中，水不仅是溶剂，还是矿化剂，同时还是压力传递介质。采用水热法，既可制备单组分晶体，又可制备双组分或多组分化合物粉末；既可制备超细粒子，又可制备尺寸较大的晶体，还能制备薄膜。

（1）分类　根据反应原理，水热法可以被分为水热合成法、水热分解法、水热氧化法、水热晶体法和水热沉淀法等。根据加热温度，水热法又可以被分为亚临界水热合成法和超临界水热合成法。亚临界水热合成法的温度为100～240℃，水热釜内压力也控制在较低的范围内，实验室和工业应用中通常采用这种方法。在超临界水热合成法中，水热釜可被加热至1000℃，压力可达0.3GPa。这种方法通常用于制备某些特殊的晶体材料，如人造宝石、彩色石英等。

（2）装置　水热反应通常是在耐高温、耐高压、耐腐蚀的水热釜中进行的。水热釜由外罩和内芯两部分组成。其中外罩的材质是不锈钢，用来防止高温高压下内芯可能发生的膨胀和变形；内芯的材质为聚四氟乙烯，可以形成一个密闭的反应室，能够适用于任何pH值的酸、碱环境。

(3) 影响因素　影响水热合成的因素多种多样，常见的有：溶液浓度、pH值、反应温度、反应时间、升温速率、水热釜的填充度等。其中，填充度是指反应混合物占密闭反应釜空间的体积分数，它在水热合成实验中极为重要。当填充度一定时，反应温度越高，晶体生长速度越快；反应温度一定时，填充度越大，体系压力越高，晶体生长速度越快。因此，在实验中既要保持反应物处于液相传质的反应状态，又要防止由于过大的装填度而导致的过高压力。在实验时，为安全起见，装填度一般控制在60%～80%之间。

(4) 水热法的优点　水热法是一种在密闭容器内完成的湿化学方法，与溶胶-凝胶法、共沉淀法等其他湿化学方法的主要区别在于温度和压力。水热法通常使用的温度为130～250℃，相应的水蒸气压为0.3～4MPa。水热法一般不需高温烧结即可直接得到结晶粉末，避免了可能形成的微粒团聚，也省去了研磨并避免由此带来的杂质。水热过程中通过调节反应条件，可控制纳米微粒的晶体结构、结晶形态与晶粒纯度；既可以制备单组分微小单晶体，又可制备双组分或多组分的特殊化合物粉末；还可制备金属、氧化物和复合氧化物等粉体材料。所得粉体材料的粒度范围通常为0.1微米至几微米，有些可以达到几十纳米。

与气相法和固相法相比，水热过程的压力恒定，所需温度较低，有利于生长缺陷极少、取向好的晶体，并较容易控制产物晶体的粒度。采用水热法得到的粉末纯度高、分散性好、均匀、粒径分布窄、无团聚、晶形好、形状可控。

(5) 水热法的不足　水热法在具有上述优点的同时，也存在着许多明显的缺点：①水热反应需要在耐高温、耐高压、耐腐蚀的水热釜中进行，对设备的要求较高，增加了生产成本；②水热反应的周期一般较长；③水热法一般只能制备氧化物粉体。关于晶核形成过程和晶体生长过程影响因素的控制等很多方面缺乏深入研究，还没有得到令人满意的结论[14]。

水热法的缺点阻碍了水热法的应用和推广，因此应设法克服这些缺点。目前，水热法有向低温低压发展的趋势，即温度低于100℃，压力接近0.1MPa的水热条件。

水热法因其方法简单、易操作、对环境友好，出现伊始就掀起了水热合成纳米材料的热潮。目前，水热法已成为合成纳米材料最重要的方法之一，广泛应用于电子材料、磁性材料、光学材料和传感器材料中。

Hu[15] 等以 $(NH_4)_6Mo_7O_{24}\cdot 4H_2O$、KCl为原料，通过水热处理和高温退火，制备了碳包覆和K掺杂的 MoO_3 复合材料（K_xMoO_3@C）。受益于掺杂的钾离子，晶体的层间间距增大，MoO_3 的分层结构得以稳定。此外，碳涂层使 K_xMoO_3 的电导率得到了提高。因此，K_xMoO_3@C复合材料的电化学性能得到了显著改善。制备的 K_xMoO_3@C复合材料在1.5～4.0V电压时，在电流密度为30mA/g和3000mA/g下的比容量分别为258mA·h/g和118mA·h/g，显示出优异的速率性能。当在1500mA/g下循环500圈后，可保持83.9%的初始容量，显示出较长的使用寿命。

3.2.2 溶剂热法

溶剂热法是指在密闭容器内，以有机溶剂或非水媒介作为溶剂，在一定的温度和溶液自生压力下，反应物进行反应，制备目标材料的方法。溶剂热反应是在密封的容器中进行的，通过加热，可以使自身压力增加，从而使溶剂的温度远高于其沸点温度。在较高的温度和压力下，溶剂热法可以大大提高反应物的活性和溶解度，实现在经典路线下无法发生的反应。

采用溶剂热反应制备的产物通常为晶体，不需要经过后处理，反应的放大过程也很简单，并可以实现明确的形态控制。

溶剂热法是在水热法的基础上发展起来的。溶剂热和水热过程均能促进不同的反应，如多组分反应、热处理反应、相变反应、离子交换、晶体生长、脱水反应、分解反应、沉淀反应、歧化反应、结晶、固化反应等。溶剂热法继承了水热法的许多优势，例如反应动力学快、产物相纯度高、结晶度高、收率高、颗粒产物均匀、颗粒粒度分布窄、环境友好、易于推广应用等。

与水热法相比，溶剂热法还具有一些独特的优势，例如：①溶剂热法使用的非水溶剂原料范围广，从而能够极大地扩大所能制备的目标产物范围；②由于溶剂热反应大多是在有机溶剂中进行的，能够抑制产物的氧化，提高产物的纯度；③有机溶剂的沸点一般相对较低，在相同温度下，溶剂热反应可以达到比水热反应更高的压力，更有利于产物的晶化；④在合成纳米材料时，有机溶剂能够减少固体表面羟基的存在，从而降低颗粒的团聚程度。

然而，溶剂热法和水热法一样也存在着一些缺点，例如：①反应周期长；②反应装置昂贵，增加生产成本；③反应是在高温高压条件下进行的，反应过程中可能存在安全问题；④反应发生在封闭系统内，无法研究原位反应[16]。

尽管存在一些缺点，但并不影响溶剂热反应在制备碱金属电池电极材料上的广泛应用。Wang[17] 等以二茂铁为溶质，丙酮为溶剂，通过溶剂热法及后续的热处理，设计合成了蛋黄-双壳结构的 Fe_3O_4@C@C 纳米球（YDS-FCCNs）。所得的蛋黄-双壳形貌由两部分组成：核芯是 Fe_3O_4@C 纳米球（直径约为 100nm），外壳是氮掺杂的碳（厚度约为 50nm）。当用于锂离子电池中时，YDS-FCCNs 复合材料在 0.5 A/g 的条件下，经过 500 圈循环后，比容量仍高于 780mA·h/g。即使在 2A/g 的较高电流密度下，经过 500 圈循环后仍保持 559 mA·h/g 的可逆比容量。其良好的电化学性能主要归功于：分层的双碳壳层可以防止 Fe_3O_4 的团聚，同时大大提高电导率。多层结构与原子掺杂的协同作用，还可以提高电化学综合性能。

3.2.3 离子热法

离子液体是一种熔点在 100℃以下的离子盐，主要由有机阳离子和无机/有机阴离子构成。与传统的分子溶剂相比，离子液体具有许多优异的物理化学性质，如较低的蒸气压、不可燃性、高的热稳定性、高的离子电导率、溶解无机盐或有机配体的高极性等。这些特性使它们成为分子溶剂的良好替代品，常用于电化学、润滑、溶剂萃取和催化科学等领域。

离子热法是采用离子液体制备材料的方法。离子热法为制备具有新结构和新形貌的材料提供了新途径。近年来，采用离子热法已经制备了沸石类似物、纳米材料、硫族化合物、有机化合物和金属有机骨架等。

与水热法或溶剂热法相比，离子热法的特点和优势在于：①离子液体的蒸气压可以忽略不计，因此离子热合成反应可以在常压下进行，即在常压和高温条件下制备材料；②离子液体在制备材料过程中，既充当溶剂，又作为潜在的模板剂和结构导向剂，这种具有双重作用的媒介有利于新结构和新形貌材料的制备；③离子液体是能够设计的，设计功能化的离子液体会对材料的合成起独特作用；④离子液体数量庞大，使用不同种类的离子液体可能得到不同的产物[18]。

离子热法在制备电极材料方面的应用正在发展，目前已采用该方法制备出多种电极材料。Wang[19] 等采用离子热法，将工业硅化镁（Mg_2Si）与酸性离子液体在100℃和常压下进行反应，制备了纳米多孔硅。所得的硅为晶体多孔结构，比表面积为450m^2/g，孔径为1.27nm。经氮掺杂的碳层包覆后，制备的纳米多孔硅-碳复合材料用作锂离子电池负极时，首圈库仑效率为72.9%；在1A/g下，经过100圈循环后，比容量为1000mA·h/g，展现出了优异的电化学性能。

3.2.4 微波合成法

微波是一种频率为300 MHz～300 GHz的电磁波，沿直线传播，遇到金属材料时能反射；可以穿透玻璃、塑料、陶瓷等绝缘材料；能够被含有水分的蛋白质、脂肪等介质吸收，并发生电磁能向热能的转变。

采用微波进行现代有机合成研究的技术，称为微波合成法。微波合成法具有以下特点：

① 加热速度快。微波在物体中的传播速度可达光速（3×10^8 m/s），瞬间（约为10^{-9}s以内）就能把微波能转换为热能，并将热能渗透到被加热物质中，无需热传导过程。因此，完成整个加热过程所需的时间为常规加热的十分之一或百分之一。

② 快速响应。微波的启动、停止及调整输出功率能够快速完成，操作简单。

③ 加热均匀。被加热物质能够内外同时加热。

④ 选择性加热。物质的介电常数越大，介质损耗因数也越大，对微波的吸收能力也越强，反之亦然。

⑤ 加热效率高。由于被加热物自身发热，省去了热传导过程，因此周围的空气及加热箱没有热损耗。

⑥ 加热渗透力强。微波加热深度与波长处于同一数量级，达到几厘米至十几厘米；而传统加热为表面加热，透热深度仅为几微米至几百微米。

⑦ 安全无害。由于微波能被控制在金属制成的加热室内和波导管中，微波泄漏极少，不会产生放射线危害以及排放有害气体，不产生余热和粉尘污染；既不污染产物，也不污染环境。与传统加热合成相比，微波合成具有以下优点：

① 可使反应速率大大加快，可以提高几倍、几十倍甚至上千倍。

② 由于微波为强电磁波，产生的微波等离子体中常可存在热力学方法得不到的高能态原子、分子和离子，因而可使一些热力学上不可能发生的反应得以发生。

微波合成是一种快速、低能量、低成本的锂离子电池正极材料制备技术。Gao等通过在700℃下微波加热7min制备了尖晶石型$LiNi_{0.5}Mn_{1.5}O_4$。微波辐射不仅加速了尖晶石型$LiNi_{0.5}Mn_{1.5}O_4$的晶体生长，而且促进了良好的生长行为。$LiNi_{0.5}Mn_{1.5}O_4$用于锂离子电池中时，获得的循环伏安曲线（CV）具有低极化的特点，表现出了较好的结构稳定性。$LiNi_{0.5}Mn_{1.5}O_4$在10C速率下的容量为108.7mA·h/g，在150圈循环后容量衰减小于1%[20]。

3.2.5 静电纺丝法

纳米纤维材料凭借着较大的比表面积、较高的纵横比、较好的柔性、多孔性以及多功能性等优点，已经被广泛地应用于电化学储能设备中。静电纺丝是一种在高压静电作用下，以聚合物溶液为原料制备纳米纤维的方法，具有成本低廉、工艺简单、用途广泛的特点[2]。

静电纺丝装置主要由高压电源、供液器（带金属针的注射器）和收集装置三个部分组成。高压电源能够使纺丝液形成带电喷射流，供液器的作用是将纺丝液从针头挤出，收集装置一般是覆有铝箔纸的平板。静电纺丝的工艺原理是在高压静电场中，带电的聚合物液滴在电场力的作用下，克服表面张力形成喷射细流，经溶剂蒸发后固化收集为类似非织造布状的纤维毡。

在典型的过程中，将聚合物溶液或熔体装入注射器，然后在注射器针头和收集装置之间施加一个高压。在电场力和表面张力的作用下，针尖处的悬垂液滴被拉长，形成一个锥形结构，称为泰勒锥。当电场力克服表面张力时，针尖处会形成稳定的喷射流。喷射流在静电斥力的作用下，不断地经历拉长和抖动的过程，形成一根根细长的线，沉积到收集装置上。经过溶剂蒸发后，纳米直径的凝固纤维聚集在收集装置的表面，形成纤维毡。受纺丝液流变性能的影响，制备出的纳米纤维直径为几纳米至几百纳米不等。

通过改变溶液参数（如表面张力、电导率、黏度、浓度等）、操作参数（如施加的电压、纺丝距离、溶液流速等）、环境参数（如湿度、温度等）可以控制纤维产品的性能。例如，通过配制不同浓度的溶液和施加不同的静电纺丝电压，可以改变纤维的直径；通过改变纺丝时间可以控制纤维毡的厚度；通过控制纺丝工艺本身、前驱体成分和煅烧参数，可以形成不同结构的纤维，如中空纤维、核-壳纤维、二次生长纤维、多孔纤维和螺旋纤维。此外，为了进一步提高纳米纤维材料的电化学性能，需要对所合成的纳米纤维进行一定的热处理或化学后处理。热处理可以促进孔隙的形成、碳结构的石墨化，以及使金属盐转化为金属单质或金属氧化物。化学后处理（如水热法和溶液处理）可以将一些活性元素嫁接到纳米纤维上，为纳米纤维与活性材料之间的化学结合提供更多的化学位点。

静电纺丝或其改进技术作为一种低成本、方便、环保的方法，被广泛应用于制备有机、有机-无机复合和无机纳米纤维。静电纺丝的原料十分广泛，一般来说，几乎所有可溶性大分子量聚合物都可以采用静电纺丝制成纳米纤维。常见的水溶性聚合物有聚乙烯吡咯烷酮（polyvinyl pyrrolidone，PVP）、聚氧化乙烯（polyethylene oxide，PEO）、聚乙酸乙烯酯（polyvinyl acetate，PVAc）以及聚乙烯醇（polyvinyl alcohol，PVA）；非水溶性聚合物有聚酰亚胺（polyimide，PI）、聚丙烯腈（polyacrylonitrile，PAN）、聚偏二氟乙烯（polyvinylidene difluoride，PVDF）、聚乳酸（polylactide，PLA）、聚甲基丙烯酸甲酯（polymethyl methacrylate，PMMA）、聚苯乙烯（polystyrene，PS）、聚吡咯（polypyrrole，PPy）和聚氯乙烯（polyvinyl chloride，PVC）等[21]。

通过将静电纺丝与煅烧等后处理适当结合，可制备具有高比表面积和独特结构的纳米纤维。当用作碱金属电极材料时，能够展现出优异的电化学性能。Liu[22]等通过采用PAN和金属Sn为原料进行纺丝，经高温碳化后，得到了金属Sn均匀包裹的碳纳米纤维——CNF-Sn-5%。当用于锂金属电池时，其能够在电流为$0.5mA/cm^2$下稳定循环超过850h，极大地提高了锂金属电池的电化学性能。

尽管静电纺丝已经成为制造一维纳米结构的基本技术，但要实现电纺丝材料大规模地应用于能源相关领域，仍面临着挑战需要克服，主要有：①静电纺丝难以得到彼此分离的纳米纤维；②静电纺丝机的产量很低；③通过静电纺丝得到的纳米纤维的强度太差。因此，仍然需要不断优化静电纺丝技术。随着新途径的不断开发与完善，静电纺丝将有望获得具有独特多孔结构、比表面积大、定向输运和离子输运长度短等优点的优秀一维纳米材料，将越来越广泛地应用于能源器件中。

3.2.6 模板法

模板法是制备纳米结构材料的常用合成方法。模板法主要通过控制纳米材料制备过程中的结晶、成核和生长来改变产物的形貌。利用模板法合成纳米材料一般分为三个步骤：①模板的制备；②利用水热法、沉淀法、溶胶-凝胶法等常用的合成方法，在模板的作用下合成目标产物；③去除模板。必须选择适当的去除方法，使产物的物理和化学性质不受影响。常用的去除方法包括物理和化学方法，如溶解、烧结和蚀刻。

模板的选择对于纳米矿物制备至关重要。模板通常可以分为两大类：天然物质（纳米矿物、生物分子、细胞和组织等）和合成材料（表面活性剂、多孔材料和纳米颗粒等）。根据模板结构的不同，模板法可以分为硬模板法和软模板法。

（1）硬模板法　硬模板是一种刚性材料，其稳定的结构直接决定了样品颗粒的大小和形貌。硬模板的种类多种多样，如聚合物微球、多孔膜、泡沫塑料、离子交换树脂、碳纤维、多孔阳极氧化铝等。由于其特殊的结构和对粒径的限制作用，在许多领域中起着重要的作用。

硬模板法是近年来合成纳米粒子、纳米棒、纳米线、纳米管、纳米带等纳米结构材料的常用方法。该方法能够在不同的要求下制备出具有不同纳米孔尺寸和结构的模板，因此可以精确地控制目标产品的尺寸和规格。通过选择不同结构的硬模板，可以得到不同形貌的颗粒。

硬模板由于其孔隙结构和形态可调，在合成特定的纳米材料方面有很大的优势。硬模板法具有较高的可再现性和稳定性，该方法得到的样品分散性好、孔径均匀、操作简单。然而，硬模板法也有缺点：①模板的去除往往会导致部分孔隙结构的坍塌，影响产品的性能；②所获得的样品只显示较小粒径的级别；③部分填充的试样会导致孔隙中不连续的结构缺陷；④模板材料来源有限，限制硬模板法的广泛应用。

（2）软模板法　软模板没有固定的刚性结构。在纳米颗粒的合成过程中，通过分子间或分子内相互作用力（氢键、化学键和静电）形成具有一定结构特征的团聚体。利用这些聚集模板，通过电化学法、沉淀法等合成方法，将无机物沉积在模板的表面或内部，可形成具有一定形状和大小的颗粒。常见的软模板有表面活性剂、聚合物和生物聚合物等。软模板具有重复性好、工艺简单、不需要去除模板等优点，在纳米材料合成中具有广阔的发展前景。

软模板是在反应中形成的，而硬模板往往在反应前就已准备好。因此，软模板比硬模板更容易建立和去除，它不需要复杂的设备和严格的生产条件，反应具有良好的可控性。软模板主要用于制作尺寸多样、结构清晰的纳米材料。

软模板有不同的类型，它们只需简单的设备，在合成过程中具有良好的重现性，具有批量生产的优点。然而，软模板法也有一些缺点：①软模板的稳定性较差，需要一定的合成体系；②只有软模板与前驱体有较强的相互作用时，才能形成有序的介孔结构；③前驱体本身必须能够形成具有一定机械强度的聚合物结构，以保证模板去除后结构不坍塌；④对于纳米材料的合成，软模板的作用机理尚无统一的认识[23]。

Li[24] 等基于一种高效的原位螯合和硬模板策略，以 PMMA 为硬模板，制备了高度分

散的超细 MoO_x 纳米颗粒锚定 N 掺杂的三维分级多孔碳（three-dimensional-MoO_x@CN，3D-MoO_x@CN）材料，尺寸为 1.5～3.5nm 的 MoO_x 纳米粒子锚定在 3D 氮掺杂碳的表面。优化后的 3D-MoO_x@CN 样品（3D-MoO_x@CN-700）在电流密度分别为 100mA/g 和 1000mA/g 下，经过 1000 圈循环后的比容量分别为 742mA·h/g 和 431mA·h/g。优异的电化学性能归因于超细 MoO_x 纳米粒子与氮掺杂碳表面强结合形成的分级孔隙结构，避免 MoO_x 纳米颗粒在充放电过程中的团聚现象，减轻了体积膨胀。

Huang[25] 等以葡萄糖为软模板，采用水热法，在空气中煅烧制备了具有稳定锂存储性能的介孔 SnO_2 纳米材料；系统研究了不同的锡源及其微观结构对 SnO_2 性能的影响。当用于锂离子电池时，以 $SnCl_4 \cdot 5H_2O$ 为锡源合成的 SnO_2 在 0.1A/g 下的初始放电/充电比容量为 1790/980mA·h/g，循环 50 圈后，容量保持在 880～899mA·h/g，库仑效率（coulomb efficiency，CE）为 98%；在 0.5A/g 下的初始放电/充电比容量为 1444/819mA·h/g，循环 100 圈后，容量保持在 470mA·h/g；在倍率性能中，在 2A/g 下的比容量为 320mA·h/g，远优于以 $Na_2SnO_3 \cdot 2H_2O$ 为锡源合成的 SnO_2。以 $SnCl_4 \cdot 5H_2O$ 为锡源合成的 SnO_2 的优异容量稳定性和倍率性能归因于良好的微观结构、较小的晶体尺寸、更大的介孔体积和更大的比表面积。这一结果为改善金属氧化物负极的储锂性能提供了重要的依据，并且水热介导的葡萄糖作为软模板的方法，为合成用于锂离子电池稳定的 SnO_2 负极提供了一条有希望的途径。

3.2.7 溶胶-凝胶法

溶胶-凝胶法是一种简单易行的湿法化学工艺，可在较低的温度下制备出均匀性好、纯度高、化学反应性好的先进材料，被认为是最有潜力的材料合成方法之一。

胶体（colloid）是一种分散相粒径很小的分散体系，分散相粒子的重力可以忽略，粒子之间的相互作用主要是短程作用力。溶胶是具有液体特征的胶体体系，是一种多相分散体系，分散的粒子是固体或者大分子，分散的粒子直径为 1～100nm。凝胶是具有固体特征的胶体体系，是溶胶或溶液中的被分散物质在一定条件下互相连接，形成连续的空间网状结构，结构空隙中充满液体或气体的特殊分散体系，没有流动性。溶胶-凝胶法是指金属醇盐或无机化合物经过溶液、溶胶、凝胶而固化，再经过高温热处理而制成氧化物或其他化合物固体的方法。

采用溶胶-凝胶法制备材料的步骤为：①将原材料分散在溶剂中，经水解反应形成活性单体；②活性单体进行聚合，在溶液中形成稳定的透明溶胶体系；③溶胶经过陈化，胶粒间经过聚合形成具有一定空间结构的凝胶；④凝胶经过干燥和热处理制备出纳米结构的材料。

溶胶-凝胶法作为低温或者温和条件下合成无机材料的重要方法，具有其他一些传统的无机材料制备方法无可比拟的优点，在软化学合成中占据重要地位，广泛应用于陶瓷、纤维、薄膜、复合材料、纳米粒子制备等方面。它的优点主要表现如下：

① 反应容易进行，所需温度较低。与固相反应的组分扩散是在微米范围内相比，溶胶-凝胶体系中组分的扩散是在纳米范围内，因此化学反应将容易进行，所需合成温度较低。

② 所制备的材料能够在分子水平上达到高度均匀。反应过程是从溶液反应开始的，因此微量元素就能够比较容易、均匀、定量地掺入材料中，从而实现分子水平上的均匀掺杂。

③ 应用灵活。可以根据实际需要，制备各种形状的材料，如块状、棒状、管状、粒状、

纤维、膜等材料。

④ 应用范围广。选择合适的条件可制备各种新型材料。

然而溶胶-凝胶法仍然存在着一些缺点，例如：

① 成本较高，所使用的原料比较昂贵，而且有些有机物原料对人们的健康有害（若加以防护可消除）。

② 反应涉及大量的过程变量，使其物化特性受到影响，从而影响合成材料的功能性。

③ 工艺过程时间较长，整个溶胶-凝胶过程常需要几天或者几周。

④ 所得到的半成品容易产生开裂。这是由于凝胶中液体量大，在干燥过程中会有气体及有机物逸出，产生收缩。

⑤ 制品中会存在残留小孔洞，存在残留炭，后者易使制品带黑色。

⑥ 薄膜或涂层的厚度难以准确控制，薄膜的厚度均匀性也很难控制。

Zheng 等以高分散的 Mn_3O_4 为锰源，氢氧化锂为锂源，柠檬酸为螯合剂，采用溶胶-凝胶法合成了 $LiMn_2O_4$（LMO）。实验发现，在 550℃下连续低温热处理 15h 时得到的化合物最为理想。电化学测试表明，LMO 粉体的初始放电比容量为 130mA·h/g，在 1*C* 和 25℃下，循环 200 圈后，仍能保持 125mA·h/g 的比容量（容量保持率约 96%）。即使电池在 1*C* 和 55℃下循环 100 圈，LMO 的容量衰减率也只有 14%（比容量为 111mA·h/g）。分别以较小和较高的电流对电池进行循环，该电池均具有良好的电化学可逆性，在倍率性能中，即使在 10*C* 下，也能获得 63mA·h/g 的比容量为 0.5*C*（132mA·h/g）下的 48%[26]。

3.2.8 聚合物前驱体法

聚合物前驱体法，又称为 Pechini 法，是 Pechini 在 1967 年发表的专利，主要是利用柠檬酸（citric acid，CA）及乙二醇（ethylene glycol，EG）形成网状高分子来稳定金属离子，将此高分子经热处理形成所要的产物。Pechini 法的原理是：以常见的金属盐（硝酸盐、乙酸盐、氯化物等）为前体，CA 为金属离子的螯合配体，聚羟基醇［如 EG 或聚乙二醇（polyethylene glycol，PEG）］为交联剂，在分子水平上形成聚合树脂，从而使金属离子在聚合树脂中得到均匀分散，然后聚合树脂在中等温度（500～1000℃）下煅烧即可得到均匀多组分的金属氧化物材料。Pechini 方法克服了氧化物在形成过程中远程扩散的缺点，有利于在相对较低的温度下生成均一、单相、可精确控制计量比的化合物。另外，Pechini 法还可以通过改变 CA/EG 摩尔比和合成温度来调整聚合物的黏度和分子量，材料可以制成粉末和薄膜形式等。该方法的缺点是前驱体制备过程比较复杂，不易控制。

Pechini 法是合成均匀多组分金属氧化物材料的著名方法，在碱金属电极材料的合成中有着广泛的应用。Liu[27] 等以 $Li(CH_3COO)\cdot 2H_2O$、$Mn(CH_3COO)_2\cdot 4H_2O$、$Ni(CH_3COO)_2\cdot 4H_2O$、$Co(CH_3COO)_2\cdot 4H_2O$、PEG（数均分子量 M_n 约为 4000）、CA、EG 等为原料，采用改进的 Pechini 法制备了层状 $LiNi_{1/3}Co_{1/3}Mn_{1/3}O_2$ 纳米粒子。SEM 结果表明，样品具有良好的六角形结构，在 100～300nm 范围内粒径均匀，团聚点少。将其用作锂离子电池的正极材料时，充放电试验结果表明，在 0.1*C*，电压范围为 2.8～4.4V 下，初始放电比容量为 163.8mA·h/g，显示出优异的电化学性能。

3.2.9 共沉淀法

共沉淀法是指在溶液中含有两种或多种阳离子，它们以均相存在于溶液中，加入沉淀剂，经沉淀反应后，可得到各种均一成分的沉淀的方法。共沉淀法是制备含有两种或两种以上金属元素的复合氧化物超细粉体的重要方法。

共沉淀法制备的前驱体颗粒较均匀，保证了目标产物颗粒尺寸和分布的均匀性，使晶形发育完善，形貌规整，克服了固相法反应周期长、能耗大等缺点。此外，共沉淀法还具有制备工艺简单、成本低、制备条件易于控制、合成周期短、能耗低、产率高等优点，已成为目前研究最多的制备方法。利用共沉淀法制备纳米粉体时，需要控制的工艺条件包括：化学配比、溶液浓度、溶液温度及分散剂的种类和数量、混合方式、搅拌速率、pH 值、洗涤方式和干燥温度与方式、煅烧温度与方式等。

共沉淀法是能够同时沉淀两个或两个以上组分的一种方法。其特点是一次可以同时获得比例恒定、分布均匀的几个组分。对于能够互相形成固溶体的组分，得到的分散度和均匀性则更为理想。与固相混合法相比，共沉淀法具有分散性和均匀性好的特点。根据沉淀物的性质，共沉淀法又可分成单相共沉淀和混合物共沉淀。

（1）单相共沉淀　单相共沉淀是指沉淀物为单一化合物或单相固溶体时的反应，也称化合物沉淀法。在溶液中，当沉淀颗粒的金属元素之比就是产物化合物的金属元素之比时，沉淀物在原子尺度上具有均匀的组成。对于由两种以上金属元素组成的化合物，当金属元素之比按倍比法则是简单的整数比时，能够保证组成均匀性。然而当要定量地加入微量成分时，保证组成均匀性常常很困难。如果是利用形成固溶体的方法，就可以得到良好效果。不过，形成固溶体的系统是有限的，适用范围窄，仅适用于有限的草酸盐沉淀。

（2）混合物共沉淀（多相共沉淀）　沉淀产物为混合物时，称为混合物共沉淀。混合物共沉淀过程是非常复杂的。溶液中不同种类的阳离子不能同时沉淀。各种离子沉淀的先后顺序与溶液的 pH 值密切相关。

共沉淀法应用广泛，不但能制备纳米粉体和发光体材料，还可以制备电池的正负极材料（如锂离子电池正极材料 $LiFePO_4$，燃料电池新型正极材料 $Ba_{0.5}Sr_{0.5}Co_{0.8}Fe_{0.2}O_{3-\sigma}$）和薄膜材料等。Wang[28] 等以 $FeSO_4 \cdot 7H_2O$、H_3PO_4 和 LiOH 为原料，按照 Li：Fe：P 摩尔比为 3：1：1，在水溶液中采用一步共沉淀法，合成了具有均匀碳涂层的纳米级 $LiFePO_4/C$ 复合材料。该材料粒径分布比较均匀，平均粒径为 50nm 左右，且每个粒子都被碳层完全包裹，形成 $LiFePO_4/C$ 核壳结构。样品在 0.1C 下的放电比容量为 155mA·h/g，接近理论比容量 170mA·h/g。在 1C 下的放电比容量为 134mA·h/g，且在循环 100 圈后没有明显的容量衰减。即使在 10C 的高倍率下，样品的放电比容量保持在 100mA·h/g，显示出优异的电化学性能。

3.2.10 喷雾干燥法

喷雾干燥法是系统化技术应用于液态物料干燥的一种方法。它是将液态物料浓缩至适宜的密度后，经雾化形成细小雾滴，与一定流速的热气流进行热交换，使水分迅速蒸发，将物料干燥成粉末状或颗粒状的方法。根据工作原理的不同，可分为：压力喷雾干燥法、离心喷雾干燥法、气流式喷雾干燥法。

（1）压力喷雾干燥法　主要采用高压泵，以一定的压力，将浓缩后的浓溶液通过喷枪使之克服料液的表面张力而雾化成雾状微粒喷入干燥室。由于同热空气接触，直接进行热交换和水分的传递，其表面水分迅速蒸发，在很短的时间内即被干燥成球状颗粒，沉降于塔底。

（2）离心喷雾干燥法　料液在高速旋转的离心盘上雾化时，受到两种力的作用：一种是离心盘旋转产生的离心力；另一种是与周围空气摩擦产生的摩擦力。料液在与热空气热交换之前被离心力作用加速到很高速度，从离心盘的边缘甩出时呈薄膜状。与周围空气接触时受摩擦力作用即分散成为微细的液滴，达到雾化的目的。液滴在转盘旋转而产生的切线速度与离心力作用而产生的径向速度作用下被甩出，其运动轨迹呈螺旋形。

（3）气流式喷雾干燥法　使用输送机将湿物料与加热后的自然空气同时送入干燥器，二者充分混合后，由于较大的热质交换面积，可以在很短的时间内达到蒸发干燥的目的。干燥后的成品从旋风分离器排出，一小部分飞粉经旋风除尘器或布袋除尘器得到回收利用。

与其他干燥方法相比，喷雾干燥法具有许多优点：

① 干燥速度十分迅速。料液经雾化后，表面积增大，在高温气流中，瞬间蒸发 95%～98%的水分，完成干燥的时间一般仅需 5～40s。

② 产品质量好。尽管在干燥过程中，采用的空气温度达到 80～800℃，但其物料温度仍不会超过周围热空气的温度，从而保证产品的质量。

③ 产品具有良好的分散性、流动性和溶解性。

④ 生产过程简化，操作控制方便。喷雾干燥通常用于处理湿含量为 40%～90%的溶液，不经浓缩，同样能一次干燥成粉状产品。大部分产品干燥后不需要再粉碎和筛选，减少生产工序，简化生产工艺。在一定范围内，可通过改变操作条件对产品的粒径、松密度、水分进行调整，便于自动控制。

⑤ 防止粉尘飞扬，改善生产环境。由于喷雾干燥是在密闭的干燥塔内进行的，可避免干燥产品粉尘的大量飞扬。当有毒气体、臭气物料进行生产时，可采取封闭循环生产流程，将毒气、臭气烧掉，防止污染大气，能改善生产环境。

⑥ 适合于连续化大规模生产。现代喷雾干燥技术的发展，能够满足大规模生产的要求，可以连续排料，结合风力输送、自动计量包装等组成生产全自动作业线。

但喷雾干燥法也存在一些固有的缺点，主要表现在：①设备较复杂，占地面积大，价格较高，一次投资大；②生产过程需要大量空气，增加了鼓风机的电能消耗与回收装置的容量；③热消耗大，热效率不高，通常只有 30%～40%；④设备清洗比较麻烦。

喷雾干燥法不仅可以被用于除去原料中的水分，还可以用于改变物质的大小、外形或密度。除此之外，它还能在生产过程中协助添加其他成分，有利于生产质量标准更为严格的产品。目前，该方法在电极材料的合成/成型中有着广泛应用。Cyril Paireau[29] 等以工业聚乙烯醇和纳米硅粉为原料，采用喷雾干燥法得到了涂有聚乙烯醇的硅颗粒粉末；经热解后，得到了粒径为 100～300nm 的 Si/C 复合材料。将其作为锂离子电池负极材料，进行了电化学研究。结果发现，Si/C 复合材料的首圈放电比容量为 1790mA · h/g，且具有良好的循环稳定性。因此，采用喷雾干燥法制备的 Si/C 复合材料可作为锂离子电池负极的理想材料。

3.2.11　微乳液法

微乳液是由两种互不相溶的溶剂在表面活性剂的作用下形成的热力学稳定、各向同性、外观透明或半透明的液体分散体系，分散相直径约为1～100nm。将两种互不相溶的溶剂在表面活性剂的作用下形成乳液，在微泡中经成核、聚结、团聚、热处理后得纳米粒子的方法称为微乳液法。采用微乳液法制得的粒子的单分散性和界面性好，Ⅱ～Ⅵ族半导体纳米粒子多用此法制备。

微乳液通常由表面活性剂、助表面活性剂、溶剂和水（或水溶液）组成。常用的表面活性剂有：双链离子型表面活性剂，如琥珀酸二辛酯磺酸钠；阴离子表面活性剂，如十二烷基磺酸钠、十二烷基苯磺酸钠；阳离子表面活性剂，如十六烷基三甲基溴化铵；非离子表面活性剂，如 Triton X 系列（聚氧乙烯醚类）等。常用的助表面活性剂为脂肪醇。常用的溶剂为非极性溶剂，如烷烃或环烷烃等。

(1) 微乳液中颗粒的形成机理　微乳液法制备颗粒分为以下4种情况。

① 双微乳液法：混合两种分别增溶有反应物的微乳液。由于半径固定，水核内的晶核或粒子之间的物质交换受阻，生成的粒子尺寸受控，最后水核的大小决定颗粒的最终粒径。

② 单微乳液法：一种反应物增溶在水核内，另一种反应物以水溶液的形式与前者混合，水相反应物穿过微乳液界面膜进入水核内，与另一反应物作用，产生晶核并生长。

③ 一种反应物增溶在微乳液核内，另一种反应物为气体，将气体通入液相中，充分混合，使二者发生反应。

④ 一种反应物为固体，另一种反应物增溶于微乳液中，将二者混合，发生反应，常用于金属或金属复合物。

(2) 微乳液的制备方法　微乳液的制备是一个自发过程，不需外加功，主要依靠各组分的匹配，所需设备少，能耗少。常规制备方法包括以下两种。

① Schulman 法：把油、水和乳化剂混合均匀，然后滴加低碳醇，在某一时刻体系突然变得透明。

② Shah 法：把油、低碳醇和乳化剂混合为乳化体系，然后滴加水，在某一时刻体系突然变得透明。

(3) 微乳液法的特点　微乳胶束的结构处于动态平衡中，微乳颗粒在不停地做布朗运动，不同颗粒在互相碰撞时，组成界面的表面活性剂和助表面活性剂的碳氢链可以互相渗入。与此同时，"水池"中的物质可以穿过界面进入另一颗粒中。用该法制备纳米粒子的装置简单，能耗低，操作容易，具有以下明显的特点：①粒径分布较窄，易控制，可以较易获得粒径均匀的纳米微粒；②通过选择不同的表面活性剂分子对粒子表面进行修饰，可获得所需特殊物理、化学性质的纳米材料；③粒子的表面包覆表面活性剂，粒子间不易聚结，稳定性好；④纳米粒子表面的表面活性剂层类似于一个"活性膜"，该层可以被相应的有机基团取代，从而制得特定需求的纳米功能材料；⑤表面活性剂对纳米微粒表面的包覆改善了纳米材料的界面性质，同时显著地改善了其光学、催化及电流变等性质。

(4) 微乳液法制备纳米材料的影响因素

① 含水量的影响：水/油（water/oil，W/O）型微乳液中水核的大小和水与表面活性剂的比例密切相关，水核的大小限制了纳米粒子的生长，决定了纳米微粒的尺寸。因此，纳米粒子的粒径可通过调节水量进行控制。

② 溶剂的影响：溶剂对纳米粒子尺寸的影响主要表现为影响纳米晶粒的生成速率。

③ 表面活性剂的影响：表面活性剂的亲水亲油平衡（hydrophilic lipophilic balance，HLB）值与体系中油相的 HLB 值接近时，具备合适的成膜性能，形成的纳米粒子吸附在粒

子的表面而成膜，既可防止生成的粒子之间黏结，使纳米粒子均匀细小；又可修饰粒子表面的缺陷，使纳米粒子十分稳定。否则，在纳米粒子碰撞时表面活性剂膜易被打开，晶粒继续生长，难以控制粒子的粒径。表面活性剂具有双亲结构而产生吸附性能，能显著降低纳米微粒的表面张力，防止原生粒子的团聚。其结构不仅影响胶束的半径和胶束界面强度，还影响纳米粒子的晶型。对于油/水（oil/water，O/W）型微乳液，表面活性剂要相对过量，使胶束表面富集反应离子，增加胶束表面区域反应物的浓度，加快反应速率；富集的离子与胶束表面活性剂配位非常稳定，从而形成有序的微晶，粒径分布较窄而且均匀。

④ 助表面活性剂的影响：在一定范围内，随助表面活性剂用量的增加，W/O 型微乳液法制得的粒子粒径逐渐减小。

⑤ 反应物浓度的影响：适当调节反应物的浓度，可控制制取粒子的大小。

在纳米材料的各种制备方法中，微乳液法具有简易性和应用上的广泛性等潜在优势，为纳米粒子的制备提供了一条便利的途径，其优越性已引起了化学和化工科技人员的极大兴趣。通常，可以采用微乳液法制备金属纳米材料、氧化物纳米材料，还可以用于制备无机复合纳米材料、有机-无机复合纳米材料以及聚合物纳米材料。例如，Liu[30] 等以 $Ti(OC_3H_7)_4$、$LiOH \cdot H_2O$、正戊醇、环己烷和十六烷基三甲基溴化铵（hexadecyl trimethyl ammonium bromide，CTAB）为原料，采用微乳液法制备了纳米晶体 $Li_4Ti_5O_{12}$。制备的 $Li_4Ti_5O_{12}$ 纳米晶体尺寸约为 30～50nm，结晶度高。当用作锂离子电池负极材料时，在 $0.2C$、$1C$、$5C$ 和 $10C$ 下，循环 50 圈后，比容量分别为 173.7mA・h/g、166.2mA・h/g、136.2mA・h/g 和 130.2mA・h/g，展现出了良好的比容量和循环稳定性。

尽管微乳液法存在较多优点，但对这种方法的研究还不够深入，对于这一特定的制备体系，应深入研究微乳液的结构和性质、反应机理和反应动力学等问题，寻求效率高、成本低、易回收的表面活性剂，并将该法与纳米粒子制备的其他方法相结合，优势互补。此外，建立适应于工业化生产的低成本反应体系，是该方法发展的主要方向。

3.2.12 溶液燃烧合成法

金属氧化物纳米材料因其体积小、表面积小、量子效应强等，具有独特的性能，被广泛地应用于能源转换和储存材料中。金属氧化物纳米材料的合成方法有多种：溶胶-凝胶法、化学共沉淀法、化学气相沉积法、机械合金化法、溶剂热合成法和微波加热法等。然而，这些方法中有许多需要较长的反应时间、较高的外部温度或特殊仪器。与其他方法相比，溶液燃烧合成法（solution combustion synthesis，SCS）是一种省时、节能的方法，尤其适用于制备易于规模化应用的复杂氧化物。

1967 年，Merzhano 等基于对凝聚态物质燃烧的广泛研究，提出了自蔓延高温合成（self-propagation high-temperature synthesis，SHS，又称燃烧合成）的概念。该方法利用自我维持化学反应本身的放热特性来驱动反应。然而，对于固体反应物，SHS 过程较快，难以控制，得到的颗粒尺寸较大。因此，该方法不适合制备复合氧化物。随后，Patil 等将其与湿化学相结合，发明了溶液燃烧合成法（SCS）。

SCS 是一个复杂的自我维持的化学过程，是以金属盐为氧化剂，燃料为还原剂，以氧化还原反应的放热性为基础进行的。常见的金属盐有硝酸盐、亚硝酸盐、硫酸盐和碳酸盐等；常见的燃料有尿素、甘氨酸、柠檬酸、蔗糖和淀粉等。典型的 SCS 过程一般包括以下步骤：①将燃料和金属盐溶解在液体溶剂中，在分子水平上与试剂混合形成反应溶液；②将反应溶液预热至反应起始温度（通常为150～500℃）；③燃烧过程通常发生在500～2000℃，在某些特殊情况下，其温度可以超过3000℃，反应时间从2s到几分钟不等；④冷却阶段。

SCS最明显的优点是它的时间效率和能量效率高。当反应物的混合物被点燃时，自身产生的高能量可以将前体转化为相应的氧化物，而不需要额外的外部能量输入。因此，产物在几分钟内就形成。除此之外，SCS还有其他优点：①仪器简单，成本低，反应能够比较容易地放大；②能够获得具有不同功能和结构的产物，如金属化合物、金属间化合物、金属基复合材料、金属陶瓷、固体溶液、碳化物、氮化物、硼化物、陶瓷和氧化物；③能够合成结构复杂、纯度高的三元或四元氧化物，采用其他方法反而很难实现；④可以在短时间内形成某些亚稳态，因此有可能获得具有特殊新功能的产物；⑤在多相光催化剂的情况下，通过SCS可以制备出具有高活性表面积的材料。

SCS虽然在制备具有特殊结构和高性能的复杂纳米材料方面取得了一些突出的进展，但仍然存在着一些挑战。①从燃烧科学和技术的基本认识来看，形态、结构和燃料类型与加热速率之间的关系还没有很好地建立起来。此外，在溶液燃烧合成过程中容易产生表面氧缺陷。②从应用的角度来看，材料的性能、组成和结构之间的关系需要进一步研究，具有理想性能的材料设计仍然是一个巨大的挑战。

SCS制备的材料广泛应用于锂离子电池、超级电容等储能和能量转换领域。Hong等采用SCS制备了一种多金属氧化物$Li[Mn_{0.547}Ni_{0.16}Co_{0.10}Li_{0.193}]O_2$，在电流为100mA/g，电压为4.8～2.0V时，第一次放电比容量为265mA·h/g[3]。Ananth等通过SCS制备了$LiMn_{0.5}Ni_{0.5}O_2$，在电流为0.1*C*，电压为4.6～2.5V时，其初始放电比容量为161mA·h/g，能够稳定循环超过50圈。这种理想的电化学性能可以归因于$LiMn_{0.5}Ni_{0.5}O_2$的纯相，若采用其他方法是很难制备的[31]。

3.2.13 超临界流体法

超临界流体法是一种经济的材料合成方法，具有相纯度高、形貌控制好、尺寸可调和灵敏度高等优点。

超临界流体是指高于临界温度和临界压力的流体。对于超临界流体，能够通过控制压力和温度来调节反应动力学或反应气氛。同时，可以根据需要比较方便地调整物理化学性质，如密度、黏度、扩散率和表面张力。超临界流体可以像气体一样穿过固体，也可以像液体一样有效地溶解固体。这些性质可用于合成各种形状和大小的材料。

与其他合成方法相比，超临界流体法被认为是一种绿色环保的过程，这归因于其具有诸多优点：①材料合成所需时间从几分钟（连续合成）到几小时（批量合成），降低了能耗和时间；②合成温度低于500℃，根据材料加工的类型，可以降低能耗和成本；③能够合成纳米以下的粒子，其大小决定了材料的性质；④合成温度较低，能够比较容易地实现大规模合成。

超临界流体法被证明在控制锂电池材料的尺寸和形状方面是非常实用的。Jae-Wook Lee等在氩气或氧气存在下，采用间歇式超临界水法合成了$LiCoO_2$、$Li_{1.15}CoO_2$和$LiNi_{1/3}Co_{1/3}Mn_{1/3}O_2$正极材料。合成$LiCoO_2$和$Li_{1.15}CoO_2$的起始原料为LiOH和$Co(NO_3)_2 \cdot 6H_2O$。对于合成

$LiNi_{1/3}Co_{1/3}Mn_{1/3}O_2$，以 LiOH，$Ni(NO_3)_2 \cdot 6H_2O$，$Co(NO_3)_2 \cdot 6H_2O$ 和 $Mn(NO_3)_2 \cdot 6H_2O$ 作为起始原料，用 KOH 溶液调节不同的 pH 值。$Li_{1.15}CoO_2$ 和 $LiNi_{1/3}Co_{1/3}Mn_{1/3}O_2$ 的 SEM 图像显示，颗粒大小为 300nm～1mm，呈立方状，晶界清晰，无硬团聚。在室温下，电流密度为 16mA/g 时，$Li_{1.15}CoO_2$ 和 $LiNi_{1/3}Co_{1/3}Mn_{1/3}O_2$ 粒子的初始放电比容量分别为 149mA·h/g 和 180mA·h/g。在电压窗口为 2.5～4.5V 的范围内测试 $Li_{1.15}CoO_2$ 和 $LiNi_{1/3}Co_{1/3}Mn_{1/3}O_2$ 粒子的循环性能，30 圈后，$LiNi_{1/3}Co_{1/3}Mn_{1/3}O_2$ 正极的循环性能优于 $Li_{1.15}CoO_2$ 正极[32]。

3.2.14 小结

采用液相法制备纳米微粒，首先将均相溶液通过各种途径使溶质和溶剂分离，使溶质形成一定形状和大小的颗粒，进而得到所需粉末的前驱体，然后经过热解即可得到纳米微粒。液相制备法具有设备简单、原料容易获得、纯度高、均匀性好、化学组成控制准确等优点，成为目前制备多组分材料的常用方法。表 3-2 为几种液相制备法的比较。

表 3-2 不同液相制备法的比较

合成方法	优点	缺点
水热法/溶剂热法	反应动力学快、产物相纯度高、结晶度高、收率高、颗粒产物均匀、颗粒粒度分布窄、环境友好、易于推广应用	反应周期长；反应装置昂贵，增加了生产成本；反应是在高温高压条件下进行的，反应过程中可能存在安全问题
离子热法	反应温度低；离子液体是能够设计的，设计功能化的离子液体会对材料的合成起独特作用；离子液体数量庞大，使用不同种类的离子液体可能得到不同的产物	挑选合适的离子液体制备独特的材料仍需不断研究
微波合成法	加热速度快、效率高、加热均匀、能够选择性加热、易实现工业化生产	合成粉末的粒度通常只能控制在微米级以上，形貌稍差
静电纺丝法	成本低廉、工艺简单、用途广泛	静电纺丝机的产量低；得到的纳米纤维的强度太差
硬模板法	可以精确地控制目标产品的尺寸和规格；可以得到不同形貌的颗粒	模板的去除往往会导致部分孔隙结构的坍塌，影响产品的性能；部分填充的试样会导致孔隙中不连续的结构缺陷；模板材料来源有限，限制了硬模板法的广泛应用
软模板法	重复性好、工艺简单，不需要去除模板	软模板的稳定性较差；使用条件苛刻
溶胶-凝胶法	反应温度低，制备的材料均匀性好、纯度高、化学反应性好；应用灵活，应用范围广	成本高、工艺时间长；薄膜或涂层的厚度难以控制
聚合物前驱体法	能够在相对较低的温度下生成均一、单相、可精确控制计量比的化合物	前驱体制备过程比较复杂，不易控制
共沉淀法	制备工艺简单、成本低、制备条件易于控制、合成周期短、能耗低、产率高	单相共沉淀法可使组成均匀性发生困难；混合物共沉淀过程复杂
喷雾干燥法	干燥速度十分迅速；产品具有良好的分散性、流动性和溶解性，产品质量好；生产过程简化，操作控制方便；适合于连续化大规模生产	设备较复杂，占地面积大，价格较高，一次投资大；热消耗大，热效率不高
微乳液法	装置简单，能耗低，操作容易，获得的颗粒粒径均匀	表面活性剂成本高、不易回收
溶液燃烧合成法	时间效率和能量效率高；仪器简单，成本低，反应能够比较容易地放大；应用广泛	对溶液燃烧合成的研究不够深入

3.3 气相制备法

气相制备法是制备纳米级粒子和薄膜的常用方法，合成的纳米粒子具有纯度高、分散性好、粒度细、组分易于控制等优点。气相制备法主要有化学气相沉积和物理气相沉积[1,2]。

3.3.1 化学气相沉积

化学气相沉积（chemical vapor deposition）简称CVD技术，是利用加热、等离子体激励或光辐射等方法，形成所需要的固态薄膜或涂层的过程。化学气相沉积是近几十年发展起来的制备无机材料的新技术。CVD作为无机合成化学的一个新领域，目前已经广泛用于提纯物质，研制新晶体，沉积各种单晶、多晶或玻璃态无机薄膜材料。

CVD技术是应用气态物质在固体上产生化学反应和传输反应等，并产生固态沉积物的一种工艺。最基本的CVD反应由热分解反应、化学合成反应以及化学传输反应等组成。一个完整的CVD过程大致包含三步：①形成挥发性物质；②将上述物质转移至沉积区域；③在固体上产生化学反应并产生固态物质。

（1）CVD反应的物质源

① 气态物质源，如H_2、N_2、CH_4、O_2、SiH_4等。这种物质源对CVD工艺技术最为方便，涂层设备系统比较简单，对获得高质量涂层成分和组织十分有利。

② 液态物质源。此物质源分为两种：a. 该液态物质源的蒸气压在相当高的温度下也很低，必须加入另一种物质与之反应生成气态物质送入沉积室，才能参加沉积反应；b. 该液态物质源在室温或稍高一点的温度时就能得到较高的蒸气压，满足沉积工艺技术的要求，如$TiCl_2$、CH_3CN等。

③ 固态物质源，如AlC_2、NbCl、TaCl、$ZrCl_2$、WCl等。它们在较高温度下（几百摄氏度）才能升华出需要的蒸气量，可用载气带入沉积室中。因为固态物质源的蒸气压对温度十分敏感，所以对加热温度和载气量的控制精度十分严格，因而对涂层设备设计、制造提出了更高要求。

（2）化学气相沉积的特点　CVD技术具有以下优点。①应用范围广，既可以制作金属、非金属薄膜，又可以制作多组分合金薄膜。②可以在常压或者真空条件下进行沉积。③成膜速率高，可批量制备。④薄膜表面光滑、纯度高、致密性好、残余应力小、结晶良好。⑤可以控制涂层的密度和涂层纯度（几微米至几百微米）。⑥绕镀性能好，可在形状复杂的基体上以及颗粒材料上镀膜，适用于涂覆各种复杂形状的工件，以及涂覆带有槽、沟、孔，甚至是盲孔的工件。

但同时CVD技术也存在一些缺点，例如：①一些参与沉积的物质源以及反应产生的气体易爆或者有毒，需要采取环保措施；②反应温度太高，虽然低于物质的熔点温度，但与物理气相沉积（PVD）技术相比，温度还是过高，使应用受到一定限制；③对工件进行局部镀膜时比较困难，不如PVD方便。

（3）CVD根据反应器结构的分类　反应器是CVD装置最基本的部件。根据反应器结构的不同，可将CVD技术分为开放型气流法和封闭型气流法两种基本类型。

① 开放型气流法。特点：反应气体混合物能够连续补充，同时废弃的反应产物能够不断地排出沉积室，反应总是处于非平衡状态。

优点：试样容易装卸，工艺条件易于控制，工艺重复性好。

按照加热方式的不同，开放型气流法可分为热壁式和冷壁式两种。

a. 热壁式。一般采用电阻加热，沉积室壁和基体都被加热。缺点是管壁上也会发生沉积。

b. 冷壁式。基体本身被加热，故只有热的基体才发生沉积。实现冷壁式加热的常用方法有感应加热、通电加热和红外加热等。

② 封闭型气流法。把一定量的反应物和适当的基体分别放在反应器的两端，管内抽真空后充入一定量的输运气体，然后密封，再将反应器置于双温区内，使反应管内形成温度梯度。温度梯度造成的负自由能变化是传输反应的推动力，于是物料就从封管的一端传输到另一端并沉积下来。

优点：a. 可降低来自外界的污染；b. 不必连续抽气即可保持真空；c. 原料转化率高。

缺点：a. 材料生长速率慢，不利于大批量生产；b. 有时反应管只能使用一次，沉积成本较高；c. 管内压力测定困难，具有一定的危险性。

(4) CVD 根据工艺参数特点的分类　根据 CVD 技术不同工艺参数的特点，可将 CVD 分为：低压化学气相沉积（low pressure CVD，LPCVD）、金属有机化学气相沉积（metal-organic CVD，MOCVD）、等离子体增强化学气相沉积（plasma-enhanced CVD，PECVD）、光辅助化学气相沉积（photo-assisted CVD，PACVD）。

① LPCVD。LPCVD 是指在低压下进行的化学气相沉积，通常生长压力为 1m Torr ～ 1Torr（1Torr＝133.32Pa）。LPCVD 具有以下优点：a. 低压下气态分子的平均自由程增加，使得反应器内的气体浓度能够在较短时间内达到均一，从而避免气体浓度梯度带来的薄膜不均匀性；b. 可以使用较低蒸气压的前驱体，在较低的温度下成膜；c. 能够快速抽走残余气体和副产物，从而抑制有害的寄生反应与气相成核；d. 得到的薄膜具有良好的致密度，质量好；e. 沉积速率高，生产效率高，生产成本低。然而 LPCVD 也存在着缺点：LPCVD 设备需配置压力控制系统和真空系统，增加设备的成本和复杂性。

② MOCVD。MOCVD 是利用金属有机化合物前驱体的热分解反应进行外延生长的方法。MOCVD 的优点在于：a. 沉积温度低，能够减少自污染，得到的薄膜纯度高；b. 薄膜生长速率与金属有机源的供应量成正比，通过改变流量，能够比较容易地调控沉积速率；c. 可通过控制气体流量和种类来控制外延层组分、厚度等；d. 可同时生长多片衬底，可以大规模生产。MOCVD 的不足之处在于金属有机源昂贵，易燃易爆且有毒，增加了生产成本，给使用带来了不便。目前，该方法主要用于制备化合物半导体。

③ PECVD。PECVD 是指利用辉光放电产生的等离子体来激励化学气相沉积的技术。PECVD 的优点在于：a. 成膜温度低（300～350℃），避免了高温导致的薄膜结构和界面恶化；b. 能够在低压下成膜，得到的薄膜致密、厚薄均匀、成分均一；c. 薄膜的附着力大于普通 CVD。PECVD 的缺点在于：a. 反应过程复杂，影响薄膜质量的因素多；b. 参数难以控制；c. 对反应机理、反应动力学、反应过程尚没有明确的认识。该方法主要应用于微电子、光电子、光伏等领域。

④ PACVD。PACVD 是利用光能使气体分解，增加气体的化学活性，促进气体间的化学反应，从而实现低温下生长的 CVD 技术。PACVD 具有较强的选择性，常用的光源有紫

外光和激光光源。

Tang[33] 等采用 PECVD 技术成功地将大量的类金刚石碳（DLC）纳米粒子沉积在 SnSb/C 纳米纤维上。经碳化处理后得到的 SnSb/C/DLC 纳米纤维用作锂离子电池负极时，具有良好的电化学性能：经过 100 圈循环后，其可逆比容量高达 583.54mA·h/g。

3.3.2 物理气相沉积

物理气相沉积（physical vapor deposition，PVD）是在真空条件下，将材料源——固体或液体通过高温蒸发、溅射、电子束、等离子体、离子束、激光束、电弧等能量形式产生气相原子、分子、离子（气态，等离子态）进行输运，在固态表面上沉积凝聚生成固相薄膜的过程。物理气相沉积技术不仅可沉积金属膜、合金膜，还可以沉积化合物、陶瓷、半导体、聚合物膜等。物理气相沉积的主要方法有真空蒸镀、溅射镀、离子镀等。

(1) 真空蒸镀　真空蒸镀是在真空条件下，将镀料加热并蒸发，然后沉积在基体表面形成薄膜的方法。蒸发源通常为电阻蒸发源和电子束蒸发源，特殊用途的蒸发源有高频感应加热、电弧加热、辐射加热、激光加热等。真空蒸镀的设备相对简单，工艺操作容易，可镀材料广，镀膜纯度高，广泛用于光学、电子器件和塑料制品的表面处理。缺点是膜-基结合力弱，镀膜不耐磨，并有方向性。

(2) 溅射镀　在真空条件下，利用获得能量的粒子轰击靶材料表面，使靶材表面原子获得足够的能量而逃逸的过程称为溅射。被溅射的靶材沉积到基材表面，就称为溅射镀膜。溅射镀膜的优点是纯度高、均匀，而且基板温度低。因此适用性广，可沉积纯金属、合金或化合物。缺点是溅射设备复杂，需要高压装置；溅射淀积的成膜速度低，真空蒸发镀膜沉积速率为 0.1～5μm/min，溅射速率为 0.01～0.5μm/min；基片温升较高，易受杂质气体影响。

(3) 离子镀　离子镀的基本原理是在真空条件下，利用气体放电使气体或被蒸发物质离子化，在气体离子或被蒸发物质离子轰击作用的同时，把蒸发物或其反应物蒸镀在基片上。采用离子镀，可得到均匀、致密的膜层，膜层和基体结合力强。在负偏压作用下绕镀性好。多种基体材料均适合于离子镀，且没有污染。但是，其装置及操作均较复杂，不便于采用掩膜沉积。

PVD 技术的应用包括以下几个方面。

① 在刀具、模具中的应用。对高速钢刀具进行涂覆，可得到致密等轴涂层，具有优异的耐磨特性，可显著提高刀具的使用寿命以及切削速度等。

② 在机械零件中的应用。在飞机和宇宙飞船的各种形状复杂的零部件上，可镀制各种薄膜；为减少摩擦，可在各种工程机械零件上镀制润滑的膜层。

③ 在建筑中的应用。为了达到选择传播射线的目的，可在建筑玻璃上镀制化合物镀层。

④ 太阳能和光电元件应用的各种薄膜。

⑤ 碱金属电极材料上的应用。例如，Tashiro[34] 等采用等离子喷涂物理气相沉积（plasma spray physical vapor deposition，PS-PVD）方法，通过 SiO_x 蒸气的快速冷凝和随后的歧化反应，制备了纳米复合 SiO_x 粒子，得到的 SiO_x 粒子呈核-壳结构。其中，15nm 晶硅嵌在非晶 SiO_x 基体中，而 10nm 非晶颗粒则是在非平衡效应程度增加的情况下形成的。当用作锂离子电池负极材料时，在保持循环能力的同时，提高了锂离子电池的初始库仑效率

和容量。

3.3.3 小结

气相法主要用于制备纳米级别的粒子或者薄膜。根据在反应过程中是否有化学反应发生，气相制备法可大致分为化学方法（主要指化学气相沉积）和物理方法（主要指物理气相沉积）。表 3-3 为不同气相制备法的比较。

表 3-3 不同气相制备法的比较

合成方法		优点	缺点
化学气相沉积（CVD）	LPCVD	反应温度低；制得的薄膜均匀、致密度好、质量好；生产效率高、成本低	设备复杂、成本高
	MOCVD	反应温度低；薄膜纯度高；沉积速率易调控；外延层组分和厚度易控制；能够大规模生产	金属有机源昂贵，易燃易爆且有毒，生产成本高
	PECVD	成膜温度低；能在低压下成膜；制得的薄膜均匀、致密	反应过程复杂；参数难以控制
	PACVD	反应温度低；选择性强	技术难度高
物理气相沉积（PVD）	真空蒸	设备简单、操作容易；镀膜纯度高；应用范围广	膜-基结合力弱，镀膜不耐磨，并有方向性
	溅射镀	薄膜纯度高、均匀；基板温度低；应用范围广	设备复杂；成膜速度低；易受杂质气体影响
	离子镀	薄膜均匀、致密；膜层和基体结合力强	装置及操作复杂

3.4 其他合成方法

3.4.1 超声化学法

超声化学是利用超声能量发展起来的一门新兴的化学学科。与传统能源（如电加热）相比，超声具有简单、反应时间短和能源效率高等优点。

声波和物质在分子或原子水平上的相互作用不会影响高能超声。相反，这种技术是基于声学空化的影响，它可以被描述为在一个所谓的热点中气泡的连续形成、生长和破裂，这导致了极端的局部加热、高压和非常短的寿命。这些热点的温度为 5000℃，压力为 101.325MPa，加热/冷却速率为 10^{10}K/s 以上。基于这些条件，能够获得足够的能量。因此，以前很难通过其他方法实现的反应，可以通过超声辐射来完成。通过施加超声波（通常为 20kHz 至 1MHz），微观空化泡将会在固体基质表面附近坍塌，将较大的颗粒分裂成较小的颗粒或使纳米颗粒脱团聚。此外，空化产生的强激波和微射流可以有效地搅拌/混合调整层的液体。

不同的超声条件对材料的形貌和粒度有着重要影响，主要如下。①反应时间的影响。粒度随时间增加而增加，颗粒尺寸随时间增加而减小，团聚度也会随着时间的改变而变化。②试剂浓度的影响。初始试剂的浓度对材料的形貌和粒径有显著影响。总的来说，将浓度降低到一个最优点可使颗粒尺寸减小。但是需要注意的是，进一步降低浓度会导致团聚、形貌改变或不均匀性。③超声功率的影响。一般来说，功率与温度直接相关，所以增加超声功率会增加反应合成过程中的最高温度和升温速率。④溶剂的影响。并不是所有用于常规合成的溶剂都适合超声辅助合成。阴离子与极性非质子溶剂在溶剂化作用下形成了很强的氢键，因此当极性非质子溶剂参与反应体系时，其活化能的增加具有重要的意义。⑤调制剂和添加剂的影响[35]。

在过去的几十年里，超声化学因其方便性在材料合成中得到了广泛应用。Sivakumar[36]等以氢氧化锂、乙酸锰（Ⅱ）和乙酸镍（Ⅱ）为前驱体，采用超声化学法合成了尖晶石型 $LiNi_{0.5}Mn_{1.5}O_4$。所得的 $LiNi_{0.5}Mn_{1.5}O_4$ 样品具有较好的晶体结构和良好的电化学性能（样品的初始放电比容量为 131mA·h/g，首圈库仑效率为 87%），有望成为具有实际应用价值的材料。

3.4.2 流变相反应法

流变相是一种介于固相和液相之间的状态，流变相体系是固、液分布均匀，不分层的固液混合体系。处于流变相的物质，似固非固，似液非液，在力学上兼具固体和液体的性质。流变相反应是在反应体系中加入流变相的化学反应，是流变学与化学合成相结合的一种软化学合成方法，也是一种新型的绿色化学合成方法。流变相反应法是从固液流变混合物中制备化合物或材料的过程。流变相系统具有有效利用固体颗粒表面积、固体颗粒与流体接触紧密均匀、热交换良好等优点，避免了局部过热，反应温度易于控制[37]。

随着优势的不断显现，这种方法已经被用于合成大量的材料。其中，包括单晶材料、元素金属、金属氧化物、复合金属氧化物、金属有机盐、复合热电材料、负温度系数恒温器、先进电极材料、多晶软铁氧体材料、固有导电聚合物等。Xie[38]等采用流变相反应法合成了高度有序的包碳 $LiNi_{0.6}Co_{0.2}Mn_{0.2}O_2$/C（LNCM622/C）材料，并将其用作锂离子电池负极材料。通过改变锂的含量（Li/TM＝0.95、1.00、1.05、1.10、1.15、1.20，TM＝Ni、Co、Mn），能够改变 LNCM622/C 材料的结构和形貌，使得相应锂离子电池的电化学性能不同。结果表明，Li/TM＝1.15 样品的初始放电比容量最高，为 177.1mA·h/g，这是由于阳离子混合程度最低。而 Li/TM＝ 1.05 样品的循环稳定性和倍率性能最好，这与样品的相对较小的平均尺寸和高度有序的结构有关。

3.4.3 冷冻干燥法

冷冻干燥法，又称为冻干，是在真空条件下通过升华和解吸从冷冻样品中除去水分的工业过程。冷冻干燥法具有可操作性强、重复性好等优点，被认为是制备高性能粉体的可靠方法。大多数研究表明，冻干粉粒粒径较小，形态规则，团聚较少，粒径分布较窄。均匀的粒度分布降低了晶粒生长的驱动力，降低了烧结温度。同时，冷冻干燥可以保证在分子尺度上的化学均匀性，减小颗粒的扩散距离，降低结晶相的反应温度，提高粉末的烧结性能。

一个完整的冷冻干燥过程由冷冻（凝固）、一次干燥（冰升华）和二次干燥（未冻结水的解吸）三个步骤组成。

① 冷冻。冷冻是冷冻干燥的第一步。在这个步骤中，液体悬浮液被冷却，纯水形成冰晶。随着冻结过程的继续，液体中越来越多的水被冻结，这导致了剩余液体浓度的增加。随着悬浮液浓度的增大，其黏度增大，进而抑制结晶。这种高度浓缩和黏稠的液体

会凝固，产生一种非晶、结晶或非晶-结晶结合相。保持液态而不结冰的那一小部分水称为结合水。

② 一次干燥。一次干燥阶段为冰从冷冻产品中升华。这个过程主要如下。a. 热量通过托盘和小瓶从架子转移到冷冻溶液中，并传导到升华前沿。b. 冰升华和形成的水蒸气通过产品的干燥部分到达样品表面。c. 水蒸气从产物的表面通过气室传到冷凝器。d. 水蒸气在冷凝器上凝结。在升华步骤的最后，形成一个多孔的塞子。它的气孔相当于冰晶所占的空间。

③ 二次干燥。二次干燥为从产品中除去吸收的水分。这些水在冻结的过程中没有分离成冰，也没有升华。

典型的生产规模冷冻干燥机由一个包含温度控制架的干燥室组成，干燥室通过一个大阀门与冷凝器腔室相连。冷凝器腔室包括一系列能够在很低的温度（低于－50℃）下维持的板或盘。一个或多个串联的真空泵连接到冷凝器腔室，以实现整个系统在运行过程中4～40Pa的压力范围[39]。

近年来，冷冻干燥法制备的粉体已广泛应用于新能源材料的生产，如锂离子电池材料、太阳能转换材料、全电池材料等。冻干法制备的新产品，大大提高了产品的性能。因此，冻干法在新能源和可再生能源领域具有广阔的应用前景。Zhecheva等采用冷冻干燥法制备了$LiFePO_4$正极材料。通过改变溶液浓度，冷冻干燥可以获得平均粒径为60～100nm的$LiFePO_4$，并且使用稀溶液制得的粉末比容量大，使用浓溶液制得的粉末比容量小[40]。

3.4.4 瞬间高温焦耳热技术

瞬间高温焦耳热技术是近年发展起来的一种材料制备技术，主要利用电能转化为热能的原理，在较短的时间内让物体受到剧烈的温度变化，用于微纳材料的超快速制备。该方法具有反应速度快，相应的升温和降温速度高等特点，使得所制备的纳米材料不会因为缓慢的降温而发生团聚，从而获得单分散性良好的纳米材料[41]。通过对反应温度和反应时间等参数的控制，其反应温度可高达3000 K，反应时间低至5 ms，升温和降温速度可以达到10^5 K / s，是一种新兴的快速合成材料的技术。

这种合成技术优势明显，可以用于制备不同的微纳米材料，包括金属、氧化物、碳化物、硼化物、氮化物和硅化物等，已经被广泛应用于催化和二次电池等领域[42]。Qiao[43] 等采用瞬间高温焦耳热技术，原位合成出活化碳纳米纤维担载超细钌纳米颗粒，将其作为锂-二氧化碳电池正极。在电流密度为0.1 A/g条件下，经过50圈循环，其过电位为1.43V，循环性能出色。另外，在0.8A/g和1.0A/g的高电流密度下，电池过电位仅为1.79V和1.81V，这表明采用该方法制备的钌纳米颗粒催化剂可以促进CO_2和Li_2CO_3的可逆反应。因此，这一技术也为制备高性能锂-二氧化碳电池电极提供了一种全新的方法，并有望应用于催化和其他可再生能源储能技术领域。此外，Qiao等将3D打印技术与瞬间焦耳热技术相结合，制备出3D一体化Ni/r-GO框架厚电极。他还采用先制作出3D微型化反应器件，再利用瞬间焦耳热技术的方法制备微纳材料，拓展了其应用范围[44,45]。

3.5 小结

电池的性能部分取决于电池材料，电池材料制备技术在电池材料研发、性能优化和应用的过程中发挥着重要作用。为了制备性能优异的电池材料，选择合适的制备技术至关重要。对于电池材料的制备，常用的固相制备法有机械化学法、高温固相反应法等；常用的液相制备法有水热法、溶剂热法、微波合成法、静电纺丝法等；常用的气相制备法为化学气相沉积。

对于碱金属离子电池合金负极的制备，采用最多的方法就是机械化学法。机械化学法的特征在于施加机械能以实现化学转化，最为常见的就是高能球磨法。高能球磨法在材料合成中具有简单实用的特点，能够提高产物产量、减少反应时间、提高反应选择性，可在较温和的条件下制备产物。但也存在一些问题，需要进一步解决，如在使用球磨机时，难以控制和调节合成化学中最重要的两个参数——温度和压力，因而需要开发实验室设备所需的工具，以实现在生产过程中可控制散热。另一个需要解决的问题是协调反应变量，因此必须提供计算不同类型球磨机径向速度的方法。解决了以上问题，才有可能实现从实验台到生产规模的简化升级。

在炉子里面升温煅烧是另外一种常用的电极材料处理方法，可以方便地将各种前驱体高温分解或发生其他反应而转化为最终产品，高温固相反应法就是其典型的代表。在高温固相反应法中，管式炉中气体的选择对最终的产品性能有着较大影响。若在空气中煅烧，往往会得到氧化物；若在惰性气体中煅烧，可以实现前驱体的高温分解，并能够使产物不被氧化；若在氢氩混合气中煅烧，可以实现部分金属氧化物还原成金属单质；若在乙炔气体中煅烧，可以在部分金属的催化下生长碳纳米棒。因此，在高温固相反应中，应选择合适的煅烧温度和适宜的气体。

在高温和低温下的水热和溶剂热工艺是一种制备电极材料的普适性方法，可以为电池的应用提供具有高能量密度和功率密度的结晶性良好的纳米材料。然而，水热反应和溶剂热反应对设备要求较高，反应周期长等，阻碍了水热法和溶剂热法的应用和推广。因此，应寻求方法克服这些缺点。目前看来，水热法和溶剂热法有向低温低压发展的趋势，即温度低于100℃，压力接近0.1MPa的反应条件。

微波合成是一种快速、低能量、低成本的锂离子电池正极材料制备技术。微波辐射能够极大地改善锰系正极材料的物理化学性质，尤其是尖晶石型 $LiMn_2O_4$（LMO）、高能尖晶石型 $LiMn_{1.5}Ni_{0.5}O_4$（LMNO）和高容量层状镍钴锰 NMC 材料的物理化学性质。采用微波技术合成锂离子电池常用正极材料锂锰氧化物时，微波能够被材料吸收并转变成热能，从材料的内部开始对其整体进行加热，实现快速升温，大大缩短了合成时间，粉末的物相结构可以通过调节微波功率进行控制。微波技术也较易实现工业化生产，所以值得重视。但这种方法的主要缺点在于：合成的粉末粒度通常只能控制在微米级以上，形貌稍差。在微波合成中，反应时间和加热温度对产品的性能有着很大影响，因而需要合理调控反应时间和温度。

在众多的碳纳米纤维制造方法中，静电纺丝技术具有简单、通用、高效和低成本等优点。尽管静电纺丝技术已成为生产一维碳纳米材料的基本技术，但要实现在储能材料中的大规模应用，仍有一些挑战需要克服。

① 从工业制造和商业应用的角度来看，低生产率是电纺丝技术用于储能系统的一个主要瓶颈。目前，为了实现碳纳米材料的大规模生产，出现了一些新的静电纺丝装置。然而，与传统设备相比，这些新机器太贵了。由此可以推断，当成本降低后，在不久的将来，将在实验室和工业上实现大规模生产。

② 很难得到直径小于 50nm 的均匀纳米纤维，而较细的直径可以提供更短的扩散途径，这有利于电化学性能的提高。对这些参数进行优化，设计出更有益的结构以满足高性能储能器件的需求势在必行。

③ 在制备前驱体溶液时，静电纺丝工艺通常使用有毒和腐蚀性的有机溶剂。开发无毒溶液和环保的静电纺丝工艺具有重要意义。

④ 电纺丝技术碳纳米材料可作为能源器件中电极、隔膜、电解质的组件，如何将这些组件组装成柔性电池并作为可穿戴电子织物，将具有很大的商业价值。随着新途径的不断开发和完善，静电纺丝将成为获得具有独特多孔结构、大比表面积、定向输运和短离子输运长度等优点的一维纳米材料的主要方法，并在能源器件中广泛应用。

在实验室中，化学气相沉积（CVD）往往用来在基体上沉积制备各类碳材料，包括碳壳或者石墨烯等。在这个过程中，碳源、生长基体和生长条件都会对反应产生影响。目前生长石墨烯的碳源主要是烃类气体，如 CH_4、C_2H_2 等。此外，还可以使用液体碳源，如采用气体将苯、吡啶等带入反应器中，实现石墨烯的生长。另外，气体的选择对反应也有很大的影响，如在氢气下可以还原。因此，要想实现良好的 CVD，首先要选择合适的碳源，然后根据碳源的分解温度确定生长温度，最后还应选择合适的气体。

常见的材料制备方法如上所述，应根据合成材料的特性选择最合适的方法。此外，还要注意，虽然许多合成方法已经得到了深入研究，但也有许多方法还处于起步阶段。为了更好地利用材料制备技术，得到性能良好的材料，仍需继续不断前行，继续探索！

参考文献

[1] 吴贤文，向延鸿．储能材料——基础与应用[M]. 北京：化学工业出版社，2019：5-42.

[2] 张以河．材料制备化学[M]. 北京：化学工业出版社，2013：10-27.

[3] 伊廷锋，谢颖．锂离子电池电极材料[M]. 北京：化学工业出版社，2018：97-100.

[4] Park J W，Park C M. Fe_3O_4 nanoparticles produced by mechanochemical transformation：A highly reversible electrode material for Li-ion batteries[J]. Materials Letters，2017，199：131-134.

[5] 刘冬如，黄可龙，唐爱东．中温固相还原法合成 $LiMn_{0.85}Cr_{0.15}O_{1.95}F_{0.05}$[J]. 电池，2005，(05)：29-30.

[6] 王伟东，仇卫华，丁倩倩．锂离子电池三元材料——工艺技术及生产应用[M]. 北京：化学工业出版社，2015：167-168.

[7] 李荐，杨俊，李良东，等．低温固相反应/水热法合成 $LiMn_{0.4}Fe_{0.6}PO_4/C$ 材料的微观结构及其电化学性能[J]. 中南大学学报（自然科学版），2013，(09)：49-55.

[8] Shen Y F. Carbothermal synthesis of metal-functionalized nanostructures for energy and environmental applications[J]. J Mater Chem A，2015，3(25)：13114-13188.

[9] Yu Q，Tian J H，Feng M Y，et al. Melt-impregnation synthesis of single crystalline spinel $LiMn_2O_4$ nanorods as cathode materials for Li-ion batteries[J]. Chinese J Inorg Chem，2014，30(8)：1977-1984.

[10] 陈立宝．固相配位化学反应法合成锂离子电池正极材料 $LiMn_2O_4$ 及其掺杂材料的研究[D]. 长沙：中南大学，2004.

[11] Nersisyan H H，Lee J H，Ding J R，et al. Combustion synthesis of zero-，one-，two- and three-dimensional nanostructures：Current trends and future perspectives[J]. Prog Energy Combust Sci，2017，63：79-118.

[12] Aruna S T, Mukasyan A S. Combustion synthesis and nanomaterials[J]. Curr Opin Solid State Mater Sci, 2008, 12（3-4）: 0-50.

[13] Wang S M, Xiang M W, Lu Y, et al. Facile solid-state combustion synthesis of Al-Ni dual-doped $LiMn_2O_4$ cathode materials[J]. J Mate Sci: Mater Electron, 2020, 31(8): 6036-6044.

[14] Devaraju M K, Honma I. Hydrothermal and Solvothermal Process Towards Development of $LiMPO_4$（M = Fe, Mn）Nanomaterials for Lithium-Ion Batteries[J]. Adv Energy Mater, 2012, 2（3）: 1-14.

[15] Hu Z L, Zhang X J, Peng C, et al. Pre-intercalation of potassium to improve the electrochemical performance of carbon-coated MoO_3 cathode materials for lithium batteries[J]. J Alloys Compounds, 2020, 826: 154055.

[16] Lai J P, Niu W X, Luque R, et al. Solvothermal synthesis of metal nanocrystals and their applications[J]. Nano Today, 2015, 10（2）: 240-267.

[17] Wang X H, Wang J Y, Chen Z H, et al. Yolk-double shell Fe_3O_4@C@C composite as high-performance anode materials for lithium-ion batteries[J]. J Alloys Compounds, 2020, 822(5): 153656.

[18] 刘沛. $LiMPO_4$（M = Fe, Mn）的离子热法合成、结构表征及性能研究[D]. 合肥: 合肥工业大学, 2012.

[19] Wang F, Zhao B X, Zi W W, et al. Ionothermal Synthesis of Crystalline Nanoporous Silicon and Its Use as Anode Materials in Lithium-Ion Batteries[J]. Nanoscale Res Lett, 2019, 14: 196.

[20] Gao P, Wang L, Chen L, et al. Microwave rapid preparation of $LiNi_{0.5}Mn_{1.5}O_4$ and the improved high rate performance for lithium-ion batteries[J]. Electrochim Acta, 2013, 100: 125-132.

[21] Liu Q, Zhu J H, Zhang L W, et al. Recent advances in energy materials by electrospinning[J]. Renew Sust Energ Rev, 2018, 81: 1825-1858.

[22] Liu T C, Hu J L, Li C L, et al. Unusual conformal Li plating on alloyable nanofiber frameworks to enable dendrite suppression of Li metal anode[J]. ACS Appl Energy Mater, 2019, 2（6）: 4379-4388.

[23] Xie Y D, Kocaefe D, Chen C Y, et al. Review of Research on Template Methods in Preparation of Nanomaterials[J]. J Nanomater, 2016, 2016: 1-10.

[24] Li Z, Wang C, Chen X Z, et al. MoO_x Nanoparticles Anchored on N-Doped Porous Carbon as Li-Ion Battery Electrode[J]. Chem Engin J, 2020, 381: 122588.

[25] Huang M X, Sun Y H, Guan D C, et al. Hydrothermal synthesis of mesoporous SnO_2 as a stabilized anode material of lithium- ion batteries［J］. Ionics, 2019, 25（12）: 5745-5757.

[26] Zheng C H, Wu Z F, Li J C, et al. Synthesis and electrochemical performance of a $LiMn_{1.83}Co_{0.17}O_4$ shell/$LiMn_2O_4$ core cathode material[J]. Ceram Int, 2014, 40(6): 8455-8463.

[27] Liu X M, Gao W L, Ji B M. Synthesis of $LiNi_{1/3}Co_{1/3}Mn_{1/3}O_2$ nanoparticles by modified Pechini method and their enhanced rate capability[J]. J Sol Gel Sci Technol, 2012, 61（1）: 56-61.

[28] Wang S P, Yang H X, Feng L J, et al. A simple and inexpensive synthesis route for $LiFePO_4$/C nanoparticles by co-precipitation[J]. J Power Sources, 2013, 233: 43-46.

[29] Paireau C, Jouanneau S, Ammar M R, et al. Si/C composites prepared by spray drying from cross-linked polyvinyl alcohol as Li-ion batteries anodes[J]. Electrochimca Acta, 2015, 174: 361-368.

[30] Liu G Y, Wang H, Liu Y, et al. Facile synthesis of nanocrystalline $Li_4Ti_5O_{12}$ by microemulsion and its application as anode material for Li-ion batteries[J]. J Power Sources, 2012, 220: 84-88.

[31] Li F T, Ran J R, Jaroniec M, et al. Solution combustion synthesis of metal oxide nanomaterials for energy storage and conversion[J]. Nanoscale, 2015, 7（42）: 17590-17610.

[32] Lee J W, Lee J H, Viet T T, et al. Synthesis of $LiNi_{1/3}Co_{1/3}Mn_{1/3}O_2$ cathode materials by using a supercritical water method in a batch reactor[J]. Electrochim Acta, 2010, 55(8): 3015-3021.

[33] Tang H J, Xia X. Multidimensional jagged SnSb/C/DLC nanofibers fabricated by AP-PECVD method for Li-ion battery anode[J]. Nanotechnology, 2020, 31（20）: 205401.

[34] Tashiro T, Dougakiuchi M, Kambara M. Instantaneous formation of SiO_x nanocomposite for high capacity lithium ion batteries by enhanced disproportionation reaction during plasma spray physical vapor deposition[J]. Sci Technol Adv Mater, 2016, 17（1）: 744-752.

[35] Vaitsis C, Sourkouni G, Argirusis C. Metal Organic Frameworks（MOFs）and ultrasound: A review[J].

Ultrason Sonochem, 2019, 52: 106-119.

[36] Sivakumar P, Nayak P K, Markovsky B, et al. Sonochemical synthesis of $LiNi_{0.5}Mn_{1.5}O_4$ and its electrochemical performance as a cathode material for 5V Li-ion batteries[J]. Ultrason Sonochem, 2015, 26: 332-339.

[37] 冯传启，王石泉，吴慧敏．锂离子电池材料合成与应用[M]. 北京：科学出版社，2017：16-19.

[38] Xie T, Sun F G, Zhou X Q, et al. Rheological phase method synthesis of carbon-coated $LiNi_{0.6}Co_{0.2}Mn_{0.2}O_2$ as the cathode material of high-performance lithium-ion batteries[J]. Appl Phys, 2018, 124 (10): 720.

[39] Abdelwahed W, Degobert G, Stainmesse S, et al. Freeze-drying of nanoparticles: Formulation, process and storage considerations[J]. Adv Drug Deliv Rev, 2006, 58 (15): 1688-1713.

[40] Zhecheva E, Mladenov M, Zlatilova P, et al. Particle size distribution and electrochemical properties of $LiFePO_4$ prepared by a freeze-drying method[J]. J Phys Chem Solids, 2010, 71(5): 848-853.

[41] Yao Y G, Huang Z N, Xie P F, et al. Carbothermal shock synthesis of high-entropy-alloy nanoparticles[J]. Science, 2018, 359 (6383): 1489-1494.

[42] Wang C W, Ping W W, Bai Q, et al. A general method to synthesize and sinter bulk ceramics in seconds[J]. Science, 2020, 368 (6490): 521.

[43] Qiao Y, Xu S M, Liu Y, et al. In situ synthesis of ultrafine ruthenium nanoparticles for a high-rate $Li-CO_2$ battery[J]. Energy Environ Sci, 2019, 12 (3): 1100-1107.

[44] Qiao Y, Liu Y, Chen C J, et al. 3D-printed graphene oxide framework with thermal shock synthesized nanoparticles for $Li-CO_2$ batteries[J]. Adv Funct Mater, 2018, 28 (51): 1805899.

[45] Qiao Y, Yao Y G, Liu Y, et al. Thermal Shock Synthesis of Nanocatalyst by 3D-Printed Miniaturized Reactors [J]. Small, 2020, 16 (22): 2000509.

第4章 电池材料的表征

电池的电极材料一般都是由数个关键组分所构成的，其主要包括电化学活性物质、导电剂、黏结剂以及集流体四个部分。电池材料的复杂性给其相关表征技术带来了很大的难题，仅靠一种实验方法不可能对此做出全面的分析表征，因此需要配合使用多种技术进行系统分析。电池材料的主要研究内容是探讨材料的结构及组成、制备过程及加工工艺、材料的本身性质和材料的实际效能，同时需要对这些关系进行分析。本章主要介绍电池材料结构与性能分析所用到的多种电化学及材料表征测试技术。

4.1 电化学表征方法

电化学表征方法通常是指利用物质的电学及电化学性质进行表征分析的方法。该方法一般通过将需要进行分析的试样组装成化学电池（电解池或者原电池），然后根据所组成电池的一些物理性质（例如，两电极间的电势差、通过的电量和电流密度、电解质溶液的电阻等）与其化学量之间的内在关系进行测试分析[1,2]。电化学表征方法使用到的仪器较简单，测试速度快，不仅可以进行价态分析，还可以对组成成分的相对含量进行分析，被广泛应用于研究电极过程动力学、氧化还原过程动力学、催化反应过程、有机电极反应过程、金属腐蚀过程等领域。电化学表征方法在科学研究和实际生产应用中是一种至关重要的测试工具，本节简要地叙述了一些常用的电极材料电化学表征方法。

4.1.1 充放电测试

对半电池进行充放电测试，可以确定电极材料的容量、比容量、库仑效率、充放电曲线、倍率性能、开路和极化电位等基本的电化学性能参数[3]。半电池主要的充电方式为恒流充电，在充电过程中，初始的电压逐渐升高，电池容量也相应地线性增加，但是内阻也会随之增加。半电池主要的放电方式为恒流放电，也可以采用固定负荷的方式[4]。

充放电测试原理：若开始极化后控制通过电极表面的极化电流密度 I 保持不变，则称为“恒电流”极化或者“电流阶跃法”（图 4-1）。参加氧化还原反应粒子的流量 $J_{x,i}$ 与电流密度 I 之间存在如下关系：

$$I=\mp\frac{nF}{\upsilon_i}J_{x,i} \tag{4-1}$$

式中 I——极化电流密度；

n——转移电子数；

F——法拉第常数；

υ_i——反应的粒子数；

$J_{x,i}$——参加氧化还原反应粒子的流量。

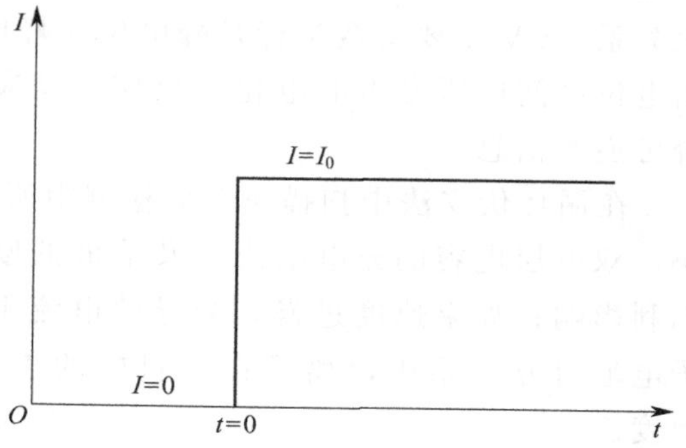

图 4-1 电流阶跃曲线

在恒电流极化下，电极表面上的边界条件可以写成：

$$\left(\frac{\partial c_i}{\partial x}\right)=\mp\frac{\upsilon_i I_0}{nFD_i}=\text{常数} \tag{4-2}$$

式中 D_i——扩散系数；

c_i——i 粒子的浓度；

x——距离。

当以“半无限扩散条件”为边界条件时，即接通极化电路时，i 粒子的浓度 c_i 为它的初始浓度 c_i^0；而距离电极表面无穷远处总不出现浓度极化［即有 $c_i(\infty,t)=c_i^0$］，菲克第二定律的解为：

$$c_i(x,t)=c_i^0+\frac{\upsilon_i I_0}{nF}\left[\frac{x}{D_i}\mathrm{erfc}\left(\frac{x}{2\sqrt{D_i t}}\right)-2\sqrt{\frac{t}{\pi D_i}\exp\left(-\frac{x^2}{4D_i t}\right)}\right] \tag{4-3}$$

式中 c_i——i 粒子的浓度；

c_i^0——初始浓度。

电极反应是直接在电极表面上进行的，将 $x=0$ 代入上述公式中，可以得到下式：

$$c_i(0,t)=c_i^0-\frac{2\upsilon_i I_0}{nF}\sqrt{\frac{t}{\pi D_i}} \tag{4-4}$$

如上式所示，反应粒子（υ_i 和 I_0 同号）或反应产物（υ_i 和 I_0 异号）的表面浓度都随 $t^{1/2}$ 而线性变化。

半电池的恒电流充放电测试，主要考察离子电池电极材料在充放电过程中的充电和放电的电压-比容量关系，以及电化学循环性能。

4.1.2 循环伏安法

循环伏安法（cyclic voltammetry，CV）是目前电化学测试中最常用的表征方法之一。其测试过程及原理如下：首先，选择无电极反应的某一电位作为起始电位，控制研究电极的电位按照确定的方向和速度随着时间进行线性变化。当电极电位扫到某一个电位后再以相同的速度逆向扫到起始电位，同时记录极化电流随电极电位之间的变化关系。CV 主要参数指标是峰电位和峰电流，根据 CV 曲线中峰的情况，可以确定扫描电位区间内所发生的电化学反应、反应中间物质的特点、稳定状态以及电极反应是否可逆等信息。

在循环伏安法中扫描速度对检测中所获得的电信号有着非常大的影响：如果速度过快，双电层电容的充电电流以及溶液的欧姆电阻会明显变大，对于获取电信号会产生不利影响；如果速度过慢，会导致电流下降，使检测的灵敏度大大降低。在碱金属离子电池研究体系中，离子在材料中的扩散速度非常缓慢，因此一般使用较慢的扫描速度。

循环伏安法不仅可以应用于电极反应的性质、机理和电极过程动力学参数的研究，也可用于定量分析反应物浓度、电极表面吸附物的覆盖度、电极活性面积以及电极反应速率常数、交换电流密度和反应的传递系数等动力学相关参数。其具体用途主要包括以下几个方面：①判断电极表面的微观反应过程；②判断电极反应的可逆性；③了解前置化学反应的循环伏安特征；④了解后置化学反应的循环伏安特征；⑤了解催化反应的循环伏安特征等。

在电极可逆性判断方面，循环伏安法中电压的扫描过程包括阴极与阳极两个方向，因此通过所得 CV 图的氧化峰和还原峰的峰高和对称性可以初步判断电化学活性物质在电极表面反应的可逆程度。若反应是可逆的，则曲线上下对称；若反应不可逆，则曲线上下不对称。在电极反应机理判断方面，循环伏安法还可用于研究电极表面的吸附现象、电化学反应产物、电化学-化学耦联反应等，对于有机物、金属有机化合物及生物物质的氧化还原机理的研究也很有用。

在电化学储能研究领域，当涉及金属氧化物材料时，“赝电容”“双电层电容”“电池行为”等一系列定义往往会混淆在一起。双电层电容（electrical double-layer capacitance，EDLC）充放电过程完全没有涉及物质的化学变化，是一种基于离子吸附/脱附的非法拉第过程。赝电容，英文名为 pseudocapacitance，其中“pseudo”这个词根本意是指“虽然不是，但看起来很像”。所以，赝电容的含义可以理解为一个“看起来很像电容，但并不是电容”的存在形式。赝电容是一种发生于电极材料表面的法拉第（Faradaic）过程。因此，是否属于法拉第过程成为 EDLC 和赝电容之间的一条明确分界线。

具有赝电容特性的电极材料，其容量的贡献一般分为两部分：一是电容性容量（包括表面赝电容和 EDLC）；二是锂离子在电极材料中的嵌入或扩散所贡献的电池性容量。一般可以用 CV 曲线定量地区别电容性容量与电池性容量。在 CV 曲线中通过分析电流响应（i，A）与扫描速率（v，mV/s）之间的函数关系，能够分辨出当前电化学过程是扩散控制（电池行为）还是表面控制（电容行为）。对于由半无限线性扩散控制的氧化还原反应，电流 i 随 v 的 0.5 次幂进行变化，是一种电池行为；如果电流 i 随 v 线性变化，那么反应为表面控制过程，则是一种电容行为[5]。因此，通过求解下式中的 b 值，即可判断电极反应类型：

$$i = av^b \tag{4-5}$$

式中　i——电流响应；

a——不同材料所对应的常数；

b——待求指数。

比如，同样依靠锂离子嵌入脱出过程进行储能，$LiFePO_4$ 的 b 值为 0.5，表现为电池属性；Nb_2O_5 的 b 值为 1.0，表现为电容属性[6]。通常认为，当 b 值为 0.5～1 时，电极材料同时表现电池行为和表面电容行为，并且 b 值越趋近于哪个值，电极表现就越接近哪种电化学行为。

4.1.3 电化学阻抗技术

电化学阻抗谱（electrochemical impedance spectroscopy，EIS）又称为交流阻抗谱，它是将一个小幅度（几个到几十个毫伏）低频正弦电压叠加到外加直流电压上，同时作用于电极，然后研究极化电极的交流阻抗，从而确定被研究物质的电化学特性。该方法原本是研究线性电路网络频率响应特性的一种方法，现在被广泛应用于研究电池电极材料的电化学特性。交流阻抗法主要是测量法拉第阻抗（Faradic impedance，Z）及其与被测定物质的电化学特性之间的关系，通常用电桥法来测定。

在小幅度的扰动信号作用下，一个电极体系各种动力学过程的响应与扰动信号之间呈线性关系，可以把每个动力学过程用电学上的一个线性元件或几个线性元件的组合来表示。如电荷转移过程可以用一个电阻来表示，双电层充放电过程则用另一个电容的充放电过程来表示。这样就把电化学动力学过程用一个等效电路来描述，通过对电极系统的扰动响应，求得等效电路各元件的数值，从而可以推断电极体系的反应机理。该方法把极化电极上的电化学过程等效为电容和阻抗所组成的等效电路。交流电压使电极上发生电化学反应产生交流电流，将同一个交流电压加到等效电路上，可以产生同样大小的交流电流。因此，电极上的电化学行为相当于一个阻抗所产生的影响。这个阻抗来源于电极上的化学反应，所以称之为法拉第阻抗。

法拉第阻抗可以通过一个等效电路来表示。Z 可以看成是一个电阻 R_s 和一个电容 C_s 串联而成。这个电阻称之为极化电阻（polarization resistance），电容称为赝电容（pesudo capacitor）。因为通常要用交流电桥来测量阻抗，所以要假定 Z 由 R_s 和 C_s 串联而成，相互串联的可变电阻和电容是交流电桥的可调元件；当然也可以把 Z 看成是由电阻和电容并联而成，但是其相关计算比串联电路要复杂很多。

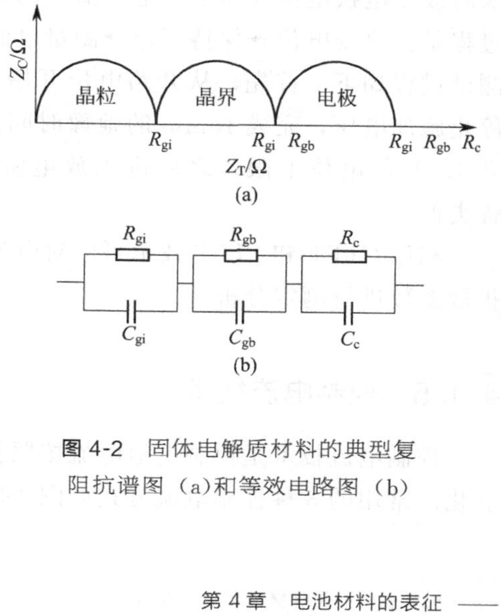

图 4-2　固体电解质材料的典型复阻抗谱图（a)和等效电路图（b)

同时，EIS 还是一种频率域的测量方法，它以测量得到的频率范围很宽的阻抗谱来研究电池系统，因而能比其他常规的电化学方法得到更多的动力学信息及电极界面结构的信息。EIS

在电极材料的分析研究中主要用于多晶晶粒间界面现象研究以及固体表面结构研究等。由于单晶不存在晶粒界面，其阻抗谱只有一个弧；而多晶则不同，存在晶粒与晶粒的接触界面，其电性质与晶粒内部是不同的，故阻抗谱中会存在两个及以上的弧线，所以可用来区分单晶和多晶。多晶材料的复阻抗谱图一般会出现三个特征半圆，从低频区到高频区分别对应着电极、晶界和晶粒的贡献，如图 4-2(a) 所示，对应的等效电路如图 4-2(b) 所示[7]。

4.1.4 恒电流间歇滴定技术和恒电位间歇滴定技术

扩散是传质的重要形式。以锂离子电池为例，锂离子在电极材料中的嵌入脱出过程，就是一种扩散。此时，锂离子的化学扩散系数（D）在很大程度上决定了反应速率，也影响了电池的综合表现。因此，确定化学扩散系数，对研究材料的电化学性能具有重要意义。

恒电流间歇滴定技术（galvanostatic intermittent titration technique，GITT）测试由一系列“脉冲＋恒电流＋弛豫”组成，弛豫过程就是指在这段时间内没有电流通过电池。因此，GITT 主要设置的参数有两个：电流强度（i）与弛豫时间（τ）。

GITT 首先施加正电流脉冲，电池电势快速升高，与 iR（溶液阻抗）降成正比。其中，R 是整个体系的内阻，包括未补偿电阻 R_{un} 和电荷转移电阻 R_{ct} 等。随后，维持充电电流恒定，使电势缓慢上升。这也是 GITT 名字中“恒电流”的由来。此时，电势 E 与时间 t 的关系需要使用菲克第二定律进行描述。（菲克第一定律只适用于稳态扩散，即各处扩散组元的浓度只随距离变化，而不随时间变化；实际上，大多数扩散过程都是在非稳态条件下进行的；对于非稳态扩散，就要应用菲克第二定律）。然后，中断充电电流，电势迅速下降，下降的值与 iR 降成正比。最后，进入弛豫过程。在弛豫期间，通过锂离子扩散，电极中的组分趋于均匀，电势缓慢下降，直到再次平衡。重复以上过程：脉冲、恒电流、弛豫、脉冲、恒电流、弛豫……，直到电池完全充电。放电过程与充电过程相反。

恒电位间歇滴定技术（potentiostatic intermittent titration technique，PITT）是指通过瞬时改变电极电位并恒定该电位值，同时记录电流随时间变化的测试方法。简而言之，整个过程是：改变电位→保持恒定→测量电流变化。对于商用锂离子电池，常采用的典型 PITT 测试过程如下。首先，从开路电位开始充电，瞬时提升 0.02V 的电位，保持 15min，然后停止施加电压，完成 15min 的弛豫时间。每次增加 0.02V 的电位，依次重复循环，直到达到 4.2V 的电位上限。之后进入放电阶段，每次减少 0.02V 的电位，其余设置与充电过程类似。

利用 GITT 和 PITT 技术可以对电池材料的电化学过程动力学进行研究，从而对离子的扩散系数进行测定分析。

4.1.5 控制电流技术

控制电流技术是控制电池电流按照指定的规律变化，同时测量其他电化学信号随时间的变化。常用的 3 种控制电流方式如图 4-3 所示[8]。

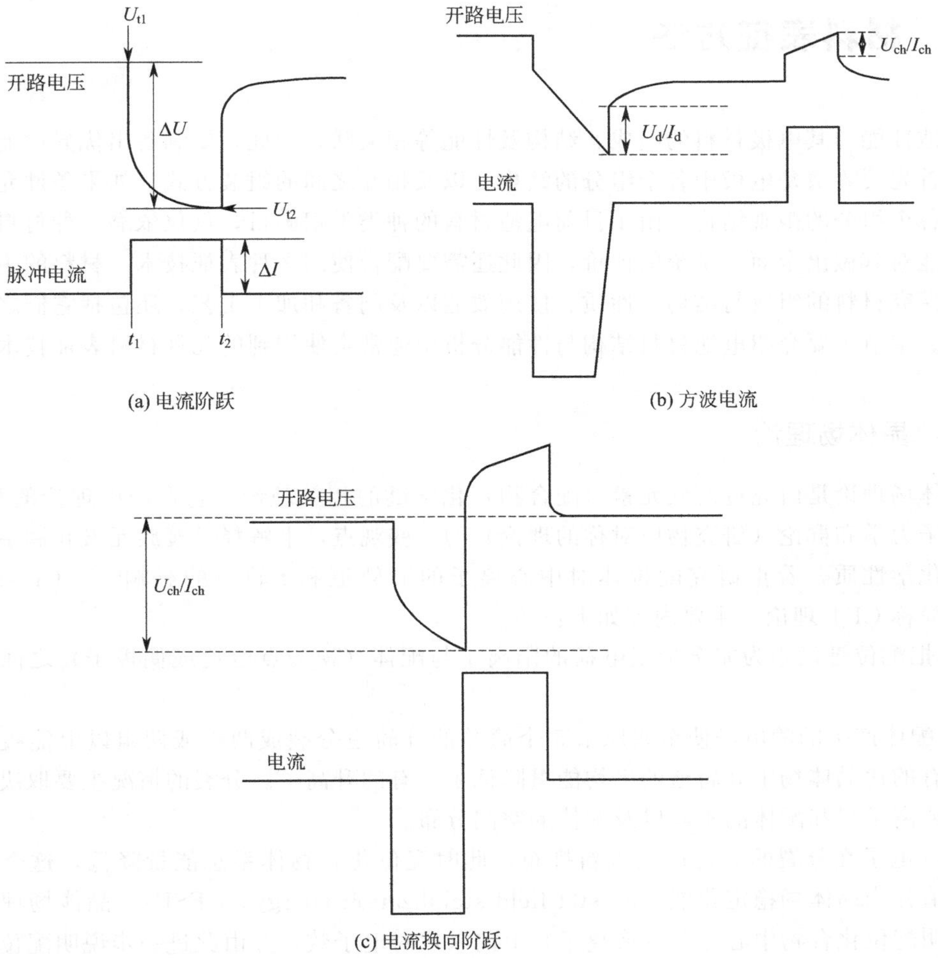

图 4-3 控制电流实验方法

① 电流阶跃：实验开始前，电池的电流控制为零。实验开始后，电流由零阶跃至某一指定恒定值，直至实验结束。

② 方波电流：电池电流在某一指定恒定值持续一定时间后，突变为另一个指定恒定值，再持续一段时间后又突变回原来的值，如此循环多次。

③ 电流换向阶跃：实验电池电流为零，实验开始时电流突变至某一指定恒定值，持续一段时间后，又突变到另一个恒定值（改变电流方向），持续一定时间后实验结束。

通过上述电化学表征方法，可以得到能够判断电池材料性能好坏的评价指标，其主要可以分为以下三个部分：①充放电测试，主要测试电池的充放电性能和倍率性能等；②CV 曲线，主要测定电池的充放电可逆性、峰电流和起峰电位等；③EIS 指标，主要评估电池的电阻和极化等。利用上述得到的技术指标，就可以对电池电极材料的电化学性能做出一个全面而系统的分析。

4.2 材料表征方法

电池性能与其电极材料的组成、结构及性能等相关联。为此，要制备出优异性能的离子电池，首先要弄清楚电极中各个组分的结构，以及相互之间的组装方式，如果条件允许还可以研究各个组分的微观结构。由于目前电池材料的种类琳琅满目，仅仅依靠一种材料表征方法不可能对其做出全面、系统的评价，因此还需要配合使用多种表征技术。材料的主要研究内容是探究材料的组成与结构、性质、使用效能以及制备和加工工艺，还包括它们之间的相互关系。本节主要介绍电池材料结构与性能分析中通常会使用到的几种材料表征技术。

4.2.1 晶体场理论

晶体场理论是研究过渡族元素（配合物）化学键的相关理论。它在静电理论的基础上，结合量子力学和群论（研究物质对称的理论）的一些观点，来解释过渡族元素和镧系元素的物理和化学性质，着重研究配位体对中心离子的 d 轨道和 f 轨道的影响[9]。Crystal field theory 简称 CFT 理论，主要内容如下：

① 把配位键设想为完全带正电荷的阳离子与配体（视为点电荷或偶极子）之间的静电引力。

② 配体产生的静电场使金属原来 5 个简并的 d 轨道分裂成两组或两组以上能级不同的轨道，有的比晶体场中 d 轨道的平均能量降低了，有的升高了。分裂的情况主要取决于中心原子（或离子）和配体的本质以及配体的空间分布。

③ d 电子在分裂的 d 轨道上重新排布，此时配位化合物体系总能量降低，这个总能量的降低值称为晶体场稳定化能（crystal field stabilization energy，CFSE)。晶体场理论能较好地说明配位化合物中心原子（或离子）上的未成对电子数，并由此进一步说明配位化合物的光谱、磁性、颜色和稳定性等。

4.2.2 晶体结构

晶体以其内部原子、离子、分子在空间做 3D 周期性的规则排列为其最基本的结构特征。任意晶体总可找到一套与 3D 周期性对应的基向量及与之相应的晶胞，因此可以将晶体结构看成是由内部相同的具有平行六面体形状的晶胞按前、后、左、右、上、下方向彼此相邻“并置”而组成的一个集合[10]。晶体学中对晶体结构的表达可采取原子孤立分布的方式，也可用连续分布的电子密度函数的方式来描述。

晶体一般由原子、离子或分子结合而成。例如，非金属的碳原子通过共价键可以形成金刚石晶体。金属钠原子与非金属氯原子可以先分别形成 Na 离子和 Cl 离子，然后通过离子键结合成氯化钠晶体，每个离子周围是异号离子。离子结合而成的晶体称为离子晶体。在有些晶体中原子可以先结合成分子，然后通过分子间键或范德华（van der Waals）力结合成晶体。如非金属的硫原子先通过共价键形成王冠状的 S_8 分子，然后再通过范德华力形成硫黄晶体。又如在石墨中碳原子先通过共价键形成层型分子，然后通过范德华力结合成晶体。在层型分子内部，化学键是连续不断的。矿物主要以金属氧化物、硫化物以及硅酸盐晶体的形式存在，它们一般为离子晶体。金属原子通过金属键结合而成金属晶体，典型的结构有 A_1、A_2 和 A_3 型等三种。晶体中每一原子周围所具有的、与其等距离的、最邻近的原子数目称为配位数。

4.2.3 典型锂离子电池材料结构

(1) 钴酸锂（$LiCoO_2$） 钴酸锂的电化学性能稳定，生产制备工艺成熟可靠，是到目前为止应用最广泛的锂离子电池正极材料[11]。大量的研究发现 $LiCoO_2$ 主要存在两种晶体结构：一是低温下（低于 400℃）得到的立方相（LT-$LiCoO_2$）；另一种则是在高温下（800℃以上）制备的六方相（HT-$LiCoO_2$）。研究人员通过中子衍射研究发现 LT-$LiCoO_2$ 的单胞参数为 $a=2.899$Å（1Å=0.1nm，以下全书同），$c=13.868$Å，$c/a=4.783\sim4.784$，该比值接近理想的氧立方密堆积值（4.899）[12]。但是，LT-$LiCoO_2$ 的晶体稳定性差，导致其电池容量衰减很快，同时其工作电压也比 HT-$LiCoO_2$ 低很多，所以目前商业应用中普遍使用高温制备的六方相 HT-$LiCoO_2$。

良好的层状结构为 $LiCoO_2$ 提供了大量的 Li^+ 传输通道。由于制备工艺的差异，其扩散系数大概为 $10^{-17}\sim10^{-11}m^2/s$。在电池的充放电过程中，$Li^+$ 可以自由地从层状 $LiCoO_2$ 结构中嵌入和脱出。研究者们为了更好地利用 $LiCoO_2$ 结构中的 Li^+，开发了掺杂、包覆等技术手段对其进行改性。经实验证明，这些技术和措施可以显著提高其实际容量以及循环稳定性。

(2) 锰酸锂（$LiMn_2O_4$） 尖晶石型 $LiMn_2O_4$ 用作锂离子二次电池的正极材料，最早是由锂电之父 Goodenough 的课题组于 1983 年报道[13]。这种锰锂氧化物具有独特的立方尖晶石型结构，其中的氧原子构成了立方密堆积（cubic close packing，CCP）序列，空间群为 $Fd3m$，锂离子处于 CCP 堆积的四面体间隙位置（$8a$）；而锰原子位于 CCP 堆积的八面体间隙位置（$16d$），锂离子可以从 $LiMn_2O_4$ 尖晶石结构里的三维孔道中自由穿梭，进行相应的脱附/嵌入反应[9]。

化学计量尖晶石 $Li_{1+\delta}Mn_{2-\delta}O_4$：化学尖晶石是指阳/阴离子的物质的量比，即 n_M : n_O 为 3∶4 的锂锰氧化物。在 $0\leqslant x\leqslant1$ 的范围内，锂在 3V 左右嵌入化合物中而生成 $Li_{1+x}(Mn_{2-\delta}Li_\delta)O_4$ 构型的物种。当锂离子嵌入 $LiMn_2O_4$ 时，由于 Jahn-Teller 效应，其电极材料的对称性下降为 $Li_2Mn_2O_4$（$I4_1/amd$ 空间群）的四方对称；当 $\delta=0.33$ 即 $Li_4Mn_5O_{12}$ 时，处于立方尖晶石结构（$Fd3m$ 空间群）中的所有锰离子均处于+4 价[13]。在化合物中，伴随着锰离子价态的升高，锂离子部分占据锰的八面体 $16d$ 位，结果其立方晶格参数收缩为 $a=0.8137$nm。

尖晶石型 $LiMn_2O_4$ 具有原料成本低、耐过充电性能好、合成工艺简单、热稳定性好等诸多优点，一直以来都受到研究者的关注，是锂离子二次电池中非常重要的一种正极材料。

(3) 石墨材料 石墨类负极材料因原材料的不同而种类繁多，典型的主要是天然石墨、人造石墨和石墨化碳纤维等[14]，下面将简要介绍天然石墨负极材料。天然石墨除了具有石墨类碳材料的导电性好、在电解液中具有良好的化学稳定性与相容性的基本特征外，还具有制备成本低、原材料丰富易得和不需要进行高温处理等优点，受到制备工业的广泛青睐。天然石墨可以划分为无定形石墨和鳞片石墨两种。一般而言，无定形石墨纯度低，晶面间距 d_{002} 为 0.336nm，主要为 2H 晶面排序，可逆比容量为 260mA·h/g[15]。鳞片石墨的晶面间距 d_{002} 为 0.335nm，主要为 2H+3R 晶面排序。2H 结构的排列顺序，使得无定形石墨具有六方晶系的对称性，因此又被称为六方石墨。而具有 3R 结构的石墨，层与层之间在一定范围内可以移动，移动性不如 2H 结构，因此具有三方晶系的对称性，简称三方石墨。这两种物相之间在一定条件下可以相互转化，并且也可以同时存在，但是 2H 相在热力学上往往要更稳定些[16]。

(4) 其他碳负极材料　应用在锂离子电池中的新型碳负极材料主要包括碳纳米管（carbon nanotubes，CNTs）、石墨烯、富勒烯、石墨炔和碳纳米球等，它们相比于其他负极材料，具有以下突出优点：①嵌入锂的晶格更多，具有更高的比容量；②锂离子在其中脱嵌时所需的化学势很小，使得在充放电时具有小的电压波动；③嵌入其中的锂离子容易脱出，降低了容量损失；④电极的成型性能好；⑤在材料中掺入非金属元素和金属元素，可以改善材料的性能等。

碳纳米管是一大类碳材料，主要包括一般碳纳米管、碳纳米管阵列、碳纳米管宏观体、特殊形状碳纳米管和掺杂碳纳米管等。其中理想的碳纳米管可以看成是由石墨烯片卷曲形成的无缝、中空的管体。构成碳纳米管的石墨烯片层数量可以从一层到多层，由一层石墨烯片构成的称为单壁碳纳米管（single-walled carbon nanotubes，SWNTs）；由两层构成的称为双壁碳纳米管（dual-walled carbon nanotubes，DWNTs）；由多层石墨烯片卷曲构成的称为多壁碳纳米管（multi-walled carbon nanotubes，MWNTs）。根据碳纳米管中碳六元环网格沿其轴向的取向不同，又可将其分为扶手椅形、锯齿形和螺旋形三种。其中，扶手椅形和锯齿形是非手性的，而螺旋形具有手性。

石墨烯是继富勒烯和碳纳米管后出现的一类重要的新型碳材料，由于其独特的结构和性质成为研究的焦点。在理想的单层石墨烯中，碳原子基本是以六元环蜂窝状结构周期性排列的，其中每个碳原子以 sp^2 杂化形式与相邻三个碳原子键合，形成键长为 0.142nm 的强 α 共价键，这种独特的结构使其具有优异的热力学稳定性和牢固的晶格结构。此外，石墨烯还具有高比表面积、高透光率和易功能化等特点，这使得其在能源和材料等诸多领域得到广泛应用。石墨烯量子点（graphene quantum dots，GQDs）作为新型碳基材料，由于其纳米级小尺寸，具有比表面积大、导电性高、透明性好、荧光性能独特等优点，是一种极具潜力的储能器件电极材料。

富勒烯是单质碳的第三种同素异形体，只要是由碳这一种元素所构成的物质，无论其形状是球状、椭圆状或是管状，都可以称为富勒烯。其结构与石墨结构类似，但是其除了六元环外，还可能存在五元环。研究表明，富勒烯类化合物在材料领域及电化学、催化剂和抗癌药物等领域有着广泛的应用前景。

石墨炔作为一种新的全碳纳米结构材料，具有丰富的碳化学键、大的共轭体系、宽面间距、优良的化学稳定性，被誉为是一种最稳定的人工合成的二炔碳的同素异形体。石墨炔既可以是单层二维（2D）平面结构，也可以是 3D 层状的多孔结构，这就使石墨炔拥有更大的比表面积。此外，石墨炔的多孔结构还能容纳更多的离子或者小分子。

(5) 非碳负极材料　合金材料是碳材料的重要替代物，但是随着放电行为的不断进行，其循环能力会逐渐衰减。实验研究表明采用物理和化学方法来克服反应物膨胀，可以获得性能更好的材料，对于电池是有利的，因此采用复合物作为负极材料是十分可取的。RVO_4

（R＝In，Cr，Fe，Al 和 Y）钒酸盐类负极材料表现出较大的可逆比容量，但是普遍存在当锂离子嵌入的第一次放电过程中，会发生从晶态向非晶态转变的过程。可以采用湿法制备非晶态的钒酸盐，进而改进它们的电化学性能。

此外，有机小分子和有机聚合物在锂离子电池中的应用也得到了人们的广泛关注，但是容量较小、稳定性较差以及较高的合成成本限制了其广泛应用。

4.2.4 X 射线衍射技术

（1）简介　X 射线衍射技术（X-ray diffraction，XRD）是固体材料进行结构分析的重要工具之一，其原理是 X 射线照射到样品上，在不同的角度出现一系列不同强度的衍射峰，对峰的位置、强度和形状进行系统的分析，可以确定样品的相组成、晶格常数、结晶度和颗粒尺寸[4]。通过对材料进行 X 射线衍射，分析其衍射图谱，可以获得材料的成分、材料内部原子或分子的结构或形态等信息。一般而言，XRD 谱图中的衍射峰强度越高，材料的晶形越好。由 Scherrer 方程可以估算出材料的晶粒尺度。

$$D_{hkl}=k\lambda/(B_{1/2}\cos\theta) \tag{4-6}$$

式中，D_{hkl} 为垂直于 hkl 晶面方向的晶粒尺寸；k 为与晶体有关的常数，一般取 0.89；λ 为实验所用 X 射线波长，Å；θ 为布拉格（Bragg）角，(°)；$B_{1/2}$ 为衍射峰的半高宽（full width at half maximum，FWHM），rad（弧度）。

X 射线衍射分析除了用来测定晶体结构外，还被广泛用于研究多晶聚集体的结构，包括测定其晶粒大小、分布、晶粒取向等。现在其已经成为科学研究技术中非常重要的一种表征方法，在材料研究和其他领域被广泛应用。

（2）测试要求　测试样品制备良好，才能得到所需正确的衍射图谱。准备好测试用的样品试片一般包括两个操作步骤。①把样品研磨成适合衍射分析用的粉体。对于粉末样品而言，通常要求其颗粒平均粒径控制在 5μm 左右，即可以通过 320 目的筛板。②把样品粉体制成一个表面平整的试片，以消除择优取向问题。同时，在制样过程中，要注意防止外在因素影响试样的原始性质。

目前有两种主要的粉末样品制备方法：涂片法和压片法。由于涂片法用到的粉末量极少，在实际应用中并不多见，因此下面只具体介绍压片法的操作方法。如图 4-4 所示，首先把样品粉末尽可能均匀地撒到制样框的范围中，再用小抹刀的刀口轻轻压实，使粉末在窗口内匀摊堆好，再用载玻片的断口把多余的粉末削去，小心地把制样框从平面拿起，这样就可以得到一个表面平整的粉末试样。

（3）实例分析　通过 XRD 分析，可以了解材料的晶体结构、结晶度、结晶取向等信息，还可以获取粉末材料的平均晶体结构性质，以及相应晶胞的结构参数变化。Thurston 等将原位 XRD 技术应用到锂离子电池中，并利用同步辐射光源的 X 射线探测原位电池中的电极材料，直观地观察晶格膨胀和收缩、相变与多相的形成[17]。

4.2.5 X 射线光电子能谱分析技术

（1）简介　X 射线光电子能谱（X-ray photo-electronic spectroscopy，XPS）是当前表面分析测试中使用最广泛的光谱仪器之一，它可以对样品进行定量和定性的分析。测试样品

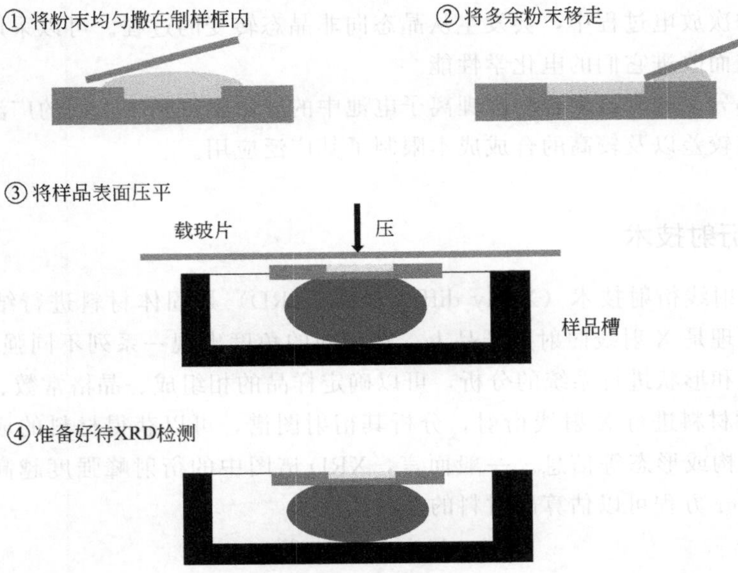
①将粉末均匀撒在制样框内
②将多余粉末移走
③将样品表面压平
载玻片
压
样品槽
④准备好待XRD检测

图 4-4 压片法操作流程示意图

时具有非破坏性，表面灵敏度很高，适合分析高分子化合物与研究物质的化学状态，不仅能够测定样品的表面组成，而且可以用来研究相应元素的化学环境，具有定量和定性分析的能力，是当前研究物质化学状态的主要手段之一，也是表面分析中最有效的分析测试方法之一[18]。

测试样品中的电子通过被束缚在各个不同的量子化的能级上，使用一定波长的光量子照射时，发射出的光电子结合能为 E_b（$E_b=h\nu-E_k-\phi_{sp}$）。周期表中的每种元素的原子结构互不相同，原子内层能级上电子的结合能是元素特性的反映，具有标识性。因此，E_b 不同，可以表明原子所处的特定结构。同时，光电子结合能随着原子周围环境的变化而变化。外层电子密度加大，屏蔽作用增强，内层结合能会下降；反之亦然。在 XPS 能谱上表现为谱峰位置的移动，从而可以鉴定元素种类、含量、化学状态和结构，同时还能测定该元素周围其他元素、官能团、原子团对其内壳层电子的影响所产生的化学位移。

（2）测试要求　在进行 XPS 分析前，一般都需要对样品表面进行清洁处理。在进入真空室前需要对样品进行化学刻蚀、机械抛光等清洗处理，以除掉样品表面的污染及氧化变质层。当进入真空室后，还需要进一步地清洁处理，常用的方法为：①在超高真空中原位解离断裂脆性材料，一般是沿着晶相进行解离，从而产生几个平方毫米面积的光滑表面；②采用 Ar^+ 溅射和加热退火（消除溅射引起的晶格损伤）的方法，对样品表面进行清洁处理；③对于难熔金属和陶瓷材料通常使用高温蒸发法。

电子能谱测量需要在超高真空中，测量从样品表面溅射出来的光电子或者俄歇电子，因此对试样有着较为严格的要求：样品在超高真空环境下必须稳定、无磁性、无挥发性、对仪器无腐蚀性，同时必须为固态样品。在样品保存和运输途中，应注意避免样品被污染，以防对实验数据产生影响。

（3）实例分析　有机电极材料中往往含有 C、O、N、S 等官能团，XPS 分析测试技术可以对这些化学元素进行定性（主要是化合价态）和粗略的定量分析[19]。

① C 1s 结合能。C 元素与自身成键或者与 H 成键时，C 1s 电子的结合能大概为 285eV。当 O 原子置换掉 H 原子后，C—O 键会引起 C 1s 电子产生约（1.5±0.2）eV 的位移。

② O 1s 结合能。O 1s 结合能一般而言位于 531～535eV 的范围内，但对于羧基和碳酸盐基，其单键氧具有较高的结合能。

③ N 1s 结合能。含 N 官能团中 N 1s 结合能一般为 399～401eV，其中包括—CN，$—NH_2$，—OCONH—，$—CONH_2$，以及较高结合能的$—ONO_2$（约为 408eV）和$—NO_2$（约为 407eV）等。

④ S 2p 结合能。S 对 C 结合能的影响很小（约为 0.4eV），S 2p 电子结合能基本都处于一定范围内，如 R-S-R（约为 164eV），$R-SO_2-R$（约为 167.5eV）等。

4.2.6 热重分析测试技术

（1）简介　热分析技术研究物质材料的物理、化学性质与温度之间的关系，是在一定的温度条件下研究一种物质及其加热反应产物的物理性质随温度变化的技术[20]。热分析技术应用范围极其广泛，主要包括差热分析（differential thermal analysis，DTA）、差示扫描量热（differential scanning clorimetry，DSC）和热重分析（thermogravimetric analysis，TG）。根据待测物质的物理性质，可以将热分析方法分为 9 类 17 种（表 4-1）。

表 4-1　热分析方法的分类

物理性质	方法	简称	物理性质	方法	简称
质量	热重法	TG	尺寸	热膨胀法	—
	等压质量变化测定	—	力学量	热机械分析	TMA
	逸出气检测法	EGD		动态热机械分析	DMA 或 DTMA
	逸出气分析	EGA	声学量	热发声法	—
	射气热分析	—		热传声法	—
	热粒子分析	—	光学量	热光法	—
温度	升温曲线测定	—	电学量	热电法	—
	差热分析	DTA	磁学量	热磁法	—
热焓	差示扫描量热法	DSC	—		

热重分析是在程序控制一定温度下，测量物质质量与温度变化关系的一种分析测试技术。许多材料在加热过程中常常伴随着质量的变化，这种变化有助于研究晶体性质的变化，例如熔化、蒸发、升华等物质的物理现象和解离、氧化、还原等物质的化学现象。热重分析方法的主要特点是可以定量地确定变化，能够准确地测量物质的质量变化及其变化的速率。目前该技术已经广泛地应用于无机物、有机物及聚合物的热分解，金属高温被气体腐蚀过程，固态反应，吸湿和脱水等方面。在电极材料领域，该技术可以分析材料中碳含量、氮含量以及硫含量等，也可进行材料的热稳定性研究。

热重分析通常可分为两类：静态法和动态法。

① 静态法。目前常见的静态热重分析方法包括等压质量变化测定和等温质量变化测定。等压质量变化测定是指在程序控制温度下，测量物质在恒定挥发物分压下平衡质量与温度关系的一种测试方法。等温质量变化测定是指在恒温条件下测量物质质量与压力关系的一种测试方法。这种方法准确度高，但是费时。

② 动态法，即热重法和微商热重分析。微商热重分析又称导数热重分析（derivative thermogravimetry，DTG），它是TG曲线对温度（或时间）的一阶导数。以物质的质量变化速率（dm/dt）对温度 T（或时间 t）作图，即得DTG曲线。

（2）测试要求　热重试验前首先要对温度进行校正，一般仪器每使用半年后都要进行一次温度校正。目前市面上常见的热重分析仪通常采用居里点法和吊丝熔断法对其进行校正，更加先进的分析仪可以用标准物质同时进行温度标定和灵敏度校正。

进行TG实验前，需要根据样品的特点以及要求，考虑各种影响因素，按照标准操作流程进行实验。吊丝熔断法是指将金属丝制成直径为0.25mm左右的吊丝，通过吊丝把一个质量约为5mg的砝码挂在热天平的一端。当温度达到金属丝的熔点时，砝码掉下，从而对温度进行校正。随着技术的进步，现在广泛使用的热分析仪已经可以通过电子技术直接进行校正。

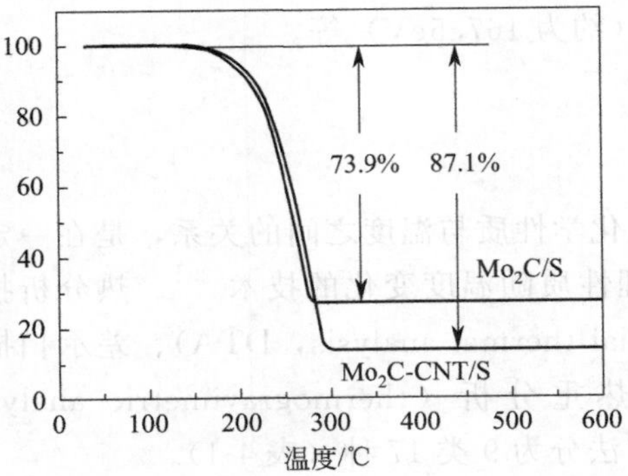

图4-5　Mo_2C/S 与 Mo_2C-CNT/S 复合物的热稳定性曲线

值得注意的是，样品的制备对热重曲线的分析有着非常大的影响，因此必须注意并保证待测样品及其分解产物不能与测量部件，例如坩埚、支架、热电偶等部件发生反应；同时，也要弄清楚保护气体是否可以和待测物质发生反应。否则，得到的实验数据会没有任何实际意义，还会对仪器造成损伤。

（3）实例分析　用TG法通过惰性气体保护可以研究有机材料的热稳定性。图4-5为笔者课题组在相同条件下测定的 Mo_2C/S（一种MXene材料，MXene材料是一类具有2D层状结构的金属碳化物和金属氮化物材料，其外形类似于片片相叠的薯片）与 Mo_2C-CNT/S复合物的热稳定性曲线[21]。根据热重分析，计算出 Mo_2C-CNT/S和 Mo_2C/S 复合材料中硫的质量分数分别为87.1%和73.9%。复合材料中较高的硫含量，主要是由于CNT以及 Mo_2C-CNT复合材料较大的比表面积有利于硫的保留，从而可使得电池具有更高的比容量。

4.2.7　光学显微镜技术

（1）简介　自古以来，人类就对微观世界充满好奇与诸多疑问。光学显微镜技术的发明为人类打开微观世界之门提供了第一把钥匙。光学显微分析技术利用可见光观察物体的表面形貌和内部结构，同时可以鉴定晶体材料的光学性质。经过长期的不断探索，光学显微镜已经由传统的生物显微镜演变为诸多种类的专用显微镜，按照其成像原理大致可以分为以下几种：①几何光学显微镜，主要包括生物显微镜、倒置显微镜、落射光显微镜以及金相显微镜等；②物理光学显微镜，主要包括相差显微镜、偏光显微镜、干涉显微镜、相差荧光显微镜等；③信息转换显微镜，主要包括荧光显微镜、显微分光光度计、声学显微镜、图像分析显微镜等。对于透明的样品，可使用透射显微镜，例如偏光显微镜；而对于不透明的样品，则只能采用反射式显微镜，例如金相显微镜。在材料领域中，大量的材料以及用于生产的原材料都是由不同种类的晶体组成，可利用光学显微镜分析技术对材料进行物相分析，研究材料的物相组成及其显微结构，并以此来研究与产品性能之间的关系。所谓显微结构即指构成材料的晶相形貌、大小、分布以及它们之间的相互关系。

19 世纪以来，光学显微镜的分辨率已经接近理论极限，其分辨率已无法得到进一步提高。自 20 世纪中叶以来，人类对于微观世界认知的渴望不断促使开发出一系列具有更高分辨率的电子显微镜，如扫描电子显微镜、透射电子显微镜、扫描隧道显微镜和场离子显微镜等。但是，这些不使用光信号作为信息载体的分析技术，对于样品和环境有着诸多限制，同时对检测样品也会产生一定损伤。因此，即使电子显微镜的分辨率已经达到了原子水平，通过科技的不断进步来提高光学显微镜的分辨率仍具有重要的现实意义。

（2）测试要求　光学显微分析技术是材料研究的重要方法之一，而制备合格的显微分析光片则是成功进行光学显微分析的前提。

用于光学显微分析的样品必须满足以下要求：显微分析光片必须能够代表所要研究的整体对象，保证光片的检测面光滑平整，能够清晰显示研究材料的内部结构。光片的制备一般需要经过取样、镶嵌、磨光、抛光以及浸蚀等步骤，其中每个操作步骤都包括了许多技巧和要求，必须严格遵守。在整个操作过程中的任何失误都有可能导致制样的失败，从而得不到最终想要的数据。

（3）实例分析　崔屹等利用原位光学显微镜，在开路锂金属电池中观测锂枝晶的形成和锂负极的电化学行为，发现在锂沉积的过程中，巨大的体积膨胀会使 SEI 破裂，使锂枝晶在裂缝处生长。在锂剥离的过程中，体积变化进一步破坏 SEI 层，枝晶锂在靠近基底部位快速剥离，使得枝晶锂与电极基底脱离，成为失去电化学活性的“死锂”，不断循环之后，以上过程将会反复发生，最终形成多孔锂电极，造成容量急剧降低[22]。

4.2.8　扫描电子显微镜技术

（1）简介　扫描电子显微镜（scanning electron microscopy，SEM）简称扫描电镜，主要是利用二次电子信号成像来观察样品的表面形态，即用极狭窄的电子束去扫描样品，通过电子束与样品的相互作用产生各种效应，来观察样品表面或者横截面的形貌[23]。现在很多 SEM 和能量色散 X 射线能谱仪（EDS 或 EDX）进行了组合，可以对样品表面元素进行定性定量分析。EDS 通过分析试样发出的元素特征 X 射线波长和强度，根据波长确定试样所含的元素，同时利用强度测定元素的相对含量。EDX 可分析表面 1～5μm 的元素成分，探测灵敏度大约为 0.1%（原子摩尔分数，与元素的种类有关）。其可探测元素的范围大，可同时测量多种目标元素，分析效率高，同时能谱所需探针的电流小，对分析试样的损伤较小。目前，SEM-EDS 技术已经被广泛应用于材料、冶金、生物等众多领域，已经成为材料科研领域中必不可少的重要表征方法。

SEM 是介于透射电镜和光学显微镜之间的一种微观形貌观察手段，可直接利用样品表面材料的物质性能进行微观成像。扫描电镜的优点是：①有较高的放大倍数，连续可调；②有很大的景深，视野大，成像富有立体感，可直接观察各种试样凹凸不平表面的细微结构；③试样制备简单。目前的扫描电镜都配有 X 射线能谱仪装置，这样可以同时进行显微组织形貌的观察和微区成分分析，因此它是当今十分有用的科学研究仪器。扫描电镜具有可直接观察大尺寸试样表面，分辨率高和形貌真实，可观察视场大，焦深大，能够有效地控制和改善图像的质量，以及多种功能的分析等特点。

冷冻电镜通过用于扫描电镜的超低温冷冻制样及传输技术（Cryo-SEM），可实现直接观察液体、半液体及对电子束敏感的样品，如生物、高分子材料等。样品经过超低温冷冻、断裂、镀膜制样（喷金/喷碳）等处理后，通过冷冻传输系统放入电镜内的冷台（温度可低至−185℃）即可进行观察。其中，快速冷冻技术可使水在低温状态下呈玻璃态，减少冰晶的产生，从而不影响样品本身结构。冷冻传输系统可保证在低温状态下对样品进行电镜观察[5]。

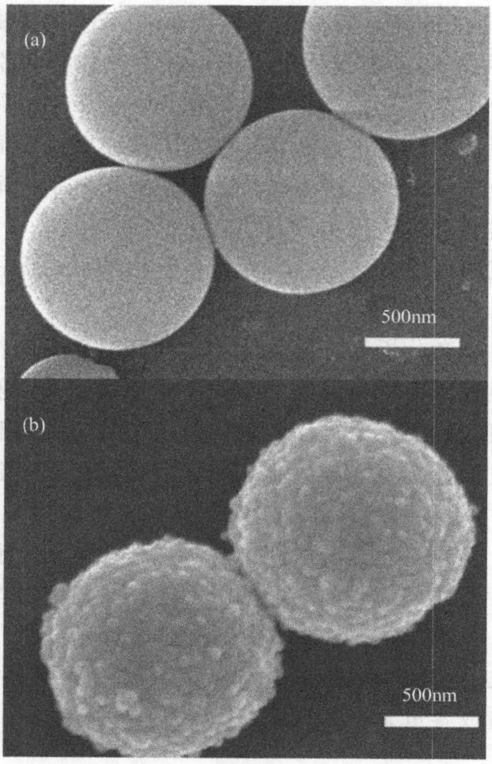

图 4-6　Ni-BTC 的 SEM 图（a）和 Co-Ni-BTC 的 SEM 图（b）

（2）测试要求　在材料领域中，最常见的是利用 SEM 对粉末状样品进行微观形貌的分析。进行分析之前，需要将粉体用乙醇或水在超声仪里进行超声分散，以防粉体在制样和储存期间出现团聚现象；接着将超声后的均匀液体用胶头滴管或移液枪转移到洁净的硅片表面，待液体自然风干后，贴在样品台的导电胶上面，进行下一步分析。

（3）实例分析　笔者课题组利用 SEM 技术表征了钴镍双金属有机骨架 Co-Ni-BTC（1,3,5-benzenetricarboxylic acid，BTC，均苯三甲酸）的微观形貌。首先，采用微波辅助溶剂热法合成的镍基金属有机骨架（Ni-BTC）呈微球状，从图 4-6(a) 可观察到微球表面光滑、大小均一，直径约为 1μm[24]。在 Ni-BTC 中引入钴金属之后，从图 4-6(b) 可以看出，得到的 Co-Ni-BTC 呈现表面粗糙的球形形貌，大小均一[25]。

4.2.9　透射电子显微镜技术

（1）简介　透射电子显微镜（transmission electron microscope，TEM）简称透射电镜，可以看到在光学显微镜下无法看清的小于 0.2μm 的细微结构，这些结构称为亚显微结构或超微结构。要想看清这些结构，就必须选择波长更短的光源，以提高显微镜的分辨率。第一台 TEM 由马克斯·克诺尔和恩斯特·鲁斯卡在 1931 年研制，这个研究组于 1933 年研制了第一台分辨率超过可见光的 TEM。TEM 以电子束为光源，其波长要比可见光和紫外光短得多，并且电子束的波长与发射电子束的电压平方根成反比，也就是说电压越高波长越短。目前透射电镜利用电子束作为光源，用电磁场作透镜，放大倍率可以达到近百万倍，TEM 的分辨率可达 0.2nm，相比于 SEM，TEM 更适用于对空心或多孔结构材料的微观形貌分析。透射电子显微镜的成像原理可分为以下三种[26]。

① 吸收像。当电子射到质量、密度大的样品表面时，主要的成相作用是散射作用。样品表面质量厚度大的地方对电子的散射角大，通过的电子较少，像的亮度较暗。早期的透射电子显微镜都是基于这种原理。

② 衍射像。电子束被样品衍射后，样品不同位置的衍射波振幅分布，对应于样品中晶

体各部分不同的衍射能力。当出现晶体缺陷时，缺陷部分的衍射能力与完整区域不同，从而使衍射波的振幅分布不均匀，反映出晶体缺陷的分布。

③ 相位像。当样品薄至100Å以下时，电子可以穿过样品，波的振幅变化可以忽略，成像来自于相位的变化。

TEM在材料科学、生物学领域应用较广。由于电子易散射或易被物体吸收，穿透力低，样品的密度、厚度等都会影响到最后的成像质量，因此必须制备更薄的超薄切片，厚度通常为50～100nm。所以采用透射电子显微镜观察时，样品需要处理得很薄。常用的处理方法有：超薄切片法、冷冻超薄切片法、冷冻蚀刻法、冷冻断裂法等。对于液体样品，通常是滴在预处理过的铜网上进行观察。

自TEM发明后，科学家一直致力于提高其分辨率。1992年德国的三名科学家Harald Rose（UUlm）、Knut Urban（FZJ）以及Maximilian Haider（EMBL）研发使用多极子校正装置调节和控制电磁透镜的聚焦中心。多极子校正装置利用通过多组可调节磁场的磁镜组对电子束的洛伦兹力，逐步调节TEM的球差，从而实现亚埃级的分辨率，这种TEM被称为球差校正透射电镜（spherical aberration corrected TEM，ACTEM）。三位科学家也凭借此技术获得了2011年的沃尔夫奖。

ACTEM的最大优势在于球差校正削减了像差，从而提高了分辨率。传统的TEM或者扫描透射电子显微镜（scanning TEM，STEM）的分辨率在纳米级、亚纳米级，而ACTEM的分辨率能达到埃级，甚至亚埃级。分辨率的提高意味着能够更“深入”地了解材料。

（2）测试要求　能否充分发挥透射电镜的功能，制备良好的试样是非常重要的步骤。对于透射电镜而言，一般其电子束的施加电压为50～300kV，此时样品的厚度就要控制在100～300nm以内，如果样品太厚，电子束将无法通过，导致拍摄的照片呈现黑乎乎的一片。对于符合要求的样品，一般采用铜网进行承载，与制备SEM样品的方法比较类似，都是通过分散在乙醇或水中进行转移的。将干燥后的铜网装入样品台，再放入透射电镜的样品室中进行观察。

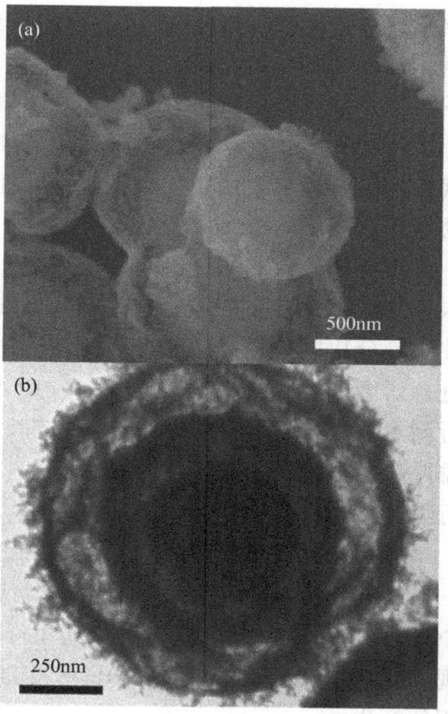

图4-7　NiO@Co_3O_4@GQDs的SEM图（a）和NiO@Co_3O_4@GQDs的TEM图（b）

（3）实例分析　笔者课题组采用微波辅助溶剂热法，基于离子交换的原理得到双金属有机骨架Co-Ni-BTC，随后以Co-Ni-BTC为前驱体，采用先空气氛围煅烧再水热处理的方法，合成了石墨烯量子点表面修饰的双金属氧化物复合材料（NiO@Co_3O_4@GQDs）。从图4-7(b)的TEM图中可以看出，NiO@Co_3O_4@GQDs呈多层球壳的蛋黄蛋壳结构，直径为1μm左右，外层空腔厚度约为150nm[27]。对比图4-7(a)的SEM表征结果可知，与SEM相比，TEM能够更清楚地表征空心或多孔结构。

4.2.10 红外光谱分析技术

（1）简介 红外光谱分析（infrared spectra analysis，IR）指的是利用红外光谱对物质分子进行的分析和鉴定。将一束不同波长的红外射线照射到物质的分子上，某些特定波长的红外射线被吸收，形成该分子的红外吸收光谱。每种分子对应着由其组成和结构决定的独有的红外吸收光谱，据此可以对分子进行结构分析和鉴定。红外吸收光谱是由分子不停地振动和转动产生的，分子振动是指分子中各原子在平衡位置附近做相对运动，多原子分子可组成多种振动图形[28]。当分子中各原子以同一频率、同一相位在平衡位置附近做简谐振动时，这种振动方式称为简正振动（例如伸缩振动和变角振动）。分子振动的能量与红外射线的光量子能量正好对应，因此当分子的振动状态改变时，就可以发射红外光谱，也可以因红外辐射激发分子振动而产生红外吸收光谱。分子的振动和转动的能量不是连续的，而是量子化的。但在分子的振动跃迁过程中也常常伴随转动跃迁，使振动光谱呈带状，所以分子的红外光谱属带状光谱。

值得注意的是，由于振动光谱所用光源的波长为200nm～10μm，其穿透能力有限，基本上属于材料表面层物质的结构分析，尤其适合有机电极材料的分析。红外光谱是分子的吸收光谱，它的吸收峰的强度与分子跃迁概率和分子偶极矩有关，而分子偶极矩与分子的极性、对称性及基团的振动方式等有关。一般而言，极性越强，它的吸收峰也越强。因此，分子红外光谱可以反映出分子的官能团信息和对称性信息，又被称为分子的指纹信息。

（2）测试要求 想要获得理想的红外光谱图，除了仪器本身的因素外，制备符合要求的试样也是至关重要的。如果在制样时处理不当，就得不到令人满意的红外光谱图，因此制样的好坏直接影响整个实验。

用于红外检测的样品可以是气体、液体和固体，在碱金属电池电极材料领域为固体粉末，这里主要介绍固体粉末的制备方法，常用方法包括压片法、薄膜法、调糊法等，其中压片法是分析固体样品应用最广泛的方法。通常按照固体样品和KBr质量比为1∶100的比例进行研磨，在模具中用（5～10）×10^7 Pa压力的液压机压成透明的片状后，再置于光路中进行测定。KBr在4000～400cm^{-1} 波长范围内不会产生吸收，因此可以绘制全波段光谱图。需要特别注意的是，在进行压片前，一定要将样品和KBr充分混匀，只有混匀后才可以进行红外光谱分析。

（3）实例分析 笔者课题组利用红外光谱仪，对COF/Co-MOF［共价有机框架（covalent organic framework，COF），金属有机框架（metal organic framework，MOF）］和COF/Fe-MOF复合材料进行了傅里叶红外光谱分析[29]。在两种样品的红外光谱图中均未发现C═N峰的红移，表明COF材料和Co-MOF以及Fe-MOF直接物理混合后，没有相互作用的产生。

4.2.11 拉曼光谱分析技术

（1）简介 拉曼光谱（Raman spectra）是一种散射光谱分析技术。拉曼光谱分析法是基于印度科学家拉曼所发现的拉曼散射效应，对与入射光频率不同的散射光谱进行分析，以得到分子振动、转动方面的信息，并应用于分子结构研究的一种分析方法[30]。当光通过介质时，除被介质吸收、反射和透射外，总有一部分被散射。介质中存在某些不均匀性（如电场、相位、粒子数密度、声速等)，这是导致光散射的原因。相对于入射光，散射光的传播方向、强度、频率和偏振状态将发生变化。拉曼散射属于光的非弹性散射，源于物质中分子的振动、转动、晶格振动及各种激发元参与的非弹性散射，是由分子振动时极化率变化引起的。拉曼散射与入射光的频率无关，只与分子的能级结构有关，每一种分子都有其特征的拉曼光谱，因此利用拉曼光谱也可以鉴别和分析样品的化学成分和分子结构[31]。各种分子的振动拉曼谱的特征取决于其内部结构和对称性质。根据拉曼光谱基本原理，一方面，可以在分析分子结构及其对称性的基础上，推测该分子拉曼光谱的基本概貌，如谱线数目、大致位置、偏振性质和它们的相对强度等；另一方面，可以从实验上确切知道谱线的数目和每条线的波数、强度及其对应的振动方式（有时需辅以红外光谱手段）。上述两个方面工作的结合和比对，使得人们可以利用拉曼光谱获得有关分子结构和对称性的信息。

外界条件的变化对分子结构和运动会产生不同程度的影响，所以拉曼光谱也常被用来研究物质的浓度、温度和压力等效应。它被广泛用于原位研究各种固-液、固-气和固-固界面体系，从分子水平上深入表征各种界面（表面）的结构和过程，如鉴别分子（离子）在表面的键合、构型和取向及材料的表面结构等。在研究高比表面积和低透射率的粗糙表面或多孔电极体系方面，拉曼光谱比其他光谱技术更具有优势，但其最大的缺点是检测灵敏度非常低。

(2) 测试要求　拉曼光谱可以检测气体、液体和固体样品。依据样品的不同形态，以及采用的照射方法的不同，可采取不同的检测技术手段。因此，制备样品时要尤其注意。制备拉曼测试试样的方法：气体样品可以通过多路反射气槽测试；液体样品可以装入毛细管中测试；固体样品既可以直接装入玻璃管内，也可以配制成水溶液进行测试，这是因为水的拉曼光谱较弱，对样品产生的干扰可以忽略不计。

制备试样的补充说明：①由于拉曼散射光非常弱，必须采用非常纯净的样品。②对于溶液样品，其质量分数应该在5%～10%的范围内。

(3) 实例分析　笔者课题组对CIN-1/CNT（共价亚胺基有机框架与CNT的复合物）、SNW-1/CNT（席夫碱基有机框架与CNT的复合物）、E-CIN-1/CNT（经过机械剥离后的CIN-1/CNT）和E-SNW-1/CNT（经过机械剥离后的SNW-1/CNT）共价有机框架复合物进行了拉曼表征分析。如图4-8拉曼光谱图所示，在$1310cm^{-1}$和$1620cm^{-1}$处的两个不同峰对应于D带和G带，这分别代表无序碳或缺陷石墨结构的特征，以及C原子的sp^2杂化面内拉伸振动。其中，CIN-1/CNT和SNW-1/CNT在这两个波段的峰强度之比（I_D/I_G）分别为1.56和1.45，而E-CIN-1/CNT和E-SNW-1/CNT的峰强之比则分别增加到2.04和2.59。这种现象可以归因于材料经过机械剥离后的无序度增加[32]。

4.2.12 扫描探针技术

(1) 简介　扫描探针技术（scanning probe technique，SPT）主要是由扫描探针显微镜（scanning probe microscope，SPM）和扫描探针谱组成的。这种技术既能实现对表面电子和原子结构及其动力学过程的实时观察，又能对原子、分子进行操控，是纳米科学技术中的一种非常重要的技术手段[33]。SPT是在扫描隧道显微镜（scanning tunneling microscope，STM）技术基础上发展起来的，可以得到表面结构的3D空间图像，最大分辨率可以达到原子尺度。SPT技术发展得非常迅速，在较短的时间内，继STM后，又出现了原子力显微镜（atomic force microscope，AFM）、激光力显微镜（laser force microscope，LFM）、磁力显微镜（magnetic microscope，MFM）、弹道电子发射显微镜（ballistic elec-

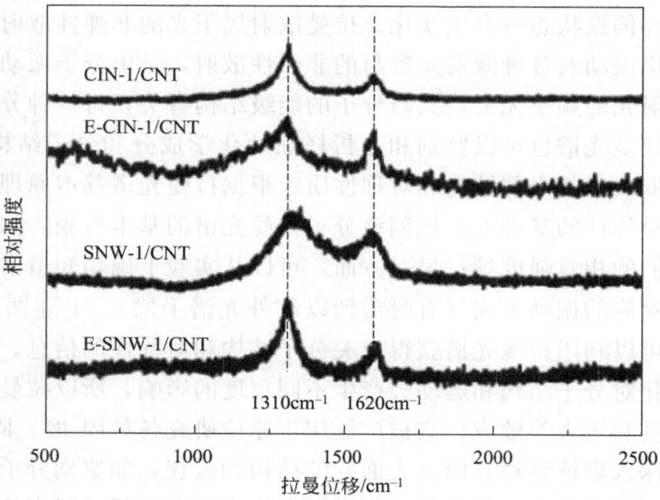

图 4-8 CIN-1/CNT, E-CIN-1/CNT, SNW-1/CNT 和 E-SNW-1/CNT 复合物的拉曼光谱图

tron emission microscope，BEEM）、扫描透射 X 射线显微术（scanning transmission X-ray microscopy，STXM）、扫描霍尔探针显微镜（scanning hall probe microscope，SHPM）、扫描超导量子干涉器件显微镜（scanning superconducting quantum interference device microscope，SSQUIDM）等。

目前，最先进的 STM 技术的空间分辨率可以实现原子尺度（横向分辨率为 0.1nm，纵向分辨率为 0.01nm）。该技术是利用导电表面与探针间距离很小时产生的隧道电流来工作的，而不是利用高能电子束工作，因此在分析过程中样品的表面不会受到损伤，这一点对于活性强的材料表面、有机材料或生物标本十分有利。STM 技术已经应用到对各种金属、元素半导体以及化合物半导体的表面形貌及电子结构的研究。因此，通过实验可获得大量有实用价值的研究成果。

采用 SPT 技术一方面可以观察到材料表面的微观结构，另一方面又可以对材料进行原子级的微加工，因此该技术对发展纳米技术非常重要。从微米、亚微米尺度上看，这种操作的速度非常缓慢，但对于纳米级的分子器件来讲，加工的原子数远远少于目前微电子器件加工涉及的数目，因此该技术作为一种纳米加工技术，十分适合目前纳米材料的研究。

（2）测试要求　扫描探针仪的试样制备的好坏直接影响测试结果的好坏。因此，在制备试样时必须要满足以下要求。①保证试样表面的清洁与平整，可采取的措施包括：在机械抛光时防止杂质粒子的嵌入、防止化学试剂残留物的遗留、清理掉样品表面的氧化层和防止真空室内残存的尘埃污染等。②控制好样品的尺寸大小，使其能较好地在样品室内进行测试。③样品表面必须具备良好的导电性，对于导电性不好的材料，可以进行喷金处理，在其表面蒸镀上一层金属膜（一般只有几纳米厚），以增强其导电性能。

（3）实例分析　扫描探针技术正在被广泛地应用到科学研究的诸多领域中，如纳米技术、催化材料、生命科学和半导体科学等，并且取得了许多科研成果。Sun 等研究发现，与未包覆碳层的 $Li_4Ti_5O_{12}$（简称 LTO）相比，包覆后的材料具有更好的倍率性能和循环稳定性能[34]。作者使用 STXM-XANES 和高分辨率 TEM，确定了无定形的碳层均一地包覆在 LTO 颗粒表面，包覆厚度约为 5nm。通过 STXM 技术，获得了单个 LTO 颗粒的 C、Ti、O 分布情况，其中碳十分均匀地包覆在颗粒的表面。

4.2.13 原子力显微镜

（1）简介　原子力显微镜（atomic force microscope，AFM）通过测量样品表面原子与微型器件之间的微弱原子相互作用力，扫描得到样品表面的微观结构，是可以达到原子分辨率的一种分析表征方法。因为 AFM 在进行测试时不需要探测电流，所以可以用于观察包括绝缘体在内的非导电性材料的表面结构，其应用范围更加广阔。

AFM 可以用于分析各种材料，尤其是 STM 无法进行观察分析的绝缘体材料。值得注意的是，AFM 可以在大气、超高真空、溶液以及反应性气氛中进行，因此在材料科学、生命科学、物理表面科学等诸多领域有着非常广泛的应用。除了对材料表面结构进行分析研究外，AFM 还可以研究材料的硬度、弹性、塑性、表面摩擦性，并可以通过探针进行纳米尺度的加工合成。

（2）测试要求　按照不同实验的要求，AFM 可以在气体或液体氛围中对生物样品进行表征。在气体中成像时，要求制样简单、操作简便，不能进行保持活性的生物样品分析。在液体中成像时，可以对生物样品在不破坏其生理活性下进行形态结构微观研究，获得的信息往往更加真实、可靠，但是制样过程一般非常繁杂。

（3）实例分析　AFM 在有机电极材料领域的应用十分广泛，可以研究其表面形貌、表面电子态以及动态过程等。如前所述，笔者课题组利用原子力显微镜对 E-CIN-1/CNT 和 E-SNW-1/CNT 进行了分析表征，结果显示该材料具有超薄、透明和略皱的层状结构，材料的厚度分布十分均匀，小于 2nm[32]。

4.2.14 质谱分析

（1）简介　质谱分析法简称为质谱法（mass spectrometry，MS），一般是通过对样品离子质量的测量来进行定性和定量分析；有时候也可以进行结构分析，是一种常见的表征方法。质谱法的分析过程如下。首先，在电子束的轰击下，将试样气化为气态分子或原子，在电磁场的作用下使其转变为快速运动的带电粒子（即为离子），再利用电磁学原理将带电粒子按照质荷比大小进行分离，进而分析检测[35]。质谱分析法具有分析速度快、灵敏度高、解释相对简单等突出特点，是确定物质原子量、分子组成和其相应结构的重要技术手段，已经被广泛应用到合成化学、药物结构分析和材料结构分析等各个领域。在进行定量分析时，质谱法是非常可靠的技术。

（2）测试要求　根据离子源的不同，质谱分析仪的灵敏度也会有所差异，主要是与样品的状态以及纯度有关。辉光放电质谱是目前应用比较多的一种元素分析方法，其最突出的特点是可以对固态样品进行直接检测。对于大多数金属、合金等大块状的导电材料，其样品制备过程非常简单，只需要切割成合适的形状，便可以进行分析。对于粉末状的样品，则需要加工成型，同时要求压制的样品具备一定的机械强度，才可以进行质谱分析，否则在进样以及充放电过程中会发生结构坍塌，对仪器产生损害。通常制备成块状的样品需要先进行电化学刻蚀处理，或者表面抛光，来减少样品表面杂质的影响，获得材料内部真实的数据。

（3）实例分析　二次离子质谱（SIMS）技术是质谱分析中的一种，其主要是通过发射热电子电离氩气或者氧气等离子体轰击样品的表面，探测样品表面逸出的荷电离子或离子团，来表征样品的成分。Castle 等通过二次离子质谱技术原位探测了 V_2O_5 在嵌入锂后，从电极表面到内部的锂离子的分布情况，来研究锂离子在充放电循环过程中 V_2O_5 的内部扩散过程[36]。

4.2.15 电感耦合等离子体发射光谱分析

（1）简介　电感耦合等离子体发射光谱（inductively coupled plasma emission spectroscopy，ICP）分析技术主要用来分析物质的组成元素及各种元素的含量。其中，等离子体主要泛指进行电离的气体，一般由离子、电子和中性粒子组成，从整体上看呈电中性。在光谱分析中利用的等离子体不同于一般低电离度的等离子体，其电离度需要在 0.1% 以上，才可以进行元素分析。按照温度进行划分，等离子体可分为低温等离子体和高温等离子体两大类。低温等离子体主要是指温度低于 10^5K 时，气体没有完全电离的等离子体；而高温等离子体主要是指温度达到 10^6～10^8K 时，气体分子已经完全电离和离解的等离子体。在 ICP 分析里面用到的等离子体的温度一般不超过 10^4K，因而属于低温等离子体的范畴。目前进行元素分析的 ICP 技术已经发展出很多不同的种类，其中包括 ICP-MS 和 ICP-AES（inductively coupled plasma atomic emission spectroscopy）等。ICP-AES 可以实现对主、次和痕量元素的定量分析，而 ICP-MS 则是近些年新发展出来的技术，相比于 ICP-AES 检出限更低，因而价格也更高。

（2）测试要求　对于现代高精度分析测试仪器而言，其产生的误差往往可以忽略不计，绝大部分的误差来源于不当的样品预处理。因此，进行正确、合理的预处理步骤关乎到实验的成败。通常需要从大量的待测物中选取一小部分作为待测试样，因此采集的样品必须具备代表性。同时，针对样品不同的状态，需要使用不同的采集方法。在进行标准溶液的配制时，需要根据样品中各元素间的光谱干扰、基体成分和溶液中离子间的相互化学反应等情况，进行分组配制。在进行分析前，为了能够达到最佳的操作条件，还需要对射频功率、等离子体流速、雾化气流速等进行优化处理。

（3）实例分析　Aurbach 等在研究正极材料与电解液的界面问题时，使用 ICP 技术研究了 $LiCoO_2$ 和 $LiFePO_4$ 在电解液中的溶解性。通过改变温度、电解液中的锂盐种类等参数，用 ICP 测量了改变不同参数时电解液中的 Co 和 Fe 的含量变化情况，从而获得了减少正极材料在电解液中溶解的关键信息[37]。

如表 4-2 所示，笔者课题组使用 ICP 分析技术测定了 Co-Zn-S@N-S-C-CNT（催生出碳纳米管的 N、S 共掺杂 CoZn 双金属有机框架衍生物）中的 Co 和 Zn 质量分数分别为 20.15% 和 10.65%[38]。再根据 C、N 和 S 的含量，可以得到掺杂硫的计算值为 0.87%（质量分数）。同时，可以得出 CoS_2 和 $Zn_{0.975}Co_{0.025}S$ 的质量分数分别约为 41.52% 和 16.25%。据此可以估计三元金属硫化物的化学计量组成为 $Co_{0.40}Zn_{0.19}S$。值得注意的是，两种复合材料中各种元素的不同质量比应归因于两种金属的不同分子量，以及在制备过程中形成的碳纳米管和碳材料的数量不同。

⊡ 表 4-2 Co-Zn-S@N-S-C-CNT 和 CoS_2@N-S-C-CNT 的 ICP 分析结果　　单位：%（质量分数）

元素	Co-Zn-S@N-S-C-CNT	CoS_2@N-S-C-CNT
Co	20.15	22.37
Zn	10.65	—

4.2.16 元素分析技术

（1）简介　元素分析技术主要是指可以同时或单独实现对样品中几种元素的定性和定量分析的技术。现代元素分析仪（elemental analysis，EA）是能够实现上述测试指标的实验平台，与传统的化学元素分析方法相比，元素分析仪自动化程度高，操作简便迅速，测量C、H、S、N时的精确度能够小于0.2%，已经成为元素分析的主要方法之一。虽然目前市面上的各类元素分析仪结构和性能各不相同，但是均基于色谱原理设计。其工作原理一般都是在复合催化剂的作用下，将样品高温氧化燃烧生成氮气、氮的氧化物、二氧化碳、二氧化硫和水，并在惰性载气的推动下，进入分离检测单元。待吸附柱将非氮元素的化合物吸附保留后，氮的氧化物经还原变成氮气后被检测器测定。接着，其他元素的氧化物再经吸附-脱附柱的吸附解吸作用，按照C、H、S的顺序依次被分离测定分析。目前实验室常采用的操作方法为：首先必须将样品粉碎研磨细，然后通过锡囊或银囊进行包裹处理，经自动进样器进入燃烧反应管中，接着向管道系统中通入少量的纯氧以帮助有机或无机样品充分燃烧，燃烧后的样品经过进一步催化氧化还原过程，其中的有机元素C、H、N、S和O全部转化为各种可检测气体。产生的混合气体经过分离色谱柱被进一步分离，最后通过热导检测器（thermal conductivity detector，TCD）完成所有检测过程。目前最先进的元素分析仪可以根据样品性质的不同和检测元素种类的不同，将整个过程控制在5～10min内完成。根据样品类型和研究者的应用领域，元素分析仪还可以分为多种模式，也可以扩展连接同位素比质谱仪使用，以确定O、H和N、C同位素的组成。

目前元素分析仪已经成为实验室的常规仪器，它可以同时对有机固体、高挥发性和敏感性物质中C、H、N、S等元素的含量进行定性和定量分析测定，在研究有机材料及有机化合物的元素组成等方面具有重要作用。除了在材料研究领域得到大规模应用外，元素分析仪还被广泛应用于化学和药物学等产品，如精细化工、药物和石油化工等产品中的C、H、N、O元素含量的测量，从而研究化合物性质的变化，得到有用信息。

（2）测试要求　值得注意的是，由于吸附水的存在，样品中的H和O元素含量通常难以准确测定。若待测样品中含有氟、磷酸盐或重金属等物质，将会对分析结果产生负效应；而强酸、碱或能引起爆炸性气体的物质均禁止使用元素分析仪进行测定，以防仪器在高温检测时被损坏。同时，由于金属与非金属复合材料的物质成分、晶型结构比较复杂，为保证测定结果的准确性和稳定性，在使用元素分析仪前，必须将样品粉末颗粒均匀混合，防止产生偏差。

（3）实例分析　$LiFePO_4$是一种具有非常大的发展潜力的锂离子电池正极材料，但是较低的电子电导率，使其性能达不到人们的期望。为了提高其电子电导率，研究人员通常在其表面包覆一层碳，然而不同的碳含量对其电池的性能有着显著影响。Du Jing等利用元素分析仪对其制备的多孔碳包覆$LiFePO_4$中的碳含量进行了测定，实验发现C含量为6.5%时，电池的性能最好[39]。

4.2.17 核磁共振分析技术

（1）简介　核磁共振波谱（nuclear magnetic resonance，NMR）是材料分子结构分析中常用的测试方法之一。通过一定频率的电磁波信号对试样进行照射，可以使材料中的原子核共振跃迁，在此过程中记录共振位置和强度大小，就可以得到核磁共振谱。当原子的质量数为奇数时，如^{1}H、^{13}C、^{19}F、^{31}P等，由于核中质子的自旋而在沿着核轴方向产生磁矩，从而引发核磁共振[5]。根据样品的状态，一般可以分为固体核磁共振和液体核磁共振两种。固体核磁共振技术是以固态样品为研究对象的现代化分析技术。在液态样品的核磁测试技术中，分子的快速运动会将核磁共振谱线增宽的各种相互作用（如化学位移各向异性和偶极-偶极相互作用等）平均掉，从而可以获得高分辨率的液体核磁谱图；对于固态样品，分子的快速运动会受到极大的限制，化学位移各向异性等多种相互作用的存在会使谱线增宽严重，因此固体核磁共振技术分辨率相对于液体较低。目前，固体核磁共振技术分为静态与魔角旋转两类。前者分辨率低，应用受限；后者是使样品管（转子）在与静磁场B_0呈54.7°方向快速旋转，达到与液体中分子快速运动类似的结果，以提高谱图分辨率。目前固体核磁共振技术的应用领域主要包括无机材料（固体催化剂、玻璃、陶瓷等）和有机固体（高分子、固态蛋白质等）等。固体核磁共振技术应用的原因是：样品不溶解或者样品溶解但是结构改变；可以了解从液体到固体的结构变化；作为X射线的重要补充。随着脉冲傅里叶变换核磁共振仪的问世，极大地推动了NMR技术的发展，特别是^{13}C、^{15}N、^{29}Si等核磁共振和固体核磁共振技术得到了更广泛的应用。

（2）测试要求　为了保证得到理想的测试结构，进行测试的材料必须是单一组分。液体样品必须对选定的溶液有适当溶解度，且不能够与之发生化学反应，同时配好的溶液要具有一定的流动性。对于固体样品，其尺寸大小也需要满足一定要求，通常长度要控制在3.5～4cm左右，质量为200mg～1g，颗粒最好在100目以下。

（3）实例分析　核磁共振与其他光谱技术一样，可以让人们很方便地了解材料内部的结构信息。简单地说，从一张NMR谱图中，可以从化学位移、峰的分裂和耦合常数、各峰的相对面积三个方面来分析材料结构组成。NMR具有较高的能量分辨、空间分辨能力，能够探测材料中的化学信息并成像，探测枝晶反应，测定锂离子自扩散系数，对颗粒内部相转变反应进行研究。

Grey等对NMR在锂离子电池正极材料中的应用研究开展了大量工作。从正极材料的NMR谱中可以得到丰富的化学信息及局部电荷有序/无序等信息，并可以对顺磁或金属态的材料进行区分，还可以通过探测掺杂带来的电子结构的微弱变化，来反映元素化合态信息。另外，结合同位素示踪技术，可以研究电池中的副反应等[40]。

4.2.18 气体吸附法

（1）简介　固体表面由于很多原因总是凹凸不平的，当凹槽深度大于其直径时就形成孔。其中，有孔的物质叫作多孔体，没有孔的叫作非孔体。多孔体具有多种多样的孔直径、孔径分布和孔容积。孔的气体吸附行为因孔直径而异。国际纯粹与应用化学联合会IUPAC根据孔的大小分为以下几种：微孔（＜2nm）、中孔（2～50nm）、大孔（50～7500nm）以及巨孔（＞7500nm）。单位质量的孔容积叫作孔隙率。固体表面上的气体浓度由于吸附而增加时，称为吸附过程；反之，浓度减少时，则为脱附过程。当吸附速率和脱附速率相等时，这种状态称为吸附平衡。吸附平衡主要有三种：等温吸附平衡、等压吸附平衡和等量吸附平衡。在恒定温度下，固体表面上只能存在一定量的气体吸附。通过测定一系列相对压力下的吸附量，可以得到吸附-脱附等温曲线，从而计算比表面积和分析孔径分布。

BET 测试理论是根据布鲁诺尔、埃米特和特勒三人提出的多分子层吸附模型，推导出单层吸附量 V_m 与多层吸附量 V 间的关系方程，即著名的 BET 方程。BET 方程建立在多层吸附的理论基础之上，与物质实际吸附过程更为接近，因此测试结果更为准确。通过实测 4～5 组被测样品在不同氮气分压下的多层吸附量，以 p/p_0 为 X 轴，$p/[V(p_0-p)]$ 为 Y 轴，由 BET 方程作图进行线性拟合，得到直线的斜率和截距，从而求得 V_m 值，并计算出被测样品的 BET 比表面积。理论和实践表明，当 p/p_0 取点为 0.05～0.35 时，BET 方程与实际吸附过程相吻合，图形线性也很好，因此实际测试过程中选点应在此范围内。

$$\frac{p}{V(p_0-p)}=\frac{1}{V_mC}+\frac{C-1}{V_mC}\times\frac{p}{p_0} \tag{4-7}$$

式中　p——氮气分压；

p_0——吸附温度下，氮气的饱和蒸气压；

V——样品表面氮气的实际吸附量；

V_m——氮气单层饱和吸附量；

C——与样品吸附能力相关的常数。

BET 实验操作程序与直接对比法相近似，不同的是 BET 法需标定样品实际吸附氮气量的体积大小，理论计算方法也不同。BET 法测定比表面积适用范围广，测试结果准确性和可信度高，目前国际上普遍采用该方法。当被测样品吸附氮气能力较强时，可采用单点 BET 方法，测试速度与直接对比法相同，测试结果与多点 BET 法相比误差较小。

一般而言，多点 BET 给出的比表面积是通常所谓的宏观（积分）总比表面积，在计算孔径大小和分布时常采用 BJH（Barret-Joyner-Halenda，巴雷特-乔伊纳-哈伦达）模式。由气体吸脱附等温线计算孔径大小和分布的代数过程存在诸多变化形式，但是要符合以下条件：①孔隙是刚性的，不能用于软孔样品；②样品中没有微孔；③孔隙具有规则的形状，如圆柱状；④在最高相对压力处，所有测定的孔隙均被充满。

（2）测试要求　在进行测试前，首先要确保气瓶的气体流速已经调至合适的大小，并且处于打开状态，仪器使用的电压要稳定且合适。启动仪器后需要等待半小时以上，等待仪器稳定后再进行测试分析。

称取试样时，最好使用精度良好、稳定性强的天平，一般最小精度要达到 0.1 mg。在称样前，要先称空管的质量，再称取样品质量，接着称两者之和的总质量。试样脱气后，需要再次称取管和样品的总质量。在进行称重时，为了减小人为误差，每一步至少要称两次，取平均值作为精确值。

在进行脱气操作时，为了保证样品干净，必须对所有被测样品进行脱气除杂。根据样品性质设定相关脱气温度，最好在 70℃左右停留约 30 min，以便把水汽蒸干。

（3）实例分析　笔者课题组利用 BET 分析仪，对 COF-10@CNT 复合材料（硼酸酯基共价有机骨架和 CNT 复合材料）和 COF-10 进行了氮气吸附/脱附表征。表征结果显示，COF-10 材料的比表面积达 $225m^2/g$，并且孔径分布集中在 3.06nm；COF-10@CNT 复合材料的比表面积提升到了 $307m^2/g$，孔径分布主要集中在 3.09nm[41]。上述数据说明，COF-10 和

CNT 进行耦合后，显著提升了其比表面积，从而为碱金属离子提供更多的存储位点，同时丰富的孔道也有利于离子的嵌入与脱出，因而提升了其比容量和循环稳定性。

4.2.19 联用表征技术

（1）微分质谱分析 微分电化学质谱（differential electrochemical mass spectrometry，DEMS）是将电化学和质谱技术两者相结合而发展起来的一种现代化电化学现场测试技术。它既可以实现现场检测电化学反应中的挥发性气体产物及其动力学参数，又可以对中间体及其结构的性质等进行充分研究。当电极反应产物为共析出产物时，DEMS 技术可以实现实时确定每种产物的法拉第电流随电极电位或时间的变化。目前商业化的质谱仪 DEMS，结合了电化学半电池实验技术和四极质谱仪（电化学半电池、气体过滤膜系统、快速隔离阀系统和真空系统）的差分电化学质谱技术，可以实现实时原位以及定性和定量分析电化学反应中的挥发性反应物、中间体和反应产物。当电极反应产物为共析出时，DEMS 可以同时确定每种产物的含量随电极电位或时间的变化。

（2）热分析联用技术 目前热分析技术的一个主要发展趋势是将不同仪器的特长和功能结合，实现联用分析，以扩大分析范围。通常而言，每种特定的热分析技术只能够用于了解物质性质和其变化中的一些特定方面，不能够得到非常全面和有效的信息。将热分析技术与其他分析手段联合使用，可以起到互为补充、相互验证的效果，在材料研究中显得尤为重要。联用的综合热分析技术现在已经实现了大规模的实际应用，不仅种类繁多，而且在原位研究中得到了广泛关注，其中包括DTA-TG（differential thermal analysis-thermogravimetric analysis，差热-热重联用分析）以及 DSC（differential scanning clorimetry，差示扫描量热）和 IR（infrared spectra analysis，红外光谱分析）、MS（mass spectrometry，质谱分析法）等仪器的联用分析。通过 DTA-TG 联用技术可以实现在低温制备新材料时，确定合适的烧结工艺机制，如在进行烧结脱去吸附水和结构水时，可以提示升温速率的快速变化导致材料的开裂，并能有效预防材料的析晶变化等。采用 DSC-IR 联用技术，则可以根据 IR 提供的特征吸收谱带初步判断基团的种类，再结合 DSC 提供的熔点曲线，就可以准确地鉴定混合物的组成。DSC-MS 联用技术，可以实现同步测量样品在热处理中质量热焓和析出气体组分的变化，进而剖析物质的组成、结构以及研究热分析或热合成机理。运用上述热分析联用技术可以对物质的各种热效应进行综合判断，从而更准确地分析物质的热过程。

（3）气相色谱-质谱联用技术 虽然质谱法具有灵敏度高、可以进行定量以及定性分析等诸多特点，但其纯度要求高、分析难度大等缺陷限制了其应用。气相色谱法具有分离效率高、分析简便的特点，但是难以进行定性分析。因此，将这两种方法进行联用，可以扬长避短，实现全部化合物的高灵敏检测。色谱-质谱联用技术既实现了色谱的分离能力，又发挥了质谱的高辨别能力[26]。这种先进的技术适用于对多组分混合物中的未知组分进行定性分析，可以确定其相应的分子结构式，还可以修正色谱分析的错误判断，因此受到科研工作者的广泛关注，成为研究合成有机材料必不可少的仪器设备。

（4）原子力显微镜-拉曼光谱联用技术 原子力显微镜（AFM）和拉曼光谱都是用来收集样品表面性质信息的技术，但这两种技术在应用时往往有很大的不同。在 AFM 中，除了可以测定初级反馈回路中的原子作用力之外，还可以测量不同的参数，例如电流、表面电位或特定的纳米机械性能。通过扫描针尖和样品之间的相对位置，并在离散位置以串行方式测量这些参数，可以创建选定样品特性的3D图像。拉曼光谱可以通过分析特征峰，对各种材料的内部结构进行表征，如成分信息特征频率，可以通过偏振技术洞察分子或晶体的对称性或取向，也可以通过分析特征拉曼峰的位移来测量晶体中的应力或应变。AFM和光谱学技术的进展已经证明两者的作用是相互补充的，这不仅是因为从每种技术中可以获得不同的信息，还因为所获得的数据在空间分辨率方面是相互关联的。当AFM探针被赋予“光源”的作用时，AFM和光学光谱的完全协同效应就会发挥作用。随着AFM针尖的末端半径小于20nm（这比传统的衍射极限光斑尺寸小得多），可以获得额外的30～50倍的空间分辨率。联用测量可以在透射或反射几何中完成，分别实现透明和不透明样品的表征。同时，单一的技术通常不能提供足够的图片信息，但当以联用的方式应用时，它们的功能会变得相当强大。通过联用技术，不仅可以解释视场中的材料是什么，而且可以在纳米尺度上揭示其物理尺寸和特性。将所得光谱与文献数据库进行比较，可以清楚地识别其中任意一层的物相组成。

（5）原子力显微镜-红外光谱联用技术　红外光谱是研究聚合物结构的常用分析方法，虽然其测试速度和灵敏度得到了大大提高，但是其空间分辨率受限于其波长，往往高于几个微米，对于微纳米尺寸的相区则无能为力。随着材料科学的发展，越来越多的科研人员开始关注微米尺度以下的化学组分分析，比如微米级的层状结构、纳米纤维、改性聚合物、有机/无机杂化材料、有机太阳能电池等，对于化学组分分辨率的期望一般是低于100nm，理想情况是数十纳米。近年来，法国科学家Dazzi等基于光热诱导共振现象，将原子力显微镜与红外光谱相结合，开发出了原子力红外技术（AFM-IR），其空间分辨率可以达到50nm（纳米红外甚至可以达到10nm左右的分辨率），在各种纳米、微米结构的研究方面具有极其广阔的应用前景，为从事微观化学分析以及超分子材料研究的科研工作者们带来了一种全新的分析技术。然而，多组分的聚合物体系大多存在物相分离，难以获得在纳米尺度上组成均匀的标准样品。因此，AFM-IR技术目前只能实现定性分析，还无法实现精确的定量分析。

（6）透射电子显微镜-原子力显微镜联用技术　透射电子显微镜在过去的几十年中得到了不断发展和完善，成为许多研究领域的强大测量和成像工具，包括生物学、材料科学和半导体等。借助原子力显微镜测量样品与探针之间的相互作用力，可以研究各种样品，包括金属、半导体和非导电体。AFM可用于接触和非接触模式，后者可降低样品损坏的风险。TEM-AFM联用技术是一种研究纳米材料的分析仪器，由安装在TEM支架上的完整AFM组成。TEM-AFM联用技术使力学测量达到了一个全新的高度。在标准AFM中，尖端往往是一个未知的因素，但使用TEM-AFM，尖端和样品都是原位成像的。这给实验样品补充了形状和尖端区域大小的重要信息。例如，在黏附研究中，接触半径是一个重要参数，很容易用TEM成像测量，但在普通AFM中却无法测量。

4.2.20 电化学原位表征技术

（1）原位XRD　XRD是探究电极材料晶体结构必不可少的表征技术。原位XRD可以在锂离子电池充放电过程中，实现对电极材料的晶型变化进行原位测试，研究其电化学反应机理[42]。原位XRD还可以通过出峰位置的变化，推断出在充放电循环中电化学反应的机理，已经被广泛应用到含有C、N、O、S以及金属氧化物等材料的电化学研究中。图4-9为布鲁克D8A原位X射线粉末衍射仪外观，这款X射线衍射仪系统已经达到世界一流水平，

图 4-9 布鲁克 D8A 原位 X 射线粉末衍射仪外观

它设计精密，功能齐全，能够实现对各种粉末、薄膜以及各种晶体材料的微观结构进行测试分析。其具有以下显著特点：①测量精度非常高，角度重现性在±0.0001°左右；②温度变化范围大，可以进行从−30℃到 80℃范围内的高温原位电化学性能测试分析；③小角衍射可达 0.4°，广角衍射最低角度可达 5°；④通过精修图谱后，甚至可以进行定性分析。

原位 XRD 结合电化学测试和 X 射线衍射表征手段，能够实时收集电极材料在充放电过程中经历的相变和结构演变，消除了非原位测试过程中因拆解电池、极片清洗以及材料转移等过程带来的影响，为研究材料充放电机理提供可靠的依据。原位 XRD 测试结果常用 Contour 图［图 4-10(a)］和 Stack 图［图 4-10(b)］两种形式呈现，Contour 图（类似等高线图）用不同颜色区分衍射峰强度，同种颜色的偏移表示衍射峰的偏移，对应材料在充放电过程中发生的变化。Stack 图（类似堆栈图）是将充放电过程中采集到的阶段变化的衍射谱图绘制在同一张图中，从图中同样可以观察到峰的消失、出现以及偏移等信息。以魏等[43]通过共沉淀和固相反应合成的核-壳结构（O3/O′3-P2）作为钠离子电池正极为例。O3/O′3-P2 的核部分是富 Ni 的 O3/O′3 相，可提供高电压和高容量，而壳部分则由富含 Mn 的 P2 相组成。电化学活性的 P2 相外壳较厚而且连续，完全包裹了 O3 型内核。充电过程中随着电压升高，XRD 特征峰开始偏移，发生 O3 到 P3 的相变，而 P2 相得到了很好的保持，放电过程与充电相反，说明该过程可逆。上述原位 XRD 表征结果证明了 P2 壳是 O3/O′3-P2 材料结构稳定性提高的主要因素。

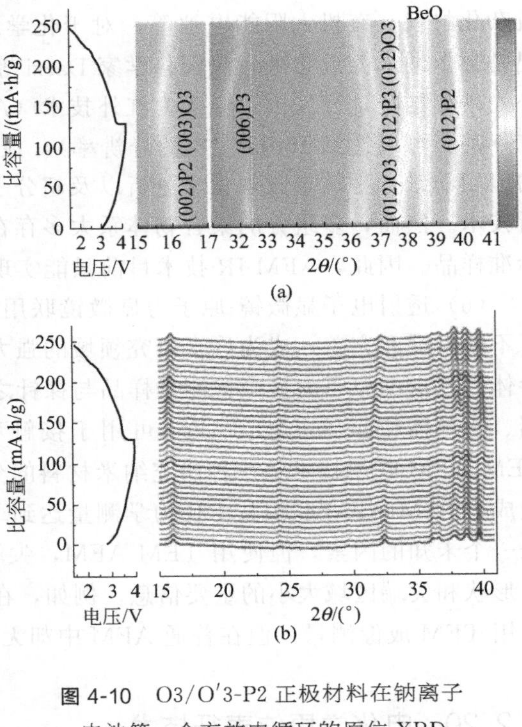

图 4-10 O3/O′3-P2 正极材料在钠离子电池第一个充放电循环的原位 XRD 表征（左侧为对应的充放电曲线）

（2）原位 Raman 原位 Raman 光谱能够得到物质表面和不同反应条件（温度、气氛等）下中间体的一些分子水平上的基本信息，因而是一种非常有用的工具。受固体化学发展的限制，目前晶体科学与技术研究仍处于半理论半实际的阶段，晶体成核和晶体生长过程的机理及其模型仍然处于不断探索中；而原位 Raman 光谱技术可以同时实现结晶过程中溶液浓度和固体结构形式的同时在线观测，因而在结晶过程机理的研究中发挥重要的作用。在电化学体系研究中，利用该技术可以对单晶类材料表面的电化学反应过程进行信号捕获，从而进行机理研究。在对锂离子电池电极材料进行表征时，拆卸和转移过程难免会因为人为或者环境等因素，对电极材料产生影响，因此在电极材料上实现原位 Raman 光谱研究显得十分重要。陈修栋博士等利用原位拉曼表征技术探究了 E-TFPB-COF/MnO_2 复合电极［剥离的少层 1,2,4,5-四(4-甲酰基苯基)苯 COF 材料与 MnO_2 的复合物］的储锂机理，利用该技术监测了电极首圈充放电过程中特征峰的变化[44]。如图 4-11 所示，在约 $1633cm^{-1}$、$1587cm^{-1}$、$1412cm^{-1}$、$1163cm^{-1}/1200cm^{-1}$ 和 $659cm^{-1}$ 处的峰可分别归属于 C═N、来自苯环（C6）的 C═C 基团、苯环的变形振动、来自苯环的 C—H 基团和 Mn-O 的伸缩振动。在 $1318cm^{-1}$ 处的一个峰应当归为 D 峰，表示无序碳或有缺陷的石墨结构的特征。当锂离子嵌入 E-TFPB-COF/MnO_2 复合材料时，C═N，C═C，C—H 和 Mn-O 基团的峰都逐渐减弱，表明 Li^+ 储存与 C═C 基团（共轭 π 电子）、C═N 基团和 Mn-O 基团发生反应。相反，D 峰的强度逐渐增加，则是由于锂离子嵌入苯环，减少了 sp^2 碳原子。在脱锂过程中，苯环的 C—H 和 C═C 基团，C═N 和 Mn-O 基团可以观察到相反的变化。这些结果清楚地表明，可逆的 Li^+ 储存不仅发生在常见的 C═N 基团上，而且发生在 E-TFPB-COF/MnO_2 复合物中的 E-TFPB-COF 的共轭苯环上。

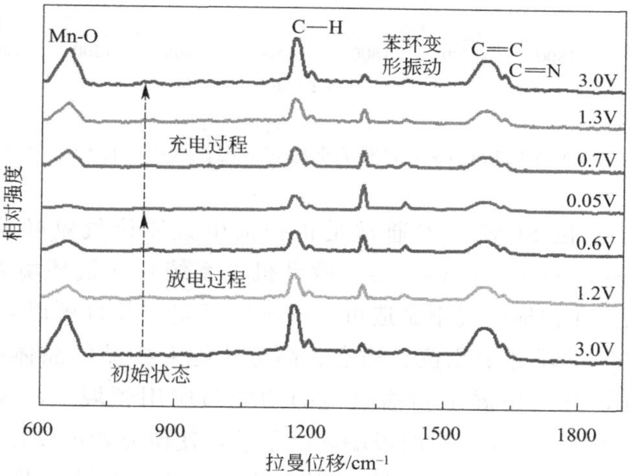

图 4-11 E-TFPB-COF/MnO_2 负极材料在锂离子电池充放电过程中的原位拉曼谱图

（3）原位 IR　原位 IR 表征系统是用于测定电极材料表面组成、吸附、物种、表面羟基及反应机理的专用设备，主要由以下四部分组成：①原位红外池（满足升温、减压、加压和气氛流动需要）；②气相流动系统；③程序控温装置；④红外光谱仪。原位红外池可以配合红外光谱仪进行氨、吡啶、一氧化碳、一氧化氮、甲醇和乙醇等化合物的化学吸附测定及反应机理研究。电极材料的表征对于了解电极材料结构和组成在预处理、诱导期和反应条件下以及再生过程中所发生的变化至关重要。对于反应机理的认识，特别是从结构、动态学和沿催化反应途径中生成的反应中间物的能量学，可为开发新电极材料和改良现有电极材料提供更深刻的认识。原位谱学观察还是阐明反应机理、分子与电极材料相互作用的动态学和中间产物结构的最有效的技术。这些研究还可以提供反应机理和动力学的研究，特别是对电极反应中间物的原位观察，对发展新型储能技术是非常必要的。笔者课题组利用原位 IR 技术对钴基金属有机骨架［Co-MA，马来酸（maleic acid，MA）］负极材料的储钠机制进行了测试分析。图 4-12 是 Co-MA 负极充放电过程中对应的原位红外光谱。由图 4-12 可以看出，在充放电过程中 C═O 的特征峰吸光度逐渐减小，随后恢复，说明 C═O 双键具有一个可逆的储钠过程[45]。

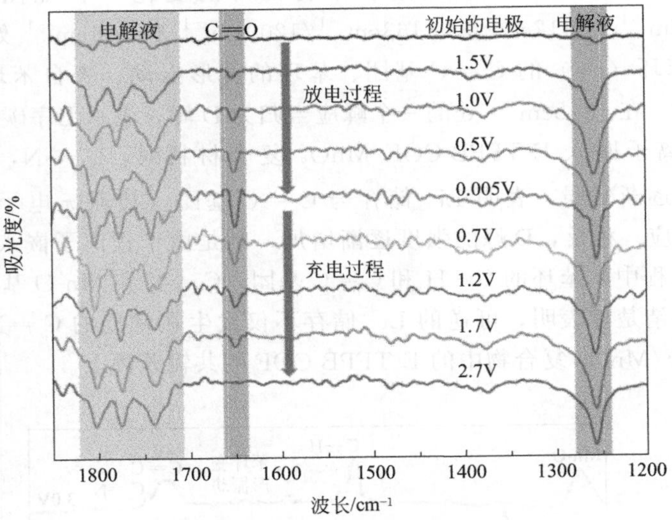

图 4-12　Co-MA 负极材料在钠离子电池充放电过程中的原位红外光谱表征

（4）原位 SEM　原位 SEM 技术通常是指扫描电镜原位气氛环境测量系统，通过将 MEMS（micro-electromechanical systems，微型机电系统）气氛环境微腔和加热模块集成到扫描电镜样品台上，在扫描电镜中制造可控的气氛环境，并且可以对实验样品原位加热。该系统允许研究者在气氛环境中原位、动态、高分辨地对样品的晶体结构、化学组分、元素价态进行综合表征，极大拓展了扫描电镜的功能与应用领域。该仪器可实现最高 1bar（$1bar=10^5Pa$，以下全书同）、800℃的极端观测条件，使研究者可以在微观尺度上实时观测催化反应、氧化还原反应、低维材料生长/合成以及各类腐蚀反应，将扫描电镜从一台静态成像工具升级为一套功能强大的纳米实验室。李文俊等在使用密封转移盒转移样品的基础上，利用原位 SEM 研究了金属锂电极在 Li^+ 的嵌入和脱出过程中表面孔洞以及枝晶的形成过程[46]。

（5）原位 TEM　原位 TEM 技术通常是指透射电镜原位 MEMS 气氛加热测量系统，即在透射电子显微镜中制造气氛及高温环境，实现最高 1bar、800℃的极端观测条件。其中，原位气氛环境样品杆由样品杆主体、气流通道、四电极加热模块和 MEMS 反应微腔组成。样品被安置于上、下两片 MEMS 芯片以及配套的“O”形圈组成的密封微腔内。MEMS 反应微腔则由上、下两片 MEMS 芯片组成，用于搭载实验样品。样品观测区域覆盖有高质量、高透过率的氮化硅薄膜窗口，窗口上覆盖有四电极加热区域，样品搭载在加热电极上。该 MEMS 反应微腔与外接气路通道以及加热模块高度耦合，从而在 TEM 中实现气氛环境与高温环境精确可控的原位观测。为了探究电极材料在充放电过程中形貌的变化，陈修栋博士等采用原位 TEM 技术对 E-TFPB-COF/MnO_2 复合材料的充放电过程进行监测[44]。原位

TEM 观察结果如图 4-13 所示，E-TFPB-COF/MnO_2 电极在反复循环充放电过程中表现出优异的结构稳定性，电极体积变化较小，MnO_2 纳米颗粒（图中三角标所指的很多小圆点）的粒径在充放电循环中变化不大，也没有出现粒子团聚现象。

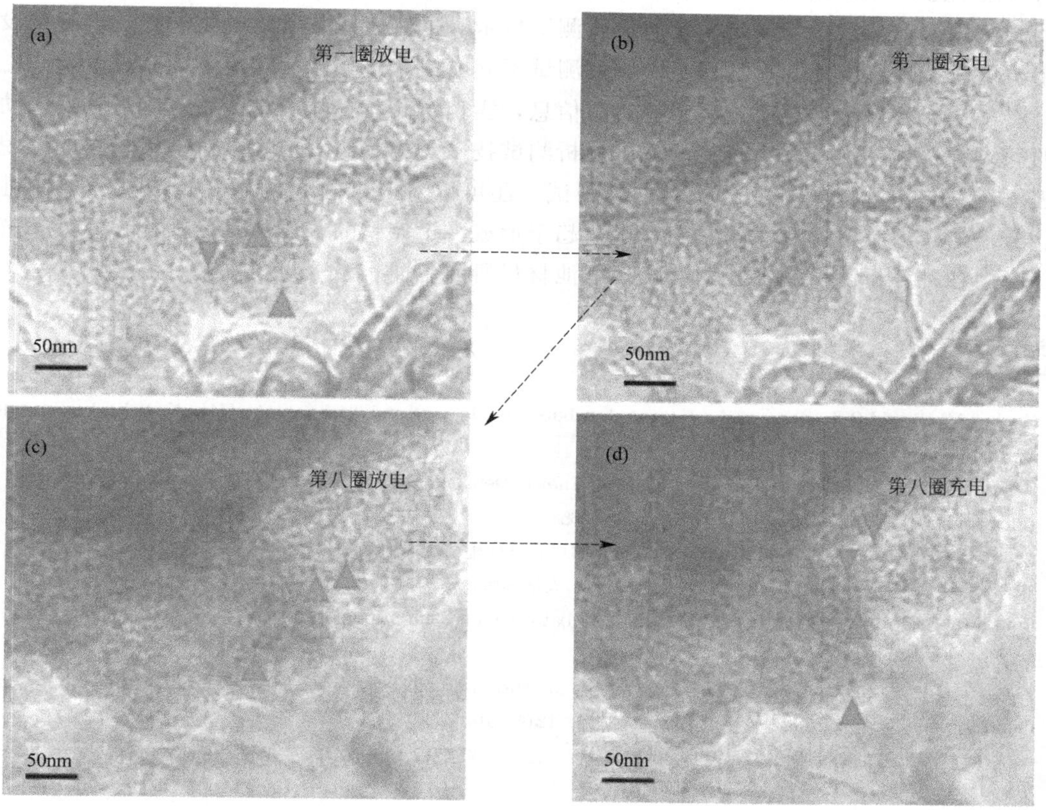

图 4-13　E-TFPB-COF/MnO_2 复合负极材料在锂离子电池充放电过程中的原位 TEM 表征

（6）原位 AFM　随着对样品形貌信息的定量化表征需求，以及 3D 微纳结构轮廓信息表征的需求增多，能够进行原位定量化轮廓形貌表征的设备就显得愈发重要。另外，随着聚焦电子束（focused electron beam，FEB）、聚焦离子束（focused ion beam，FIB）技术的发展，对样品进行微区定域加工的各类工艺被越来越广泛地应用于微纳米技术领域的相关研究当中。通常，在 FIB 系统当中能够获得的样品微区物性信息非常有限，如果要对工艺处理之后的样品进行微区定量化的形貌表征以及力学、电学、磁学特性分析，往往需要将样品转移至其他物性分析系统或者表征平台。然而，不少材料对空气中的氧气或水分十分敏感，往往短时间暴露在大气环境中，就会使样品的表面特性发生变化，从而无法获得样品经过 FIB 系统处理后的原位信息。鉴于此，实现 AFM 原位观测就显得非常有必要。原位 AFM 基于自感应悬臂技术，因此不需要额外的激光器及四象限探测器，即可实现 AFM 的功能，而且可以方便地与其他各类光学显微镜、SEM、TEM 和 FIB 集成，从而原位地对微纳米结构进行磁学、力学、电化学特性观测，最大程度地满足研究工作者的需求。Zhu 等采用固态电解质通过磁控溅射技术制备了一种全电池，然后利用原位 AFM 检测了 TiO_2 负极表面形貌随负载的三角波形电压的变化[47]。

电极材料的制备和研究离不开相关的测试和表征。先进的分析测试技术和手段，既可以促进材料的研究和制备，又可以推动其应用。除了上述原位表征测试手段外，近期原位中子衍射（neutron diffraction，ND）、X 射线吸收谱（XAS）、NMR、XPS 等能用于表征电池材料的测试技术也都被采用并用于发展原位测试技术。这些表征技术跟电化学充放电测试设备联用，可以实现在电池工作过程中，原位测试不同电压截止平台（对应不同充放电阶段）电极材料，从而获得电极反应过程中的实时信息，实现对反应中间产物、反应机理和反应动力学的深入分析。已经有越来越多的先进分析测试技术及相关仪器被用于对电极材料的形貌进行表征、对结构进行分析、对性能进行测试，还可以对电极材料的微观组成成分、成键种类、分子结合力等进行测试，它们正逐渐趋于形成一个完整的测试体系。因此，充分了解电极材料的各种分析测试表征技术，对于电池材料研究者而言十分重要。

参考文献

[1] Yoshio M，Brodd R J，Kozawa A. Lithium-Ion Batteries Science and Technologies[M]. New York：Springer，2010：452.

[2] Aifantis K E，Hackney S A，Kumar R V. High Energy Density Lithium Batteries：Materials，Engineering，Applications[M]. Weinheim：Wiley-VCH，2010：265.

[3] 魏洪兵．锂离子电池锡基负极材料研究的制备及其电化学性能研究[D]. 厦门：厦门大学，2007.

[4] 宋杨．锂离子电池系统检测与评估[M]. 北京：清华大学出版社，2014：368.

[5] Simon P，Gogotsi Y，Dunn B，et al. Where do batteries end and supercapacitors begin[J]. Science，2014，343 (6176)：1210-1211.

[6] Augustyn V，Come J，Lowe M A，Kim J W，et al. High-rate electrochemical energy storage through Li^+ intercalation pseudocapacitance[J]. Nat Mater，2013，12(6)：518-522.

[7] 强亮生，赵九蓬，杨玉林．新型功能材料制备技术与分析表征方法[M]. 哈尔滨：哈尔滨工业大学出版社，2017：457.

[8] 田昭武．电化学研究方法[M]. 北京：科学出版社，1984：47.

[9] 黄可龙，王兆翔，刘素琴．锂离子电池原理与关键技术[M]. 北京：化学工业出版社，2007：362.

[10] 徐行可，张晓，张庆福．大学物理教程[M]. 重庆：西南交通大学出版社，2005：711.

[11] Xu B，Qian D A，Wang Z Y，et al. Recent progress in cathode materials research for advanced lithium ion batteries[J]. Mater Sci Eng R Rep，2012，73 (5-6)：51-65.

[12] 丁宁．锂离子电池材料的相关研究——电极合成、性能改善、新材料探索及其充放电机理[D]. 合肥：中国科学技术大学，2009.

[13] Thackeray M M，David W I F，Bruce P G，et al. Lithium insertion into manganese spinels[J]. Mater Res Bull，1983，18 (4)：461-472.

[14] 水江澜．高性能锂离子电池电极材料及薄膜电极的研究[D]. 合肥：中国科学技术大学，2006.

[15] 郭炳焜，徐徽，王先友，等．锂离子电池[M]. 长沙：中南大学出版社，2002：430.

[16] 李景虹．先进电池材料[M]. 北京：化学工业出版社，2004：417.

[17] Thurston T R，Jisrawi N M，Mukerjee S，et al. Synchrotron x-ray diffraction studies of the structural properties of electrode materials in operating battery cells[J]. Appl Phys Let，1996，69 (2)：194-196.

[18] 左演声，陈文哲，梁伟．材料现代分析方法[M]. 北京：北京工业大学出版社，2000：345.

[19] 骆燕，王德海，蔡延庆．丙烯酸酯紫外光固化材料表面的 XPS 研究[J]. 感光科学与光化学，2006，24 (6)：428-435.

[20] 蔡正千．热分析[M]. 北京：高等教育出版社，1993：263.

[21] Guo C F，Lv L P，Wang Y，et al. Strong Surface-Bound Sulfur in Carbon Nanotube Bridged Hierarchical Mo_2C-Based MXene Nanosheets for Lithium-Sulfur Batteries[J]. Small，2018，15 (3)：1804338.

[22] Cui Y, Lin D C, Liu Y Y, et al. Reviving the lithium metal anode for high-energy batteries[J]. Nat Nanotechnol, 2017, 12 (3): 194-206.
[23] 闫允杰，唐国翌．利用场发射扫描电镜的低电压高性能进行材料表征[J]. 电子显微学报，2001，20(4)：275-278.
[24] Yin X J, Lv L P, Wang Y, et al. Functionalized Graphene Quantum Dot Modifcation of Yolk-Shell NiO Microspheres for Superior Lithium Storage[J]. Small, 2018, 14: 1800589.
[25] Yin X J, Lv L P, Wang Y, et al. Revealing the Effect of Cobalt-doping on Ni/Mn-based Coordination Polymers towards Boosted Li-Storage Performances[J]. Energy Storage Mater, 2020, 25: 846-857.
[26] 王培铭，许乾慰．材料研究方法[M]. 北京：科学出版社，2005：381.
[27] Yin X J, Lv L P, Wang Y, et al. Multilayer NiO@ Co_3O_4@ Graphene Quantum Dots Hollow Spheres for High-Performance Lithium-ion Batteries and Supercapacitors[J]. J Mater Chem A, 2019, 7: 7800-7814.
[28] 路婉珍．现代近红外光谱分析技术[M]. 2 版．北京：中国石化出版社，2007：395.
[29] Sun W W, Tang X X, Yang Q S, et al. Coordination-Induced Interlinked Covalent-and Metal-Organic-Framework Hybrids for Enhanced Lithium Storage[J]. Adv Mater, 2019, 31 (37): 1903176.
[30] 胡继明，胡军．拉曼光谱在分析化学中的应用进展[J]. 分析化学评论与进展，2000，28 (6)：764-771.
[31] 伍林，欧阳兆辉，曹淑超．拉曼光谱技术的应用及研究进展[J]. 光散射学报，2005，17 (2)：180-186.
[32] Lei Z D, Chen X D, Sun W W, et al. Exfoliated Triazine-Based Covalent Organic Nanosheets with Multielectron Redox for High-Performance Lithium Organic Batteries[J]. Adv Energy Mater, 2018, 9 (3): 1801010.
[33] 朱传凤，王琛．扫描探针显微术应用进展[M]. 北京：化学工业出版社，2007：229.
[34] Sun X, Hegde M, Wang J, et al. Structural Analysis and Electrochemical Studies of Carbon Coated $Li_4Ti_5O_{12}$ Particles Used as Anode for Lithium-Ion Battery[J]. ECS Transactions, 2014, 58 (14): 79-88.
[35] 杨玉林，范瑞清，张立珠，等．材料测试技术与分析方法[M]. 哈尔滨：哈尔滨工业大学出版社，2014：334.
[36] Castle J E, Decker F, Salvi A M, et al. XPS and TOF-SIMS study of the distribution of Li ions in thin films of vanadium pentoxide after electrochemical intercalation[J]. Surface and Interface Analysis, 2008, 40(3-4): 746-750.
[37] Aurbach D, Markovsky B, Salitra G, et al. Review on electrode-electrolyte solution interactions, related to cathode materials for Li-ion batteries[J]. J Power Sources, 2007, 165 (2): 491-499.
[38] Wang Yong, Sun Weiwei, Li Hao, et al. Carbon Nanotubes Rooted in Porous Ternary Metal Sulfde@ N/S-Doped Carbon Dodecahedron: Bimetal-Organic-Frameworks Derivation and Electrochemical Application for High-Capacity and Long-Life Lithium-Ion Batteries[J]. Adv Funct Mater, 2016, 26 (45): 8345-8353.
[39] Du Kong L B, Liu H, et al. Template-free synthesis of porous-$LiFeO_4$/C nanocomposite for high power lithium-ion batteries[J]. Electrochem Acta, 2014, 123: 1-6.
[40] Grey C P, Dupre N. NMR studies of cathode materials for lithium-ion rechargeable batteries[J]. Chem Rev, 2004, 104 (10): 4493-4512.
[41] Chen X D, Zhang H, Wang Y, et al. Few-Layered Boronic Ester Based Covalent Organic Frameworks/Carbon Nanotube Composites for High-Performance K-Organic Batteries[J]. ACS Nano, 2019, 13 (3): 3600-3607.
[42] 肖索，张子良，刘松杭．原位 XRD 在锂电池电极材料测试中的应用[J]. Ningbo Chemical Industry, 2014, 1: 1-5.
[43] Zhang C C, Wang P, Wei W F, et al. Core-Shell Layered Oxide Cathode for High-Performance Sodium-Ion Batteries[J]. ACS Appl Mater Interfaces, 2020, 12 (6): 7144-7152.
[44] Chen X D, Li Y S, Wang L, et al. High-Lithium-Affinity Chemically Exfoliated 2D Covalent Organic Frameworks[J]. Adv Mater, 2019, 31 (29): 1901640.
[45] Yin X J, Sun W W, Wang Y, et al. Designing Cobalt-Based Coordination Polymers for High-Performance Sodium and Lithium Storage: From Controllable Synthesis to Mechanism Detection[J]. Mater Today Energy, 2020, 17: 100478.
[46] Li W J, Zheng H, Chu G, et al. Effect of electrochemical dissolution and deposition order on lithium dendrite formation: a top view investigation[J]. Faraday Discuss, 2014, 176: 109-124.
[47] Zhu Jing, Feng Jinkui, Lu Li, et al. In situ study of topography, phase and volume changes of titanium dioxide anode in all-solid-state thin film lithium-ion battery by biased scanning probe microscopy [J]. J Power Sources, 2012, 197: 224-230.

第5章 锂离子电池

近年来，随着能源危机和环境污染等问题的日益突出，开发新能源，建设低碳社会就显得尤其重要。金属锂在所有金属中最轻（0.53g/cm）、氧化还原电位最低（－3.04V）、质量能量密度最大，因此锂离子电池成为替代能源之一。锂离子电池自 1991 年商业化开发成功以来，迅速产业化，在便携式电子设备、电动汽车、国防科技工业等领域展示了广阔的发展潜力和巨大的经济效益，锂离子电池迅速成为近年来深受关注的研究热点。从 2009 年至 2019 年，锂离子电池论文发表数量逐年增加，如图 5-1 所示。2009 年锂离子电池论文发表数量仅有 4380 篇，在 2019 年达到 22848 篇；2009～2013 年发文数量增长迅猛，2013～2016 年增长缓慢，但平均每年也增加 1000 篇左右，2016～2019 年同样增长明显。以上数据表明，近些年锂离子电池一直是研究的热点。随着 3C 电子产品、移动电源市场和电动汽车等领域的发展成熟，对锂离子电池的需求将大幅增加，在现在和未来的很长一段时间都将需要对锂离子电池进行更深层次的研究。

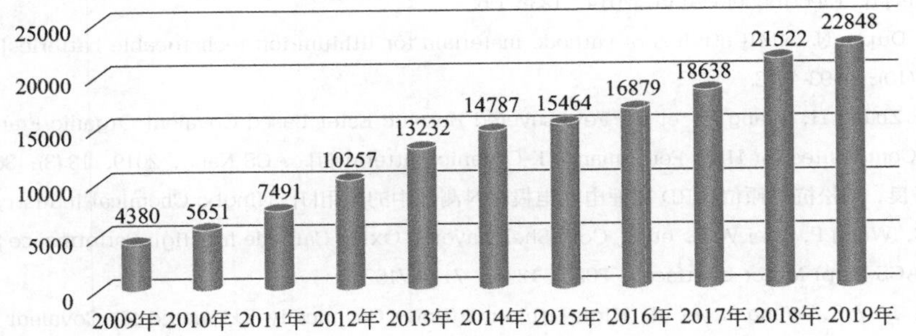

图 5-1　2009～2019 年锂离子电池论文发表量统计柱状图（数据来源于表 2-2）

5.1 锂离子电池概论

锂离子电池主要由正极、隔膜、电解液和负极四个元件构成。锂离子电池是利用锂离子在不同电位的两级材料之间的嵌入或脱出的可逆反应而工作的。以石墨作为负极，钴酸锂（$LiCoO_2$）为正极的典型锂离子电池为例，在电池充电过程中，Li^+ 从正极脱出，释放一个电子，Co^{3+} 氧化为 Co^{4+}；Li^+ 经过电解液嵌入炭负极，同时电子的补偿电荷从外电路转移到负极，维持电荷平衡；电池放电时，电子从负极流经外部电路到达正极，在电池内部，Li^+ 向正极迁移，嵌入正极，并由外电路得到一个电子，Co^{4+} 还原为 Co^{3+}。钴酸锂（$LiCoO_2$）电池工作原理如图 5-2 所示，其电极反应如下。

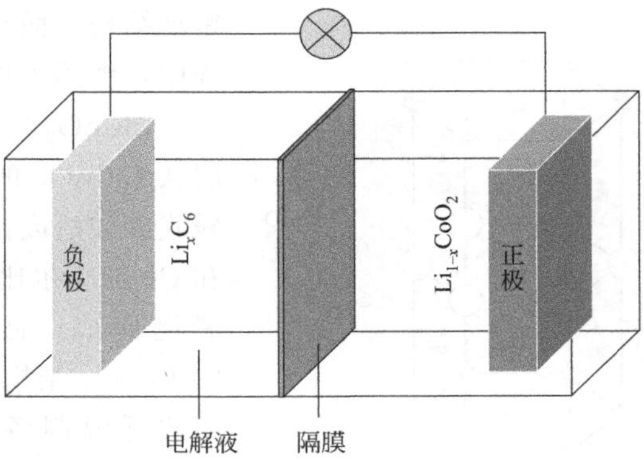

图 5-2　钴酸锂（$LiCoO_2$）电池工作原理

正极：$$LiCoO_2 \rightleftharpoons Li_{1-x}CoO_2 + xLi^+ + xe^- \quad (x \leqslant 1) \tag{5-1}$$

负极：$$6C + xLi^+ + xe^- \rightleftharpoons Li_xC_6 \tag{5-2}$$

5.2 正极材料

锂离子电池正极材料不仅作为电极材料参与电化学反应，而且可作为锂离子源，多种锂嵌入化合物可以作为锂离子电池的正极材料。理想的正极材料，一般在性质和结构上分别需要满足以下条件。

正极材料在性质方面应满足的条件如下：①在充放电电位范围内，与电解质溶液具有相容性；②温和的电极过程动力学；③高度可逆性；④在全锂化状态下稳定性好。正极材料在结构上应满足的条件如下：①层状或隧道结构，以利于锂离子的脱嵌，且在锂离子脱嵌时无结构上的变化，以保证电极具有良好的可逆性能；②大量锂离子在其中嵌入和脱出，使得电极有较高的容量，并且锂离子嵌脱时，电极反应的自由能变化不大，保证电池充放电电压平稳；③锂离子在其中应有较大的扩散系数，以使电池有良好的快速充放电性能[1]。

为了开发出具有高电压、高容量和良好可逆性能的正极嵌锂材料，一方面是对现有材料的电化学性能进行提高和改进，如掺入其他元素来改变材料的结构或改进制备方法以改变晶型或元素间的化学计量比等；另一方面是开发新的正极材料，如具有多孔或无定形结构的复合材料。正极材料多选择过渡金属氧化物，常见的有氧化钴锂、氧化镍锂、氧化锰锂和钒的氧化物。对其他金属氧化物作为正极材料也有部分研究，下面对这些材料进行举例说明。

5.2.1 钴锂氧化物

典型的钴锂氧化物为钴酸锂（$LiCoO_2$）。钴酸锂具有 α-$NaFeO_2$ 型 2D 层状结构，其结构示意图如图 5-3，适用于锂离子在层间的嵌脱。由于其结构比较稳定，研究较多。在理想层状 $LiCoO_2$ 结构中，Li^+ 和 Co^{3+} 与氧原子层的作用力不一样，氧原子的分布并不是理想的

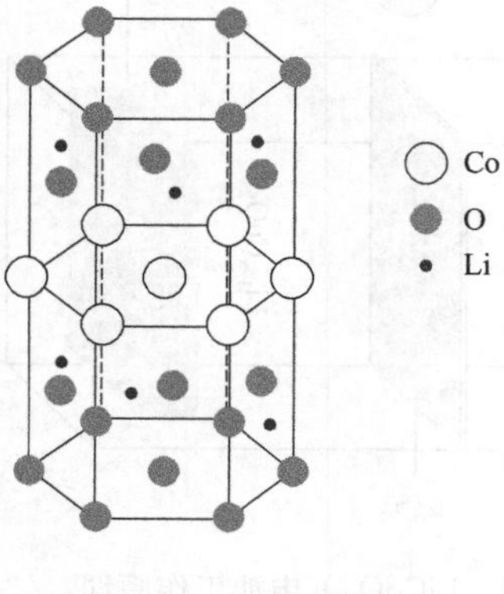

图 5-3 $LiCoO_2$ 层状结构示意图

密堆结构，而是发生偏离，呈现三方对称性。在充电和放电过程中，锂离子可以从所在的平面发生可逆脱嵌/嵌入反应。

$LiCoO_2$ 的制备方法有高温固相法、低温固相法和凝胶法。层状 $LiCoO_2$ 的制备方法一般为固相反应，利用钴的碳酸盐、碱式碳酸盐或钴的氧化物等与碳酸锂在高温下固相合成，按 Li 和 Co 的摩尔比为 1∶1 配制，在 700～900℃下、空气氛围中煅烧而成。低温制备的 $LiCoO_2$ 介于层状结构和尖晶石 $Li_2Co_2O_4$ 结构之间，由于阳离子的无序度大，电化学性能差，因此低温制备的层状 $LiCoO_2$ 还须在较高温度下进行热处理[2]。现在大多数钴酸锂电极的制备，主要技术为锂粉的制造。钴酸锂电极使用液相合成工艺，将锂盐、钴盐分别溶解在聚乙烯醇和聚乙二醇溶液中，混合后的溶液经加热浓缩成凝胶，凝胶体在高温下煅烧形成的粉体经碾磨过筛即得到钴酸锂粉。

为了提高 $LiCoO_2$ 的容量及进一步提高循环性能，可采用以下解决办法：①加入铝、铁、铬、镍、锰、锡等元素，改善其稳定性，延长循环寿命；②通过引入硼、磷、钒等杂原子以及一些非晶物，使 $LiCoO_2$ 的晶体结构部分变化，以提高电极结构变化的可逆性；③在电极材料中加入 Ca^{2+} 或 H^+，改善电极导电性，提高电极活性物质的利用率和快速充放电能力；④引入过量的锂，增加电极可逆容量[3]。

层状 $LiCoO_2$ 的循环性能比较理想，但仍会发生衰减。$LiCoO_2$ 在电压范围内（2.5～4.35V）循环时，材料的结构受到不同程度的破坏，导致严重的应变、缺陷密度增加和粒子发生偶然破坏。产生的应变可导致两种类型的阳离子无序：八面体结构转变为尖晶石四面体结构，不再是单一相，而可能是一种两相共存体。因此，对于长寿命需求的探索方向，主要在于进一步提高循环性能。

在所有的锂电池正极材料中，钴酸锂有化学稳定性较好、生产工艺较简单等优点，最先实现了材料的商品化生产。同时，钴酸锂的放电电压性能比较稳定，工作电压高，更加适合大电流的充放电工作需求，并且具有循环性能好、比能量较高的优势，在小型充电电池方面的使用更为广泛。钴酸锂电池是电化学性能优越的锂电池，容量衰减率小于 0.05%，首圈放电比容量大于 135mA·h/g，电池性能稳定，一致性好。另外，其在工艺上容易合成，安全性能好。钴酸锂电池的工作温度为－20～55℃。

然而，钴酸锂材料也存在一定的缺点，即钴的市场价格较高；$LiCoO_2$ 为岩盐性结构，可去除的锂仅为原来比例的 50%左右。就是说，过充时基本结构会发生破坏，失去可逆充放电循环，这使得钴酸锂电池存在过充安全隐患，需要附加电路保护板，且实际容量仅达到理论容量的 50%左右；热稳定性和毒性指标不够理想。因此，在对钴酸锂材料的研究中，应更趋向于在提高其安全性和适应高电压性能等方面进行优化。

5.2.2 镍锂氧化物

典型的镍锂氧化物为镍酸锂（$LiNiO_2$）。镍酸锂为 2D 层状结构，理想的 $LiNiO_2$ 晶体具有 α-$NaFeO_2$ 型 2D 层状结构，和钴酸锂结构类似，适宜锂离子在层间的嵌脱。$LiNiO_2$ 的理论比容量为 274mA·h/g，实际比容量为 190～210mA·h/g，工作电压为 2.5～4.2V。

传统的 $LiNiO_2$ 高温固相反应合成是将锂盐（Li_2O，LiOH，$LiNO_3$ 等），镍盐［NiO，$Ni(NO_3)_2$，$Ni(OH)_2$ 等］及其他掺杂元素的盐类混合均匀后，压制成片或丸，在 650～850℃下多次高温煅烧，然后冷却研磨而得其粉末。此高温固相反应易生成非计量比产物，产物的重现性和一致性差。出现副产物的原因主要有：①在高温合成条件下，锂盐容易挥发而导致锂缺陷产生；②从 Ni^{2+} 氧化到 Ni^{3+} 难以完全；③在高温下，$LiNiO_2$ 易发生相变和分解反应。例如，在空气中超过 720℃，$LiNiO_2$ 即开始从六方相向立方相转变，这种发生大量锂镍置换（displace）的立方相没有电化学活性，其逆过程很慢且不完全[4]。

针对这些因素，采用一系列优化措施可促进接近计量比的 $LiNiO_2$ 产物的合成。如在反应物中加入过量锂盐，可弥补因 Li_2O 的损失而造成的影响；在反应物中加入易分解的氧化剂成分（如 NO_3^- 等），在氧气气氛中进行反应以抑制分解，促进 Ni^{2+} 氧化成 Ni^{3+} 或者直接先对 Ni^{2+} 进行预氧化处理，都能有效地减少合成产物中 Ni^{2+} 的含量。高温固相反应 650℃以下产物不纯，在空气中 720℃以上时将发生不完全可逆相变，超过 850℃时将分解成 NiO，因此合成温度宜根据氧气压力的大小控制在 700℃左右。

目前 $LiNiO_2$ 合成方法主要有两大类。一类是改进型的高温固相反应，如溶胶-凝胶预处理法：采用柠檬酸、己二酸、丙烯酸等为螯合剂，与镍、锂或其他掺杂元素的硝酸盐或乙酸盐溶液混合形成溶胶，加热挥发形成凝胶，再将干燥后的凝胶作为前驱体。结合防止非计量比产物出现的各种措施，可采用高温固相合成 $LiNiO_2$[4]。这一方法有效保证了产物的均一性，更重要的是大大缩短了反应时间，也有利于接近计量比产物的生成，成为目前广泛采用的实验方法，而且在工业生产上也不难实现。第二类是完全撇开传统合成的新方法，如预氧化离子交换法：先用 $Na_2S_2O_8$ 将 Ni（OH）$_2$ 氧化成 NiOOH，再于水热合成条件下，令 Li^+/H^+ 发生离子交换反应，最终得到 $LiNiO_2$ 产物。这种方法克服了传统方法的高温、耗时长的缺点，但 NiOOH 存在两种晶型，氧化剂残余物 SO_4^{2-} 以及产物中少量残余水的存在，都对产物层状 $LiNiO_2$ 的性能造成很大影响。

镍酸锂比钴酸锂便宜，而且质量比容量大。但在一般情况下，镍较难氧化为＋4 价，易生成缺锂的镍酸锂，并且在温度过高时，生成的镍酸锂会发生分解，合成条件苛刻。在 $LiNiO_2$ 合成过程中，合成条件的微小变化会导致非化学计量的 $Li_{1-x}NiO_2$ 生成，其结构中锂离子和镍离子呈无序分布。如果 $x<0.5$ 时，结构的完整性在循环过程中还能保持；但 $x>0.5$ 时，Ni^{4+} 更易在有机电解液中发生还原。这种阳离子交换位置的现象使电化学性能恶化，比容量显著下降。为了使镍酸锂发挥更大的作用，有必要对电极材料进行改性。$LiNiO_2$ 改性主要有以下几个方向：①提高脱嵌相的稳定性，从而提高安全性；②抑制容量衰减；③降低不可逆容量，与负极材料达到一个较好的平衡；④提高可逆容量。

镍酸锂具有容量高、价格适中等优势，适宜作为锂离子电池的正极材料应用于从手机电池到电动车电池的广泛领域中。但其存在的合成困难、结构不稳定以及热稳定性差等问题阻碍了其实用化。总之，一方面，通过优化合成条件、改进合成方法，合成接近理论计量比且一致性较好的产物，但传统固相合成方法存在高温、耗时长、高能耗等缺点，还需进一步开发简便经济的新方法。另一方面，通过单组分掺杂改性，可以从不同角度提高 $LiNiO_2$ 的性能，但要全面提高 $LiNiO_2$ 的整体性能，还有赖于多组分掺杂。多采用掺杂其他元素提高性能，采用溶胶-凝胶法制备材料。同时，在目前广泛考察单组分掺杂效应的基础上，深入探索其产生的微观原因，为多组分掺杂建立可靠的选择依据，这将是今后镍锂氧化物研究的重点和难点。在进一步改善和提高其性能尤其是安全性之后，掺杂型镍锂氧化物将走向实用化。

5.2.3 锰锂氧化物

Li-Mn-O系化合物种类较多，可作为正极材料的主要有 $LiMnO_2$、$LiMn_2O_4$、$Li_4Mn_5O_9$ 和 $Li_4Mn_5O_{12}$，选用不同的Li/Mn配比，通过控制气氛和工艺条件可以得到不同组成的锂氧固化物，典型的锰锂氧化物是 $LiMnO_2$ 和 $LiMn_2O_4$。锰酸锂（$LiMn_2O_4$）及其锰基固化物是目前正极材料领域一个崭新的方向。其中 $LiMnO_2$ 为层状结构，$LiMn_2O_4$ 为尖晶石结构，$LiMnO_2$ 在循环过程中容易转变成热稳定性好的尖晶石结构。而这些固化体通常包括Li、Ni、Co、Mn等金属的阳离子，具有 α-$NaFeO_2$ 型层状结构，与钴酸锂、镍酸锂类似，它们的化学表达式可以概括为 $x\text{LiM}'\text{O}_3 \cdot (1-x)\text{LiMO}_2$（M′＝Mn，Ti；M＝Mn，Co，Ni）。在这类层状固溶体中，Mn呈＋4价态，Ni呈＋2价态，Co呈＋3价态，没有姜-泰勒（Jahn-Teller）结构畸变，在充放电过程中不会出现层状结构向尖晶石结构的转变。因此，它既具有层状结构材料高比容量（在2.5～4.6V的电压区间，可逆比容量可达200mA·h/g）的优势，又保持了尖晶石结构的高稳定性，具有较高的性价比和资源保障，因而具有广阔的发展前景[5]。多元锰基层状固溶体中Mn的含量在过渡金属中比率低于0.43时，将导致材料循环性能变差，而Ni的含量在0.1～0.3之间比较合适，Co的添加量高于0.5后对材料的性能影响变得不明显。一般制备方法有固相法和液相法。固相合成法最早用于锰酸锂的合成，流程简单易操作，原材料锂源常选用LiOH、Li_2CO_3、$LiNO_3$ 等，锰源一般选用 MnO_2；也有选用 $MnCO_3$、$Mn(NO_3)_2$ 和草酸锰等，按一定比例混合原材料，再经过研磨、焙烧，甚至中间还应经过多次再研磨、再焙烧等过程进行合成。其原料成本较低，但合成时间较长，产物均匀性不好，电化学性能很差。锰酸锂也有各种湿法化学制备技术，如用琥珀酸作为螯合剂辅助的溶胶-凝胶法等[5]。由于锰的价态复杂，其氧化物、嵌锂氧化物具有多种形态，不同的合成方法及反应条件对材料的结构、性能都有很大影响。高温固相正极材料的传荷电阻大于溶胶-凝胶法合成的样品，并且锂离子在不同方法合成的材料中化学扩散系数也有一定的差异。一般认为材料具有结晶性好、颗粒分散均匀、比表面积大等特点时有助于提高其电化学活性[6]。不同的形貌对层状氧化锰锂的电化学性能也有影响，一般具有纳米棒、纳米线、纳米片、纳米球、不同大小的纳米颗粒等形貌。表5-1为不同形貌的层状 $LiMnO_2$ 的电化学性能。

表5-1 不同形貌的层状 $LiMnO_2$ 的电化学性能[8]

形貌	合成方法	电化学性能包括初始比容量、循环次数、容量保持率（电压范围均为2.0～4.5V）
纳米棒	水热法	260mA·h/g,7,66.9%
纳米线	水热法	148mA·h/g,30,75%
纳米片	水热法	235(第二圈)mA·h/g,20,80.8%
纳米球	微波水热法	228mA·h/g,50,70.2%
纳米颗粒(70nm)	一步水热法	138.2mA·h/g,30,100%
纳米颗粒(120nm)	水热法	166mA·h/g,6,90.4%

尖晶石结构的 $LiMn_2O_4$ 中［Mn_2O_4］是骨架结构，氧原子呈立方紧密堆积，［Mn_2O_4］骨架对于锂的脱嵌是一个很好的宿主，因为它为锂离子扩散提供了一个由共面的四面体和八面体框架构成的3D网络。如何保持锰锂氧化物的结构稳定性，最有希望的解决办法是在锰

锂氧化物中掺杂其他金属离子。$LiMn_2O_4$ 有以下几个优点：①与 Co 和 Ni 相比，天然丰富的 Mn 成本比较低；②较低的毒性；③较高的电池电压。但同时氧化锰锂也存在以下缺点：①在电解液中会逐渐溶解，发生歧化反应；②在深度放电过程中，当锰的平均化合价为 3.5 时会发生 Jahn-Teller 扭曲，使尖晶石晶格体积发生变化，电极活性成分部分丧失；③电解液在高压充电时不稳定。这些都将导致电池经多次循环后容量发生衰减[6]。

富锂镍锰 $\{Li[Li,Ni_{1-3x}Mn_{(1+x)/2}]O_2\}$ 类正极材料除了有良好的电化学性能外，还具有三个基本的特点，即：①不同的放电倍率和放电方式会对电池的电化学性能产生影响；②富锂方式能够很大程度上提高材料放电容量；③在首圈循环放电电压超过 4.5V 时，将产生较大的不可逆放电容量。

对富锂钴锰 $\{Li[Co_xLi_{1/3-x/3}Mn_{2/3-2x/3}]O_2\}$ 类正极材料的研究有如下几个方面：①Co 含量对材料电化学性能的影响；②对材料的不可逆容量产生的研究；③材料在循环过程中存在的相变现象。

对三元系材料 $\{Li[Co_yMn_xNi_{1-x-y}]O_2\}$ 的研究最多，主要原因是该材料有着稳定的电化学性能、高的放电容量和高的放电倍率，而且放电电压范围很宽，安全性很好，最适合于在电动汽车中使用。上述三元系材料的研究结论有：①在高的放电倍率下放电比容量较大（高达 200mA·h/g）；②循环性能良好；③在高倍率放电条件下第一次放电具有很大的不可逆比容量（达 40mA·h/g）。总之，层状锰基固溶体系列正极材料具有宽电压窗口、高容量、高放电倍率和高稳定性等特点，是一类很有前途的正极材料，但对其充放电机理和制备有待进一步深入研究。

5.2.4 钒锂氧化物

钒基化合物具有很好的嵌锂性能，主要集中于钒的多种氧化物。这些钒氧化物都具有一定的嵌锂特性，存在层状和尖晶石结构。层状化合物包括 V_2O_5、Li_xVO_2、$Li_{1+x}V_3O_8$ 等，尖晶石型有 $Li_xV_2O_4$ 等嵌锂化合物。钒有 3 种稳定的氧化态，形成氧密堆分布，钒的氧化物为锂离子电池嵌入电极材料中很有潜力的候选者[7]。V_2O_5 在钒的氧化体系中，理论比容量最高，为 442mA·h/g。$LiVO_2$ 的结构与层状 $LiCoO_2$ 相同，但与 $LiCoO_2$ 和 LiNiO 不一样的是，脱锂时 $LiVO_2$ 不稳定。由于 Li_xVO_2 中 x 值不同，Li_xVO_2 结构会有层状结构和缺陷岩盐结构两种。当 Li_xVO_2 从层状结构转化为缺陷岩盐结构后，锂离子扩散系数会明显降低[7]。$Li_{1+x}V_3O_8$ 的层状结构在 1956 年就已经确定，由八面体和三角双锥组成。Li_xVO_2 材料具有容量高、制备方法简单、寿命长、充放电速度快以及在空气中稳定等优点，但同时也存在电导率低、氧化能力强导致有机电解液分解的缺点。$Li_xV_3O_8$ 在锂嵌入和脱嵌时结构比较稳定，存在锂离子发生迁移的 2D 间隙，是一种很有吸引力的正极材料[3]。

为改善锂钒氧化物的电化学性能，可以对锂钒氧化物进行掺杂改性。如掺杂其他阳离子取代 V，或者采用适当的脱水处理锂钒酸溶胶，在 $Li_xV_3O_8$ 层状结构中嵌入无机小分子也可以提高 $Li_xV_3O_8$ 的电化学性能。V_2O_5 溶胶-凝胶法是目前比较有用的方法，获得的 $Li_xV_3O_8$ 具有很大的比表面积，结构疏松，内部有小孔，有利于 Li^+ 的嵌入和扩散。在 V_2O_5 凝胶中加入金属原子如铁、铝等，也可以进一步提高材料的电化学性能。

5.2.5 5V正极材料

5V正极材料的放电平台在5V电压附近，目前主要是尖晶石结构 $LiM_xMn_{2-x}O_4$（M=Fe、CO、Ni等）和反尖晶石结构 $V[LiM]O_4$。对于尖晶石结构 $LiM_xMn_{2-x}O_4$，阳离子如Cr、Co、Ni和V取代尖晶石结构的部分锰离子后，放电电压可高达5V左右，它们产生两个放电平台，一个为4V放电平台，另一个为5V平台。它们的电化学性能主要取决于3D过渡金属的种类和含量，随着 x 增加，过渡金属含量增加，4V平台容量降低，而5V平台容量增加。在较高的电压下（一般是在4～5V），锂从反尖晶石结构 $V[LiM]O_4$（如 $V[LiNi]O_4$ 和 $V[LiCo]O_4$）中可发生脱嵌。但是，锂的脱嵌、嵌入反应只有当 $V[Li_{1-x}Co]O_4$ 中 x 较小时才能可逆发生，而V [LiNi] O_4 则对锂的脱嵌表现为不稳定[8]。

尖晶石结构的5V正极材料有着较高的能量密度，制备工艺也不复杂，但也存在一定的稳定性问题，在高电压下易导致电解质发生氧化以及电池体系破坏，金属3d价带与氧的2p价带在Mn的较高氧化态下发生重叠，从而发生氧失去反应，并产生安全问题。5V正极材料的化学稳定性和安全问题还需要解决，对5V正极材料的作用原理、锂离子的迁移机理等问题也需要进一步探究。

5.2.6 聚阴离子正极材料

上述正极材料大多为氧化物，在研究中发现一些硫化物也可以进行可逆嵌入或脱嵌，如尖晶石 $Li_x[Ti_2]S_2$ 的电导率可与层状结构 $LiCoO_2$ 相比拟。在3D框架结构中，引入含氧多的阴离子如硫酸根和磷酸根来取代 O^{2-}，除了得到与氧化物一致的高电压外，还能提供较大的自由体积，有利于锂离子的迁移。聚阴离子正极材料主要有两种结构：橄榄石结构和钠超离子导体（Nasicon）结构。在橄榄石结构的材料方面，将 VO_4^{3-} 用 PO_4^{3-} 取代，得到有序的 $LiMPO_4$（M=Mn、Co、Ni、Fe）结构，所有的锂都可以发生脱嵌，得到层状的 $FePO_4$ 结构。在Nasicon结构方面，$Fe_2(SO_4)_3$ 有两种结构：菱形Nasicon结构和单斜结构。在菱形结构中，形成的块/块结构相互平行；在单斜结构中，互相垂直[8]。因此，单斜结构如果发生折皱，锂离子移动的自由体积就会受到限制。

焦磷酸盐 [$Li_2FeMnP_2O_7$ 或 $Li_2FeCoP_2O_7$] 正极材料由于具有高的电压平台，成为研究的热点。$Li_2FeP_2O_7$ 可以看成一个富含Li-Fe反位缺陷的混乱焦磷酸体系，堆积的结构形成一个沿着 bc 平面的类似二维网状空间结构，结构中的磷酸基对材料本身起到稳定框架的作用，为 Li^+ 的嵌脱提供了通道。与橄榄石结构 $LiFePO_4$ 的一维通道不同，$Li_2FeP_2O_7$ 理论上具有更高的锂离子迁移速率。$Li_2FeP_2O_7$ 能够实现一个锂离子充放电，比容量达到110mA·h/g，平台电压达到3.5V，在所有含Fe的磷酸盐正极材料中电势最高[3]。

氟磷酸盐正极材料中 $LiFePO_4F$ 属于三斜晶系，空间群为 P_{-1}，水磷锂铁石构型。由于 Fe^{3+}/Fe^{4+} 电势较高，在现有电解液体系下，Li^+ 不容易从 $LiFePO_4F$ 中脱出，但是 Li^+ 却很容易嵌入其中，形成单相的 Li_2FePO_4F（$LiFePO_4F$ 与 $LiAlH_4$ 或BuLi发生还原反应）。嵌锂后形成的 Li_2FePO_4F 与 $LiFePO_4F$ 相比，晶型结构为略微扩充的水磷锂铁石型，锂离子的嵌入使晶胞体积增大7.9%[9]。$LiVPO_4F$ 是第一个被报道作为锂离子电池正极材料的氟磷酸盐化合物，属于三斜晶系，同样属于 P_{-1} 空间群，与天然 $LiFePO_4OH$

（Tavorite 型）、锂磷铝石（$LiAlPO_4F_xOH_{1-x}$）同构型。PO_4^{3-} 聚阴离子的强诱导效应降低了过渡金属氧化还原对的能量，从而产生相对高的工作电压（4.3V）[8]。除此之外，F 原子的诱导效应也会产生积极的影响，也就是说 V—F 键是非常稳定的，使得 $LiVPO_4F$ 拥有稳定的结构而不受锂离子嵌入脱出的影响。

氟化聚阴离子材料通过 SO_4^{2-}（或 PO_4^{3-}）阴离子的诱导效应和 F 的强电负性作用，与金属阳离子一起组成 3D 骨架结构，保证了材料的结构稳定性，从而使材料具有更好的循环稳定性，进而在安全性和成本方面都十分具有吸引力。SO_4^{2-} 比 PO_4^{3-} 具有更强的诱导效应，所以硫酸盐应比磷酸盐具有更高的电位平台。$LiFeSO_4F$ 具有 3.6V 的电位平台，比 $LiFePO_4$ 高出 0.2V，证明了诱导效应的潜在作用。$LiFeSO_4F$ 具有比 $LiFePO_4$ 更高的离子扩散系数，因而具有更好的倍率性能，但这个领域的探索才刚刚起步[7]。与 $LiFePO_4$ 相比，$LiFeSO_4F$ 的原料来源更为广泛。硫酸亚铁就是一种使用硫酸和铁屑制得的廉价铁盐。此外，硫黄和硫酸盐常常是火电厂的副产物，低廉的价格和优异的安全性使氟硫酸盐材料特别适用于动力电池材料，从而使基于氟硫酸盐材料的锂离子电池成为更有竞争力的动力电池。

聚阴离子型正硅酸盐材料的通式为 Li_2MSiO_4（M＝Mn、Fe、Co、Ni）。强的 Si—O 相互作用使得材料具有优异的安全性，且理论上允许两个 Li^+ 可逆脱嵌（M^{2+}-M^{4+} 氧化还原对），具有 300mA·h/g 的理论比容量[9]。与传统锂离子电池正极材料 $LiCoO_2$、$LiNiO_2$ 和 $LiMn_2O_4$ 相比，Li_2FeSiO_4 具有环境友好、安全、电化学稳定等优点，再加上 Li_2FeSiO_4 理论上可以进行两个锂离子的脱嵌，具有很高的比容量，使得硅酸亚铁锂正极材料迅速成为被关注的焦点。但在实际制备过程中很难得到单一相的 Li_2FeSiO_4 样品，所以 Li_2FeSiO_4 的结构还存在争议。利用 Rietveld 精修、XRD 确定结构类型，发现 Li_2FeSiO_4 材料与 Li_3PO_4 是同构的，属于正交结构。Li_2MnSiO_4 材料理论比容量可高达 333mA·h/g，与 Fe 相比，Mn 更容易进行两电子交换，而且正硅酸盐化学式允许两个 Li^+ 交换的特性，理论上更容易实现制备高比容量正极材料的目的。Li_2MnSiO_4 的结构复杂，存在多种同分异构体。Li_2CoSiO_4 的理论比容量为 325mA·h/g，具有相对较高的氧化还原电位（一个锂脱嵌约在 4.1V，另一个锂脱嵌约在 5.0V），但目前所合成得到的不同结构 Li_2CoSiO_4 材料的电化学性能均较差[8]。Co^{2+} 在高温下容易被碳还原为单质钴，因此，通常情况下无法实现对 Li_2CoSiO_4 进行原位碳包覆。聚阴离子正极材料，目前以磷酸盐系材料研究最多，它们大都拥有比以往正极材料更高的比容量和更好的循环稳定性。但同样也有缺点，即电子电导率低、高倍率下电化学表现差，综合来看聚阴离子型化合物是比较具有发展潜力的一类正极材料。

5.2.7 其他正极材料

对其他正极材料，如铁的化合物、铬的氧化物、钼的氧化物等，研究报道也较多。铁的化合物如磁铁矿 Fe_3O_4（尖晶石结构）、赤铁矿（α-Fe_2O_3，刚玉型结构）和 $LiFeO_2$（岩盐型结构），研究较多的是 Fe_3O_4 和 $LiFeO_2$；铬的氧化物 Cr_2O_3、CrO_2、Cr_5O_{12} 和 Cr_3O_8 均能发生锂的嵌入和脱嵌；钼的氧化物有 Mo_4O_{11}、Mo_8O_{23}、MoO_3 和 MoO_2；其他化合物还有钙钛矿 $La_{0.33}NbO_3$，尖晶石结构的 $Li_xCu_2MSn_3S_8$（M＝Fe，Co）和 $Cu_2FeSn_3S_8$，含镁的钠水锰矿和黑锌锰矿复合的正极材料，反萤石型 Li_6CoO_4、Li_5FeO_4 和 Li_6MnO_4 等[10]。

除 4d 过渡金属的化合物外，5d 过渡金属的氧化物也能发生锂的可逆嵌入和脱嵌。层状岩盐型氧化物 Li_2PtO_3 的体积容量可与 $LiCoO_2$ 相比，但体积变化比 $LiCoO_2$ 少，因此耐过充电。Li_2IrO_3 菱形结构也可以发生锂的可逆嵌入和脱嵌。

5.3 负极材料

锂离子电池负极材料是电池在充电过程中锂离子和电子的载体，具有能量储存与释放的作用。负极材料是锂离子电池的核心部件，理想的负极材料在应用时通常需要满足以下条件：①接近于金属锂的低嵌锂电位，且电位变化平稳，以保证较高的输出电压；②允许较多的锂离子可逆脱嵌，有较高的比容量；③在充放电过程中有较高的结构稳定性、化学稳定性和热稳定性，具有较长的循环寿命；④较高的电子电导率、离子电导率和低的电荷转移电阻，以保证较小的电压极化和良好的倍率性能；⑤在工作电压范围内稳定，能够与电解液形成稳定的固体电解质膜，保证较高的库仑效率；⑥锂离子在主体材料中有较大的扩散系数，便于快速充放电；⑦制备工艺简单，有较好的经济性；⑧环境友好，在材料的生产和实际使用过程中不会对环境造成严重污染，且资源丰富等[7]。

锂离子电池与锂金属负极电池的最大不同，在于前者使用嵌锂化合物代替金属锂作为电池负极材料，这就避免了锂在充电过程中形成树枝状结晶刺破隔膜，造成短路的危险，从而延长了电池的使用寿命，提高了电池的安全性能。因此，在锂离子电池的研究开发过程中，很重要的部分就是对负极材料的研制。石墨、石油焦、乙炔黑以及各种前驱体热解得到的性能各异的热解炭，还有金属氧化物如 FeO、WO_2，硫化合物如 TiS、MoS 等，非晶态含锡氧化物、硅聚合物和金属氮化物等，以及多种嵌锂化合物都被用于锂离子电池的负极材料。但从比容量、嵌锂电位、循环性能及成本等方面综合考虑，碳材料是目前最理想的负极材料。目前已商品化的电池中，有石墨、焦炭、中间相炭微球（mesocarbon microbeads, MCMB）被用作负极材料[8]。

作为锂离子电池的负极材料，应当具有以下特性：①尽可能低的电极电位，以获得电池高电压；②材料对锂离子有较高的嵌入量，以保证电池有较高的能量；③材料对锂离子嵌入、脱出有较好的可逆性，不可逆损失小，有较好的循环性能；④良好的导电性和化学稳定性。目前对锂离子电池负极材料的研究，主要是围绕如何提高材料的储能密度，降低首圈充放电不可逆容量，提高循环性能及降低成本这些方面进行的。通过采用对各种碳材料进行热处理、结构调整、表面改性处理及采用纳米材料等新技术工艺，以达到改善碳材料在有机电解液体系中的相容性和稳定性，提高材料的比容量的目的。研究者们在非碳质负极材料方面的研究也做出了一定的成绩，为锂离子电池负极材料的多样化发展做出了积极的拓展。

5.3.1 碳材料

碳基材料在嵌锂过程中充入的容量（Q_c），并不能在脱锂过程中完全放电（Q_d），二者之差 AQ（$AQ=Q_c-Q_d$）称为不可逆容量，它是首次充放电过程中碳基材料表面形成 SEI

膜或电解质发生分解反应造成的，因此不可逆容量的大小与碳基材料的结构、表面形貌及电解液材料的组成有很大关系。

常用的碳基负极材料根据其结构特点可以分为多种类型，如图 5-4 所示。

石墨导电性好，结晶度高，具有结晶的层状结构，比较适合锂离子的脱嵌。石墨嵌锂电位较低，锂的嵌入和脱出反应基本发生在 0～0.25V 之间；嵌锂比容量高，理论比容量为 372mA·h/g，首次充放电的不可逆容量损失较小（＜20%）。它分为天然石墨和人工石墨两大类。

- 碳基负极
  - 石墨
    - 天然石墨及人工石墨
    - 石墨化
      - 碳纤维
      - 中间相炭微球
  - 非石墨
    - 可石墨化碳（软碳）
      - 焦炭
      - 中间相炭微球
    - 不可石墨化碳（硬碳）
      - 酚醛树脂
      - 聚对亚苯基化合物
      - 聚氧茂甲醇
      - 线型石墨混合物
  - 掺杂型碳

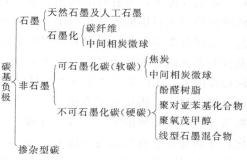

图 5-4　碳基负极材料的分类

第一类，天然石墨。天然石墨由于石墨化程度高，特别适合锂离子的脱嵌，实际比容量可达 350mA·h/g，充放电平稳，成本低，一直是锂离子电池负极材料的研究热点。天然石墨有无定形石墨和高度结晶有序石墨（即鳞片石墨）两种。其中无定形石墨一般纯度较低，在 90%以下，石墨层间距（d_{002}）约为 0.34nm，主要为 2H 排序结构，石墨层按 ABAB…顺序排列。石墨类材料具有层状晶体结构，其中碳原子按照六边形平面的结构进行排列，并且具有 sp^2 杂化的碳原子中离域化的 π 电子能够在石墨间自由移动，这使得石墨具有良好的电子传输性能。石墨类材料晶粒形状会影响其电化学性能[3]。例如，天然的石墨材料具有鳞片形状，使得其暴露的端面较多，并且具有较高的比表面积，在前几次的放电过程中，会在暴露的端面发生大量的电解液分解，带来过多的不可逆容量。锂在其中的可逆比容量较低，只有 260～350mA·h/g，不可逆容量高达 100～350mA·h/g。鳞片石墨的纯度可达到 99.9%以上，石墨层间距（d_{002}）为 0.34nm，主要为 2H＋3R 晶面排序结构，石墨层按 ABAB…和 ABCABC…顺序排列，可逆比容量可达 300～350mA·h/g，不可逆容量明显降低[3]。

第二类，人工石墨。人工石墨是将易石墨化的碳经高温石墨化处理后得到的，作为锂离子电池负极材料的人工石墨，有中间相炭微球（mesocarbon microbeads，MCMB）和碳纤维等。MCMB 是直径为几十微米大小的球状结构材料，具有好的导电和嵌锂性能，可由煤焦油或石油油渣制得。MCMB 的物化性能随着热处理温度的变化而有很大差别，在它的结构中有许多纳米级的微孔，这些微孔可以储锂，使 MCMB 具有超高的比容量。在 700℃以下热解碳化处理时，锂的嵌入量可达到 600mA·h/g 以上，但不可逆容量较高；在 1000℃上时，随着温度的升高，MCMB 的石墨化程度提高，其不可逆容量小于 10%，循环性能优异。石墨化程度是影响 MCMB 性能的主要因素，温度升高使得石墨化程度增加，从而也有较高的嵌锂容量。MCMB 的粒径大小对材料的首次放电容量、循环性能、大电流放电特性等也有很大影响。平均粒径越小，锂离子在微球中嵌入和脱出的距离就更短，在相同时间和扩散速率下锂离子的脱嵌就容易，所以比容量越大；但是粒径越小，比表面积就越大，形成的 SEI 膜面积也越大，从而有更大的不可逆容量损失，导致库仑效率降低。目前存在的主要问题是比容量相对较低和价格高。

碳纤维是一种管状中空乱层石墨堆积结构的石墨化纤维材料，与其他碳负极材料相比，具有更为卓越的大电流放电性能，但由于碳纤维材料制备工艺复杂，材料成本高，其在锂离子电池中的大规模应用受到了限制。目前用于负极的最普遍的石墨材料是中间相炭微球

(MCMB)，中间相沥青基碳纤维（mesophase pitch-based carbon fiber，MCF），气相生长碳纤维（vapor grown carbon fIber，VGCF）和大规模人造石墨（artificial graphite，MAG）。

当然，石墨材料本身也存在缺点：由于结晶度高，具有高度取向的石墨层状结构，受电解液影响程度大，与有机溶剂相容能力差，有些溶剂在石墨材料表面容易发生分解反应，有些则容易嵌入石墨的层状结构中，使石墨一层层地剥离，导致石墨材料的嵌锂性能下降。因此，使用石墨作为负极材料对电解液溶剂的选择（现多采用碳酸乙酯 EC 系列电解液）及对充放电条件的要求较为严格。同时，由于石墨层间距（$d_{002}=0.34$nm）小于锂插入石墨层后形成的 LiC（石墨嵌锂化合物的晶面层间距 $d_{002}=0.37$nm），导致在有机电解液中进行充放电过程时，石墨层间距变化较大，并且还会发生锂与有机溶剂共同插入石墨层间，以及有机溶剂进一步分解的情况，容易造成充放电过程中石墨层逐渐剥落，石墨颗粒发生崩裂和粉化，从而使石墨材料作为负极的电池循环性能受到影响[8]。当前，研究者们的研究方向主要集中在对石墨材料的改性，例如在石墨表面包覆无定形的热解硬碳和采取氧化镀覆金属等方法对石墨进行改性。这些方法能够使其充放电循环性能得以改善，并使材料的比容量明显提高。

无定形碳一般是通过碳化前驱体材料得到的，其内部结构将会受到前驱体和处理温度的影响。按照其被石墨化难易程度，无定形碳又被分为软碳和硬碳，其中软碳易于被石墨化，而硬碳难以进一步提高其石墨化程度。软碳和硬碳的区别在于材料内部石墨微晶的排列形式，软碳中石墨层以接近平行的方式进行排列；而在硬碳中石墨层以交错无序的结构排列，高温碳化处理难以消除这种无序的排列，难以形成石墨结构。硬碳是一种接近于无定形结构的碳，即使提高热处理温度到 2800℃以上也很难石墨化，如各种低温热解碳，它们的前驱体为含有氧异原子的呋喃树脂或含有氮异原子的丙烯腈树脂等。这些异原子的存在，阻碍了热处理过程中结晶度的增加。软碳是指在 2500℃以上高温下能石墨化的无定形碳，其结晶度可通过热处理自由控制，一般为沥青或其衍生物，是以煤或石油为前驱体制成的[11]。

硬碳材料已有高可逆性和高可逆性容量的优势，目前硬质石墨的比容量一般在 200～600mA·h/g 的范围内。硬碳的问题不是容量而是其较差的倍率性能。倍率性能是由石墨层随机取向相关的许多空隙和缺陷，引起的缓慢扩散过程所决定的。在热解的蔗糖合成的纳米多孔硬碳中此问题有所改善。硬碳负极的微层状纳米多孔，具备快速的锂扩散能力，使得该电极有较好的倍率性能和较长的循环寿命。硬碳和电解液有较好的相容性，因此将硬碳包覆在石墨材料的表面获得具有外壳结构的碳材料，可以同时赋予其石墨和硬碳的优点。硬碳存在的缺点在于其充放电过程中有较大的不可逆容量和电压滞后现象，在 1V 左右有一个放电平台，并且材料的密度较小。因此在获得高嵌锂的同时，降低材料的首次不可逆容量，达到实用要求，实现商品化，还存在许多问题需要解决。

软碳材料的前驱体为石油沥青或者煤沥青，经过不同的处理后可以获得石油焦、针状焦和未石墨化的碳微球等软碳材料。Sony 公司于 1990 年率先采用石油焦作为负极材料，并成功研制出锂离子电池。焦炭的优点在于资源丰富、价格低廉、对各种电解液的适应性强、耐过充过放电化学性能好，以及锂离子在焦炭中扩散系数大。缺点在于焦炭属于乱层结构排列，锂离子的嵌入比较困难，同时由于表面积较大，形成的 SEI 膜较多，首次充放电过程中能量消耗较大，比容量较低，一般都低于 200mA·h/g。另外，在焦炭的充放电过程中，充放电电压曲线比较倾斜，不如石墨材料平稳，没有明显的充放电平台。容量低是限制该类材料发展的主要因素，目前提高容量的方案主要有两种：开发多孔碳和纳米级碳。各种形态的纳米尺度碳（纳米管、纳米线、石墨烯）是最有希望的负极材料之一。纳米结构化的方案目的是将碳材料尺寸减小到极小尺寸（10nm），电子态的量子限制效应改变了大尺度材料的电子结构和特性，消除了 372mA·h/g 比容量的限制[12]。

中孔碳材料就是具有中孔结构的碳材料，一般具有较高的比表面积和孔结构。根据不同的制备方法其孔径大小也各不相同。孔径分布较窄的中孔碳微球，在分子吸附和分离方面具有很好的应用前景。因此，在中孔碳材料的制备过程中，对于孔径的控制是一个十分重要的环节。传统活化法制备的碳材料其孔结构多为微孔，只能吸附小分子物质，对于一些直径较大的分子吸附效果很差，而中孔碳材料在这方面有着良好的表现。与此同时，中孔碳材料在电化学领域也有很重要的应用，如制备高比表面积和大孔容、窄孔径分布的中孔碳微球作为电极材料，可以提高电容器的比容量、倍率性能和循环寿命[14]。

无序微孔材料中很重要的一类是分子筛型微孔碳，它具有均一的微孔结构，孔直径在几个埃米（1Å＝0.1nm）之内，同沸石分子筛一样。分子筛型微孔碳具有特殊的选择性吸附，碳材料的疏水性和抗腐蚀性，使分子筛型微孔碳具有优异的化学和物理稳定性，其应用范围比沸石分子筛更广泛。这种碳材料一般是通过热解合适的前驱体得到的，如聚酞亚胺、聚偏二氯乙烯、聚偏二氟乙烯、聚糖醇和酚醛树脂等高分子聚合物。

碳纳米管（CNTs）通常与其他负极材料一起使用，利用其优异的电子导电性、机械和热稳定性来改善电极电化学性能。CNTs 根据其厚度和同轴层的数量分为单壁（SWCNTs）和多壁（MWCNTs）碳纳米管。锂可嵌入位于准石墨层表面和中心管表面的稳定位点，SWCNTs 比容量可高达 1116mA·h/g，对应化学计量 LiC_2 化合物。虽然具备高容量的纯化 SWCNTs 可通过电弧放电法、液相氧化法、共轭聚合物包覆法等手段获得，但制备不含有可严重降低可逆容量和库仑效率的缺陷和杂质的 CNTs 还是非常困难的。将 CNTs 与另一种纳米结构（Si、Ge、Sn-Sb、M_xO_y，M＝Mn，Ni，Mo，Cu，Cr）结合得到的复合材料也获得了良好的性能。尽管 CNTs 和其他材料复合能获得比较好的电化学性能，但 CNTs 在锂离子电池行业中还没有得到商业化应用，主要是因为它们的高制作成本以及制作的样品很难避免结构缺陷和电压滞后[11]。

石墨烯是一种由 sp^2 杂化碳原子组成的呈蜂巢晶格的 2D 碳纳米材料，具有良好的电子导电性、较高的机械强度和较大的比表面积，因而作为负极材料极具吸引力。理论上 Li^+ 可以在石墨烯片正反两个位置被吸收，即对应化学计量比化合物 Li_2C_6，所以理论比容量（744mA·h/g）远远大于石墨。值得注意的是，如果 Li^+ 在苯环上被捕获，形成阳离子和 π 电子的相互强作用，会产生化学计量比物质 LiC_2，其理论比容量可提高到 1116mA·h/g[13]。石墨烯提供的初始容量大于石墨。然而，石墨烯的问题是循环寿命衰减。由于无序状态可引入新的锂储存活性位点，无序石墨烯可达到 1050mA·h/g 的较大比容量。对石墨烯进行掺杂可以有效提高石墨烯性能，具有 5 个价电子并且具有与 C 相当的原子尺寸的氮元素是最普遍的掺杂剂，可形成强共价 C—N 键破坏碳原子的电中性。该掺杂在原始石墨烯的蜂窝晶格中产生无序态，可能有助于防止石墨烯片重新堆叠，并且向碳网络提供更多的电子，增加电导率。为避免石墨烯的重新堆叠趋势，人们研制了一种石墨烯与其他电活性负极材料纳米颗粒复合的新型材料[13]。石墨烯是具有弹性、柔性和导电性的理想的负极材料或者支撑材料，其可以适应颗粒在循环时所承受的体积变化，从而有利于纳米颗粒的结构稳定性，提高循环寿命。

石墨炔是一种新的全碳纳米结构材料，具有丰富的碳化学键、大的共轭体系、宽的面间距、优良的化学稳定性，被誉为是最稳定的一种人工合成的二炔碳的同素异形体。石墨炔既可以是单层2D平面结构，也可以是3D层状的多孔结构，这使得石墨炔拥有更大的比表面积。此外，石墨炔的多孔结构也能容纳更多的离子或者小分子。石墨炔是一种非常理想的储锂材料，且其独特的结构更有利于锂离子在面内和面外的扩散和传输，因此赋予其非常好的倍率性能，石墨炔储锂理论比容量达744mA·h/g，多层石墨炔理论比容量可达1117mA·h/g（1589mA·h/cm^3）[14]。由于石墨炔具有sp和sp^2的2D三角空隙、大表面积、电解质离子快速扩散等特性，基于石墨炔的锂离子电池也具有优良的倍率性能、大功率、大电流、长效的循环稳定性等特点，并具有优良的稳定性。若在2A/g的电流密度下，经历1000圈循环之后，其比容量依然高达420mA·h/g[15]。石墨炔还可以与氮进行掺杂，石墨炔网络中苯环之间有双炔键，因此其网络框架中具有2.5Å的孔径，这有助于其吸收空气中的氧气。同时，氮原子掺杂可有效提升2D网络中碳原子的电正性，有助于促进氧还原反应。利用热处理法能合成氮掺杂石墨炔，其具有非常优异的氧还原催化活性，已经可以与商业化铂/碳材料相媲美。

量子点是一种尺寸小于20nm的准零维纳米材料，由于内部电子运动受到限制，其具有很强的量子限域效应。此外，量子点由于纳米级尺寸而拥有显著的小尺寸效应、表面效应、量子隧道效应，随着粒径减小，量子点比表面积增大，表面原子数量增多，最终使得量子点具有较高反应活性；粒径的减小会导致费米能级附近的电子能级从连续转变为离散，从而出现量子尺寸效应，使材料的光、热、电、超导电等性能发生改变。碳量子点是一种碳基零维材料，由分散的类球状碳颗粒组成，尺寸在10nm以下。碳量子点具有荧光性质、光学稳定性好、生物相容性好、水溶性好、毒性低、环境友好等很多优点。石墨烯量子点（GQDs）作为新型碳基材料，由于其纳米级小尺寸，具有比表面积大、导电性高、透明性好、荧光性能独特等优点，是一种极具潜力的储能器件电极材料。GQDs与金属化合物、碳材料等形成具有3D空间结构的复合材料，有利于电子扩散和离子传输，大幅度改善电极材料的实际应用性能。异原子掺杂型GQDs可提供较多活性位点，提高活性物质利用率。与2D石墨烯纳米薄片和1D碳纳米带相比，GQDs除了拥有石墨烯的优异性能外，还由于纳米级小尺寸而具有一系列新的物理化学性质，如尺寸依赖光致发光特性、生物低毒性、高度分散性、边缘位点丰富等，被广泛应用于储能领域[11]。将GQDs功能化或与其他材料复合得到的功能化/复合材料可以加快电子传导、放缓容量衰减速度，能明显提高库仑效率和循环稳定性，很大程度上提高了锂离子电池的性能。可以将GQDs及其复合物、掺杂型GQDs及其复合物作为电极材料。GQDs中引入N、S等杂原子可以显著增加电极材料活性位点数量，减少活性物质损失，提高储锂能力，从而减少锂离子电池的容量衰减[16]。GQDs通过与金属氧化物、碳材料等构建3D空间结构，可以加快电子转移，缩短离子传输距离。含有丰富表面活性位点的GQDs用于锂离子电池时，可有效提高电极材料的储锂能力。此外，羟基、羧基等含氧官能团的存在，确保了复合材料的结构完整性，可避免充放电过程中活性物质的损失，有效改善电池的循环性能。

5.3.2 插入型

上述绝大多数碳材料都是插入型负极，本部分重点介绍非碳插入型负极，即钛基负极材料。钛酸盐基材料具有较高的嵌锂电位，可以有效地避免金属锂的析出，并且还有一定的吸氧功能和明显的安全性特征。$Li_4Ti_5O_{12}$ 是典型的插入型材料。

$Li_4Ti_5O_{12}$ 具有尖晶石结构，是在空气中能稳定存在的不导电的白色晶体，具有和 $LiMn_2O_4$ 相似的 AB_2O_4 结构。$Li_4Ti_5O_{12}$ 由 Li_2O 和 TiO_2 反应制得，在 $Li_4Ti_5O_{12}$ 内部结构中 Li 与 O 不能形成有效共价键，Li 以离子形式存在，而 Ti 与 O 之间轨道电子密度重叠，具有强共价键。Li 以离子形态存在晶格中，其得失电子不明显，不形成共价键；Ti 的 3d 轨道失去电子，O 平面内为三角形，属于 sp^3 杂化，Ti 的 3d 轨道与 O 的 2p 轨道成键，说明 $Li_4Ti_5O_{12}$ 具有较好的结构稳定性[8]。$Li_4Ti_5O_{12}$ 在 1.5V 处存在放电平台，1.58V 处存在充电平台，这是 Ti^{4+}/Ti^{3+} 的氧化还原电对反应，可逆 Li^+ 在 $Li_4Ti_5O_{12}$ 中的脱嵌比例接近 100%。嵌锂过程中，结构变化原理如下[8]：

$$[Li]_{8a}[Li_{1/3}Ti_{5/3}]_{6d}[O_4]_{32e}+e^-+Li^+=[Li_2]_{8a}[Li_{1/3}Ti_{5/3}]_{16d}[O_4]_{32e} \tag{5-3}$$

$Li_4Ti_5O_{12}$ 能够避免充放电循环过程中由于电极材料连续膨胀收缩而导致的严重结构破坏，减缓了电池在充放电循环过程中容量衰减的速度，从而使电极保持良好的循环性能和可逆容量。$Li_4Ti_5O_{12}$ 的工作电位在 1V 以上，有平坦且稳定的充放电平台，在锂离子电池充放电过程中，将不会在较低电压下发生电解液分解的副反应（电解液的还原分解在 0.8V 以下），能够提高锂离子电池的循环性和安全性[8]。但是，纯相 $Li_4Ti_5O_{12}$ 也存在一些缺点，尤其是放电比容量较低，理论比容量只有 175mA・h/g，并且 $Li_4Ti_5O_{12}$ 不导电，在大电流充放电时极化现象严重，高倍率性能不佳。改善其倍率性能是 $Li_4Ti_5O_{12}$ 材料实用化发展的关键。

$LiTi_2O_4$ 具有尖晶石和斜方锰矿两种同质异形体，前者在 875℃以下稳定，后者在 925℃以上稳定。$LiTi_2O_4$ 理论上能嵌入 1mol Li^+ 生成 $Li_2Ti_2O_4$，理论比容量约为 160mA・h/g。尖晶石结构 $LiTi_2O_4$ 的嵌锂电位为 0.94～1.50V，实际可逆比容量为 120～140mA・h/g；斜方锰矿结构 $LiTi_2O_4$ 的嵌锂电位为 1.33～1.40V，实际可逆比容量为 100mA・h/g[8]。$Li_2Ti_3O_7$ 具有斜方锰矿结构和三钛钛酸钠型层状结构两种同质异形体。斜方锰矿结构 $Li_2Ti_3O_7$ 理论嵌锂量为 2.28mol，比容量为 235mA・h/g，平均嵌锂电位约 1.4V，但因毗邻的氧四面体间隙间距较小，导致 Li-Li 库仑斥力较大，实际比容量仅约 150mA・h/g[8]。层状结构的 $Li_2Ti_3O_7$ 脱嵌锂电位和实验比容量与斜方锰矿结构相类似。$Li_2Ti_6O_{13}$ 在低于 600℃时能稳定存在，理论上能嵌入 6mol Li^+，使 Ti^{4+}完全还原为 Ti^{3+}，其理论比容量为 320mA・h/g，平均嵌锂电位为 1.50V。但实际最大嵌锂量低于 5.5 mol，可逆循环比容量为 90～170mA・h/g，平均嵌锂电位为 1.7V。钛酸盐除了上述一些钛锂氧化物外，还有含钠的钛酸盐以及含铬的钛酸盐。$Na_2Li_2Ti_6O_{14}$ 理论上可以嵌入 6 个 Li^+，比容量为 281mA・h/g，并且嵌锂过程具有较强的可逆性，具有非常高的应用潜力。

5.3.3 转化型

基于转化反应机制的过渡金属氧化物（M_xO_y，M=Mn、Fe、Co、Ni、Cu、Zn 等）作为一种重要的锂离子电池负极材料被广泛研究，由于具有理论比容量高、价格低廉等优点，显示出很好的应用前景。该类材料的储锂机制不同于传统插入型碳材料的插入机理，也不同于锡基、硅基材料的合金化机理，而是基于可逆的转化反应，反应通式如下[8]：

$$M_xO_y+2yLi \xlongequal{} xM+yLi_2O \tag{5-4}$$

首次嵌锂（放电）时，M_xO_y 颗粒表面发生电解液分解的副反应，形成一层 SEI 膜将颗粒包裹起来。进一步放电时，M_xO_y 被完全分解，生成高活性纳米过渡金属 M（2～8nm）以及非晶态 Li_2O，纳米金属会分散在 Li_2O 的晶格矩阵中。之后的脱锂（充电）过程为逆反应过程，放电产物纳米过渡金属 M 同 Li_2O 反应，重新生成 M_xO_y，同时伴有 SEI 膜的部分分解。这个逆反应过程的发生归因于放电时产生的过渡金属纳米粒子的高反应活性[8]。Co_3O_4、CoO、NiO、FeO、Fe_2O_3 和 MnO_2 等都是研究较多的二元转化型负极材料。

基于转化反应机制的双金属三元氧化物及其复合材料，作为负极也表现出优异的性能。在不同的三元金属氧化物中，钴酸镍（$NiCo_2O_4$）是一种非常有潜力的电极材料，因为它具有较高的理论比容量（890mA·h/g）。更重要的是，$NiCo_2O_4$ 比单金属镍氧化物和氧化钴具有更高的电导率。此外，铁基双金属氧化物（MFe_xO_y，M＝Zn、Co、Ni、Cu、Mg、Mn 等）由于具有价格低廉、无毒、理论比容量高、环境友好等优点，也被认为是一种极具应用前景的新型锂离子电池负极材料。遗憾的是，铁基双金属氧化物也存在导电性差、充放电过程中易发生材料的粉化和团聚、首圈充放电效率低、低电位下电解液还原等缺点。

大多数过渡金属氧化物都具有比较高的理论比容量（700～1000mA·h/g），远远高于石墨材料的理论比容量（372mA·h/g）。但是，电极在不断地锂化和脱锂过程中，会发生巨大的体积膨胀，经过多次循环后，电极粉化，导致循环寿命降低；而且，过渡金属氧化物导电性较差，降低了电子和离子的传输速度，致使电池的倍率性能大大降低[9]。将两种不同的过渡金属氧化物以一定的比例混合在一起，组成尖晶石结构的混合过渡金属氧化物（$A_xB_{3-x}O_4$，A，B＝Co、Ni、Zn、Mn、Fe 等），会使材料电化学性能得到提高。由于不同的活性组分之间的协同作用，混合材料表现出较高的理论比容量，是碳基材料的 2～3 倍，而且混合过渡金属氧化物与单一过渡金属氧化物材料相比具有较高的导电性，可以从一定程度上提高材料的倍率性能，但体积膨胀问题依然需要解决。将碳材料和过渡金属氧化物混合制备复合材料，是一种有效解决上述问题的方法。在复合材料中，碳材料具有良好的导电性和机械性能，一定程度上可缓解过渡金属氧化物的体积膨胀，还能增强其导电性，而过渡金属氧化物可以弥补碳材料比容量较低的缺点。

5.3.4 合金型

锂能与许多金属 M（M＝Mg、Ca、Al、Si、Ge、Sn、Pb、As、Sb、Bi、Pr、Ag、Au、Zn、Cd、Hg 等）在室温下形成金属间化合物，以合金化反应机制存储锂。生成锂合金的反应通常是可逆的，因此能够与锂形成合金的金属，理论上都可作为锂电池的负极材料。然而，金属在与锂形成合金的过程中，材料体积变化较大，锂的反复嵌入和脱出导致材料的机械稳定性逐渐降低，从而逐渐粉化失效，因此循环稳定性较差。目前合金型负极材料研究较多的是硅基、锡基类合金材料[8]。

5.3.4.1 硅负极

与传统石墨负极相比，硅具有超高的理论比容量（4200mA·h/g）和较低的脱锂电位（0.5V），且硅的电压平台略高于石墨。在充电时，其难以引起表面析锂，安全性能更好，并且储量丰富，成本较低，因此硅负极成为锂离子电池负极一种非常有发展前景的电极材料。

硅负极材料的充放电过程通过硅与锂的合金化和去合金化反应来实现，即合金化/去合金化机理。在储锂过程中，硅与锂反应可形成一系列 Li_xSi_y 合金（例如 $Li_{12}Si_7$、Li_7Si_3、$Li_{13}Si_4$、$Li_{15}Si_4$、$Li_{22}Si_5$ 等），不同 Li_xSi_y 合金具有不同的微结构和嵌锂电位。Si 在嵌入锂时会形成含锂量很高的合金 $Li_{4.4}Si$，其理论比容量为 4200mA·h/g[18]，是目前研究的各种合金中理论比容量最高的。当采用气相沉积法制备 Mg_2Si 纳米合金时，其首次嵌锂比容量高达 1370mA·h/g，然而该电极材料的循环性能很差，10 圈循环后比容量小于 200mA·h/g[19]。

但硅作为锂离子电池负极材料也有缺点。硅是半导体材料，自身的电导率较低。在电化学循环过程中，锂离子的嵌入和脱出会导致材料巨大的体积膨胀与收缩，产生的机械作用力会使材料逐渐粉化，造成结构坍塌，最终导致电极活性物质与集流体脱离，丧失电接触，电池循环性能大大降低。此外，由于这种体积效应，硅在电解液中难以形成稳定的 SEI 膜。伴随着电极结构的破坏，在暴露出的硅表面不断形成新的 SEI 膜，加剧了硅的腐蚀和容量衰减。硅基材料存在较大的不可逆容量和容量衰减，在脱嵌锂的过程中伴有较大的体积变化，体积膨胀率约 300%[20]。循环后这种巨大的体积变化导致 Si 颗粒的破裂和粉碎以及一些颗粒与导电碳和集流体脱离，此外，首圈效率也较低。这些缺点限制了其在锂离子电池中的应用。

为改善硅基负极循环性能，提高材料在循环过程中的结构稳定性，通常将硅材料纳米化和复合化。目前，硅材料纳米化的主要研究方向包括：硅纳米颗粒（零维纳米化）、硅纳米线/管（1D 纳米化）、硅薄膜（2D 纳米化）和 3D 多孔结构硅、中空多孔硅（3D 纳米化）；硅材料复合化的主要研究方向包括：硅/金属型复合、硅/碳型复合及三元型复合（如硅/无定型碳/石墨三元复合体系）[8]。

硅纳米颗粒和 3D 多孔结构硅都可以在一定程度上抑制材料的体积效应，同时还能减小锂离子的扩散距离，提高电化学反应速率。但它们的比表面积都很大，增大了与电解液的直接接触，导致副反应及不可逆容量增加，库仑效率降低。此外，硅活性颗粒在充放电过程中很容易团聚，发生“电化学烧结”，加快容量衰减。硅纳米线/管可减小充放电过程中径向的体积变化，实现良好的循环稳定性，并在轴向提供锂离子的快速传输通道，但会减小硅材料的振实密度，导致硅负极的体积比容量降低[8]。除了硅纳米线外，具有几纳米孔的多孔结构硅或具有薄壳的中空硅球，可以为锂离子插入引起的体积变化膨胀提供额外的自由空间，但具有纳米结构的多孔硅制备规模极其有限。材料薄膜化也能有效地提高材料循环稳定性能。硅基薄膜材料具有较大的比表面积厚度比，可以有效地缓解充放电过程中的体积变化，可减少与薄膜垂直方向上产生的体积变化，维持电极的结构完整性，提高材料循环稳定性，因此 Si 基薄膜有很好的市场应用前景。

硅/金属型复合材料中的金属组分可以提高材料的电子电导率，减小硅材料的极化，提高硅材料的倍率性能。金属的延展性可以在一定程度上抑制硅材料的体积效应，提高循环性能。但制备过程中产生的硅结构缺陷具有很高的电化学活性，会导致不可逆容量变大，且硅与金属复合无法避免活性硅与电解液直接接触，会生成不稳定的 SEI 膜，导致电池循环性能降低[8]。硅/碳型复合负极材料也是改善硅基材料的途径，因碳材料具有较高的电子电导率与离子电导率，可改善硅基材料的倍率性能，抑制硅在循环过程中的体积效应。此外，碳材料能阻隔硅与电解液直接接触，降低不可逆容量。硅/碳型复合材料主要有三种：①包覆型，即通常所说的核壳结构，较常见的结构是硅外层包覆碳层；②嵌入型，最常见的嵌入型结构为硅粉体均匀分散于碳、石墨等分散载体中，形成稳定均匀的两相或多相复合体系；③分子接触型，硅、碳均采用含硅、碳元素的有机前驱体，经处理后形成分子接触的高度分散体系，能够在最大程度上抑制硅的体积膨胀[1]。

将纳米化和复合化两种方法结合起来，制备多孔硅/碳复合材料，其中的多孔结构能有效缓冲体积膨胀，与碳材料复合可避免纳米颗粒在循环过程中团聚，提高初始效率、循环稳定性和倍率性能。通过设计多孔结构、改善碳包覆层抑制循环过程中的体积变化，提高硅基复合材料的电化学性能，将是未来硅材料行业的重要研究方向[18]。无论是纳米硅碳还是氧化亚硅碳，硅力求做到以下几点：①硅粒径，小于 20nm（理论上越小越好）；②均匀度，标准偏差小于 5nm；③纯度，大于 99.95%；④形貌，100%球形率。另外，完整的表面包覆非常重要，以防止硅和电解液接触，产生厚的 SEI 膜消耗[1]。微观结构的设计也很重要，要维持在循环过程中电子的接触、离子的通道，抑制体积的膨胀。还应综合发挥硅/金属复合物和硅/碳复合物的优点，在硅合金化、纳米化的基础上包覆金属或碳，合成出硅与基质分散均匀、黏附力良好和结构稳定的材料，有望提高循环稳定性能和倍率性能。

此外，在常规 $LiPF_6$ 电解液中添加碳酸亚乙烯酯（vinylene carbonate，VC）也能提高硅负极的循环性能。纳米级尺寸的硅颗粒比表面积大，有利于缓冲硅材料在循环过程中的体积变化。同时，其比表面积效应也有助于更多的锂离子插入，但尺寸过小会导致颗粒的团聚。

5.3.4.2 锡基负极

尽管负极材料绝大部分都为碳基材料，但因其存在比容量低、首圈充放电效率低、有机溶剂共嵌入等不足，人们开展了对其他新型材料的研究，锡基材料就是其中之一。与碳材料的理论比容量 372mA·h/g 相比，锡氧化物的比容量要高得多，可达到 500mA·h/g 以上，但其首圈充放电效率低。锡基负极材料包括锡的氧化物、锡基复合氧化物等。

锡的氧化物储锂机理为合金化反应机制，锂和氧化锡或氧化亚锡在充放电过程中发生两步反应：

$$4Li+SnO_2 \longrightarrow 2Li_2O+Sn \quad 2Li+SnO \longrightarrow Li_2O+Sn \tag{5-5}$$

$$xLi+Sn \rightleftharpoons Li_xSn(0<x\leqslant 4.4) \tag{5-6}$$

第一步是 Li 取代氧化锡或氧化亚锡中的 Sn，生成金属 Sn 和 Li_2O，这一步是不可逆的，接下来金属 Sn 再与金属 Li 可逆反应生成 Li_xSn 合金[3]。合金化反应机理因为第一步有不可逆的 Li_2O 生成，所以第一圈充放电效率很低。首圈不可逆容量产生的原因是第一步反应生成了不可逆转换的 Li_2O，以及有机电解液在电极表面发生分解形成 SEI 膜等反应，可逆容量则是金属 Sn 和 Li 形成合金所产生的。在取代反应和合金化反应进行之前，颗粒表面发生有机电解液分解，形成一层无定形的钝化膜。钝化膜的厚度达几个纳米，成分为 Li_2CO_3 和烷基质 Li（$ROCO_2Li$）。在取代反应中，生成的 Sn 颗粒以纳米尺寸存在，高度弥散于 Li_2O 中。在合金化反应中，生成的 Li_xSn 也具有纳米尺寸。以 Sn 的氧化物为负极的电池具有很高容量的原因是反应产物中有纳米大小的 Li 微粒[8]。

锡基复合氧化物（tin-basedcomposite oxide，TCO）的研究始于日本的富士公司，研究人员发现无定形锡基复合氧化物有较好的循环寿命和较高的可逆比容量。锡基复合氧化物可以在一定程度上解决锡基氧化物负极材料体积变化大、首次充放电不可逆容量较高、循环性能不理想等问题。方法是在Sn的氧化物中加入一些金属或非金属氧化物，如B、Al、Si、Ge、P、Ti、Mn、Fe等元素的氧化物，然后通过热处理得到[1]。锡基复合氧化物具有非晶体结构，加入的其他氧化物使混合物形成一种无定形的玻璃体，因此可用通式SnM_xO_y（$x\geqslant1$）表示，其中M表示形成玻璃体的一组金属或非金属元素（可以为1～3种），常常是B、P、Al等。在结构上，锡基复合氧化物由活性中心Sn—O键和周围的无规则网格结构组成，无规则网格由加入的金属或非金属氧化物组成，它们使活性中心相互隔离开来，因此可以有效储Li。其容量大小和活性中心有关，锡基复合氧化物的可逆比容量可以达到600mA·h/g，体积比容量大于2200mA·h/cm^3，约为容量最高的碳负极材料（无定形碳和石墨化碳分别小于1200mA·h/cm^{3}和500mA·h/cm^3）的两倍以上[21]。与SnO_2一样，硫化锡SnS_2主要是以合金型机理进行储锂：先形成Li_2S，然后Li再与锡形成合金，该化合物具有较高的可逆容量，而且稳定性也较好。

TCO的合金型机理与锡氧化物合金机理类似，也是两步反应的机理。首先是TCO与Li反应生成Li_2O、其他氧化物、金属锡，然后锡再与Li反应生产锂锡合金。

除氧化物外，锡盐也亦可作为锂离子电池的负极材料，如$SnSO_4$、SnS_2。以$SnSO_4$作负极材料，最高可逆比容量可达到600mA·h/g以上。根据合金型机理，$SnSO_4$、SnS_2等锡盐都可以作为储锂的活性材料。在锂脱嵌反应中，生成的金属锡颗粒很小（可能为纳米级大小）这是该类材料容量较高的实质原因。锂与锡形成的合金为无定形结构，其无定形结构在随后的循环过程中不易受到破坏，在充放电过程中循环性能较好[8]。

除了锡盐外，锡酸盐也可以作为锂离子电池负极材料，如$MgSnO_3$、$CaSnO_3$等。锡酸盐的充放电机理也遵循合金型机理，形成的纳米锡颗粒也是其可逆容量较高的主要原因。非晶态的$MgSnO_3$首次脱锂比容量为635mA·h/g，经过20圈充放电循环后，充电比容量为488mA·h/g，平均衰减速率为1.16%；通过湿化学方法制备的$CaSnO_3$，可逆比容量超过469mA·h/g，40圈和50圈循环后容量还可分别保持95%和94%[9]。

锡基合金也是目前最受重视和研究最广泛的锂离子电池合金负极材料之一。锡基合金主要是利用锡能与锂形成$Li_{22}Sn_5$，因此该材料理论容量一般也较高。

5.3.4.3 其他合金型

除了硅基和锡基两种典型的合金反应外，锂还能与许多金属M（M＝Mg、Ca、Al、Ge、Pb、As、Sb、Bi、Pr、Ag、Au、Zn、Cd、Hg等）以合金型机理储锂。然而，金属在与锂形成合金的过程中，体积变化较大，循环性较差，但如果以金属间化合物或复合物取代纯的金属，将显著改善锂合金负极的循环性能[8]。

锑基合金材料的研究报道较多，除了SnSb外，主要的合金形式还有InSb、Cu_2Sb、MnSb、Ag_3Sb、Zn_4Sbs、$CoSb_3$、$NiSb_2$、$CoFe_3Sb_{12}$、$TiSb_2$、VSb_2。铝基合金材料主要形式有Al_6Mn、Al_4Mn、Al_2Cu、AlNi、Fe_2Al_5等。尽管铝能与锂形成含锂量很高的合金Al_4Li_9，其理论比容量为2235mA·h/g，但Al_6Mn、Al_4Mn、Al_2Cu、AlNi合金的嵌锂活性很低，几乎可以认为是惰性的。

合金型负极材料在循环过程中有较大的体积变化，这将会产生较大的应力，导致电极材料出现破裂和粉化，导致合金类负极材料的容量快速衰减。另外，合金类材料在循环过程中的不断粉化也会使得前期循环过程中形成的SEI膜破裂，暴露出新鲜的电极材料表面，造成SEI膜的持续生长，导致不可逆容量过高，循环效率降低。为改善合金类负极材料的电化学性能，可采用以下办法。①减小合金类负极材料颗粒的尺寸，通过纳米尺寸效应降低合金型负极材料体积变化带来的应力，缓解电极材料的粉化程度，提高电化学循环过程中电极材料的循环稳定性。②构建具有多孔结构的合金型负极材料，增加电极材料与电解液的接触面积，减小锂离子的迁移距离，并利用多孔结构的多余空间来缓冲电极材料的体积变化，增强电极材料的结构强度。③利用导电基体对合金型负极材料进行包覆，抑制电极材料的体积膨胀，并通过包覆层增强电子传输速度和保护 SEI 膜[3]。纳米合金复合材料在充放电过程中绝对体积变化较小，电极结构有较高的稳定性。纳米材料的比表面积很大，有利于改善电极反应动力学性能。因此，纳米合金复合材料有潜力成为合金类负极材料的最佳选择。纳米合金在一定程度上可以减弱合金材料的体积变化，但在电化学反应过程中的剧烈团聚限制了纳米合金材料性能的进一步提高。通过将纳米合金与其他材料特别是碳材料进行复合，可得到容量高、循环性能好的复合材料，这一方面得益于合金材料的高容量，另一方面则得益于碳材料循环过程中的结构稳定性。在复合物的制备中，有一类复合物是纳米合金与一些惰性材料如 SiO_2、Al_2O_3 等复合，加入惰性材料的目的一方面是缓冲活性材料的体积膨胀，另一方面是避免纳米合金在反应过程中团聚。

5.3.5 其他负极材料

5.3.5.1 氮化物和磷化物

（1）氮化物负极材料　过渡金属氮化物为 Li_3N 结构，通式为 $Li_{3-x}M_xN$（M＝Fe、Mn、Co、Ni、Cu，可以是单元素取代，也可以是多元混合取代）。大部分氮化物负极材料具有层状结构，其作为负极材料的优势在于具有较小的极化以及较低的储锂电势。低电势负极材料往往能够提高全电池的电位窗口，进而增大功率密度。在电池循环过程中，氮元素的价态会发生变化，但是锂离子反复地嵌入和脱嵌将造成电极材料的结构塌陷，从而影响电池的功率密度和循环性能。过渡金属氮化物的合成主要是物理合成法和化学合成法。物理合成法主要包括球磨法、物理气相沉积法和激光溅射法。化学合成法是相应的金属氧化物或其他合适的金属前驱体与氮源（NH_3 或 N_2）在高温（800～2000℃）下反应。

（2）磷化物负极材料　单质磷有黑磷、红磷、白磷等多种同素异形体。磷在锂离子电池中的嵌锂机制为：$P \rightarrow Li_xP \rightarrow LiP \rightarrow Li_2P \rightarrow Li_3P$。斜方晶系的黑磷是磷单质中最稳定的存在形式，具有类似石墨的层状网络结构及较好的导电性，因而展现出特殊的物理化学性质。黑磷用作锂离子电池负极材料时比容量可达 1300mA·h/g，但黑磷在嵌入/脱出锂时体积膨胀约为 291%，不利于电池稳定循环。目前，提高磷负极材料电化学性能的主要方法是减小活性物质磷颗粒的粒径（即非晶化处理）。金属磷化物嵌入和脱出时具有较低的氧化还原电势，因而能提供更高的比容量和更佳的循环稳定性[17]。MnP_4 的首次嵌锂在 0.62V 左右，对应 7 个 Li 的嵌入，而首次脱锂在 1.7V 时，相当于 5 个 Li 的脱出，脱嵌锂的过程伴随着 P—P 键的断裂和复合。脱嵌锂过程为：

$$MnP_4 + 7Li \rightleftharpoons Li_7MnP_4 \tag{5-7}$$

除了较早的 Mn-P，还有 Ti-P、Co-P、Ni-P、Cu-P、Zn-P、Sb-P、Fe-P、Sn-P 等[1]。但 CoP_3 的脱嵌机理与 MnP_4 完全不同，过程如下：

$$CoP_3 + 9Li \rightleftharpoons 3Li_3P + Co \tag{5-8}$$

$$3Li_3P \rightleftharpoons 3LiP + 6Li \tag{5-9}$$

CoP_3 首次嵌锂时伴随着金属钴和磷化物 Li_3P 的形成，而随后的脱嵌锂过程在 Li_3P 和 LiP 两种化合物之间进行，钴的价态并没有变化[1]。

磷化物的电化学性能通常是：初始循环的脱嵌锂容量比较高，但循环性能和首次充放电效率比较低，且各自的脱嵌锂机理各有不同。但磷化物也具有一个共同点，即磷的价态变化在保持体系脱嵌锂时的电荷平衡方面起着主要作用。Sn、Fe 元素含量丰富，成本较低，能提供较高的可逆比容量及良好的导电性，但其磷合金复合电极材料在循环过程中仍存在体积膨胀大、容量衰减较快、稳定性较差等问题。因此，无定形碳包覆和非晶化处理也是改善磷合金电极材料循环稳定性能的重要手段。

5.3.5.2 硫化物和硒化物

(1) 硫化物负极材料　典型的金属二硫化物（MS_2，M＝Mo、W、V、Sn 等）具有类似于石墨的层状结构，层间为范德瓦耳斯力等分子间作用力；而层上的原子以强烈的共价键相互作用，被称为插层化合物。层状硫化物负极具有石墨烯特有的体积效应、表面效应、量子隧道效应和量子尺寸效应。与石墨烯类似，层状硫化物有比较大的层间距，有利于锂离子的嵌入与脱出，特别是与高导电性的碳复合材料复合，表现出了优异的储锂性能。金属硫化物根据金属的活性不同，其对应的反应机制也不同。MoS_2、FeS、FeS_2 和 CuS 等过渡金属层状硫化物具有类似石墨的层状结构，在嵌锂过程中发生两步反应：第一步发生 Li 的插层生成中间相的 $Li_xM_{1-x}S$，然后发生转换反应生成单质 M 和 Li_2S，该类材料以插层和转换混合机制储锂。以 MoS_2 为例，每个 MoS_2 分子层可分成三原子层，中间的一层是 Mo 原子，排布在上、下两层的原子是 S 原子层；层和层之间是由范德瓦耳斯力相互支撑的，层内则是通过共价键相互连接的[8]。MoS_2 层状结构拥有可供 Li^+ 嵌入与脱出的分子层间隙，有利于 Li^+ 在电极体系中快速扩散。在脱嵌锂的过程中，材料体积膨胀小。单个 MoS_2 单元可以结合 4 个 Li^+，MoS_2 的理论比容量为 670mA·h/g。MoS_2 的反应方程式为[8]：

$$MoS_2 + xLi^+ + xe^- \rightleftharpoons Li_xMoS_2(0<x\leqslant 1) \tag{5-10}$$

$$Li_xMoS_2 + (4-x)Li^+ + (4-x)e^- \rightleftharpoons Mo + 2Li_2S(0<x\leqslant 1) \tag{5-11}$$

活性金属二硫化物在锂离子电池中嵌锂机制是转化和合金型混合机制，先发生转化反应，然后生成的活性金属进一步与 Li 发生合金反应。SnS_2 就是典型的转化与合金混合机制负极材料。SnS_2 每层的 Sn 原子通过较强的 Sn—S 共价键与上下两层紧密堆叠的 S 原子相连接，而不同层之间的 S 原子则是通过较弱的范德瓦耳斯力相连接，正是存在这种较弱的层间力，使得锂离子很容易插入 SnS_2 的基体中参加电化学反应，从而使其理论比容量可达 645mA·h/g。SnS_2 的电化学反应方程式为：

$$SnS_2 + 4Li + 4e^- \rightleftharpoons Sn + 2Li_2S \tag{5-12}$$

$$Sn + xLi + xe^- \rightleftharpoons Li_xSn(0\leqslant x\leqslant 4.4) \tag{5-13}$$

SnS_2 在首次嵌锂反应过程中与 Li 反应生成单质 Sn 及 Li_2S，电压平台位于 1.2V 左右，之后单质 Sn 进一步与 Li 反应生成 Li_xSn 合金（0～0.7V），在随后的充放电过程中 Sn 单质与 Li 进行可逆的脱/嵌锂反应，而原位生成的 Li_2S 在其中起到缓冲体积变化的作用[8]。然而，活性金属硫化物与锂发生转化反应生成 Li_2S 和金属纳米颗粒，过程中还伴随着中间产物多硫化锂的产生，而多硫化锂溶于电解液将导致穿梭效应，这对电极反应是不利的。另外，金属二硫化物体积膨胀及循环稳定性差也是有待解决的关键问题。

(2) 硒化物负极材料　硒元素具有较高的电子电导率（1×10^{-5}S/m）以及较弱的电负性（2.5），相应的金属硒化物的放电电压在1.25V附近，作为锂离子电池负极材料，具有高于金属氧化物的理论容量和优于金属硫化物的长循环稳定性。尽管金属硒化物负极具有上述优点，但也存在一些严重问题需要解决。例如，在充放电过程中发生严重的结构坍塌，电子导电性和离子扩散动力学较差等。为了解决这些问题，目前最常用的方法是合成结构可控和形貌稳定的电极材料，比如制造纳米结构或中空多孔结构，可以实现材料的高倍率性能和长循环稳定性，这主要得益于上述特殊结构提供了高的电解液接触面积，缩短了离子扩散路径，并且在充放电过程中可抑制材料的体积膨胀[8]。

5.3.5.3　硝酸盐

部分硝酸盐具有可逆储锂/脱锂的性能，而且展现出高的可逆容量，可以作为锂离子电池负极材料。目前已经报道的具有储锂功能的硝酸盐主要有$Pb(NO_3)_2$、$Cu(NO_3)_2\cdot 2.5H_2O$、$Sr(NO_3)_2$、$Co(NO_3)_2\cdot 6H_2O$、$(NH_4)_2Ce(NO_3)_5\cdot 4H_2O$、$[Bi_6O_4](OH)_4(NO_3)_6\cdot 4H_2O$以及$[Bi_6O_4](OH)_4(NO_3)_6\cdot H_2O$[8]。

5.3.5.4　过渡金属钒酸盐

过渡金属钒酸盐（M-V-O，M＝Cd、Co、Zn、Ni、Cu、Mg）作为锂离子电池的负极材料，在相对于锂的低电位处呈现出高的容量。另一类钒酸盐RVO_4（R＝In、Cr、Fe、Al、Y）作为锂离子电池的负极材料，可在低的电压处与锂发生反应，其中$InVO_4$和$FeVO_4$具有高达900mA·h/g的可逆比容量。与晶形材料相比，非晶态材料具有更好的电化学性能。该类材料目前的问题是循环性能仍有待于提高[8]。

5.3.5.5　有机负极

有机材料如金属有机框架（MOF）和共价有机框架（COF），由于其化学分子结构设计的灵活性而受到越来越多的关注。2D MOF和2D COF是具有超高孔隙率和巨大表面积的新型晶体材料，由于其超薄的厚度等优异特性而引起了能源材料领域的广泛研究。一方面，MOF和COF具有许多共同的特征，例如活性位点和多功能结构。另一方面，由于它们的构建组件不同，在合成和应用方面都存在差异。具有多孔性的2D材料即使具有较大的厚度，它们与底物离子或分子的相互作用也不是仅限于表面，还包括结构内部[22]。多孔材料的性能高低取决于其结构，其中一般结晶网络总是比非晶网络更好。但对于电池应用性能来说未必如此，因为非晶结构可能提供更多的活性位点和较容易的离子扩散通道，应精细地控制孔径和原子组成，以及空隙空间的体积，使其具有单分散的尺寸稳定分布，以获得具有清晰定义的孔结构的COF/MOF材料，有目的性地用于锂离子电池中。MOF和COF是更能满足上述所有要求的多孔材料，可以系统地组合具有不同结构和化学性质的构件，使其具有协同作用。此外，它们具有超高孔隙率的结构和较高的表面体积比，便于离子或分子接触活性位点。现在研究更为前沿的有机负极材料是2D MOF和2D COF，2D COF主要通过诸如亚胺形成、硼酸缩合和酯化等反应来构建有机结构单元之间可逆的共价键[23,24]，常见的共价连接单元包括硼酸酯、硼嗪、烯胺、亚胺和三嗪等。与MOF相似，COF也包括定义明确且可调节的结构，但是COF在一些方面优于MOF。就密度而言，COF通常比MOF低得多，因为它们只由碳、氢和氮等轻元素制成；COF完全通过共价键组装而成，因此在空气和大部分溶剂中能够保持很好的稳定性。由于

COF 的结构可调性，可以通过拓扑设计实现功能化，以使其在各种应用中都具有良好的潜力（包括气体存储、催化、光电和电化学能量存储），特别是 2D COF 具有非常高的比表面积。由于具有 2D 结构，2D MOF/COF 具有独特的物理和化学特性，例如高电导率、大表面积和可以轻松实现的超高孔隙率，通过改变金属节点和有机配体的组合，可以实现特定应用需求的结构和功能。通过 COF 中强大的共价键连接的有机构建单元，可提供多孔性，也可以通过改变构建单元的类型来调整结构[25,26]。如今，2D MOF 和 2D COF 材料在电池方向的应用已经广泛引起研究者们的兴趣。作为一类新型的 2D 多孔材料，2D MOF/COF 分子具有周期性、有序性和明确的孔隙度等。导电 2D MOF/COF 由于其独特的特性被认为是锂存储的潜在选择对象，与无机类似物（如石墨烯）相比，它们具有层状和多孔结构。对于导电 2D COF 来说，堆叠的层间功能 π 电子系统与通过范德瓦耳斯力相互作用所产生的巨大 π 轨道重叠，使它们成为电荷传输的理想选择，同时展示了与堆叠方向平行的开放多孔通道。这样独特的功能使导电 2D COF 能够存储锂并保持高电导率[27]。但是，由于 2D COF 层之间存在很强的 π-π 相互作用，锂离子很难扩散到深埋的内部活性位点。由此，提出了由 2D COF 和其他导电/多孔材料的复合材料，比如 2D COF 和碳纳米管复合材料[28]，或者采用类似石墨剥离得到石墨烯的方法剥离 2D COF，可以得到大量暴露活性位点的少层 COF，大幅度提高了电化学储能性能[29]。如何同时实现高电容和长循环性能，仍然是使用 COF 材料作为能量存储的电极材料的主要瓶颈。这可能是充放电过程中的结构缺陷、低能级匹配以及设备优化不足导致的。从这个角度出发，进一步探索新的 2D COF，并从其他性能更好的材料中汲取灵感是非常可取的。

5.4 隔膜

锂离子电池的隔膜材料主要是多孔性聚烯烃，如 Celgard 公司生产的聚丙烯隔膜和后来出现的聚乙烯膜以及乙烯与丙烯的共聚物等。这些材料都具有较高的孔隙率、较低的电阻、较高的抗撕裂强度、较好的抗酸碱能力、良好的弹性及对非质子溶剂的保持能力。

作为锂离子电池的隔膜，除了具备一般电池所用隔膜的基本性能外，还应具备以下特性。①化学稳定性，所用材料能耐有机溶剂。②机械强度，在薄膜化和电池组装工艺过程中为了防止短路，要求机械强度大。③膜的厚度，有机电解液的离子电导率比水溶液体系低，为了减小电阻，电极面积应尽可能大，因此隔膜必须足够薄。④隔断电流，当电池体系发生异常时，温度升高，为防止产生危险，在快速产热时，热塑性隔膜发生熔融，微孔关闭，变成绝缘体，防止电解质通过，从而达到隔断电流的目的。⑤保持电解液，要能被有机电解液充分浸渍，而且在反复充放电过程中保持高度浸渍[30]。

这种条件的严格程度取决于电极的选择，通常来说多孔聚合物膜能满足上述要求。目前锂离子电池使用的隔膜几乎全部都是基于半结晶的聚烯烃类材料，如聚乙烯（PE），聚丙烯（PP）及 PE/PP 双层复合膜或 PP/PE/PP 三层复合膜。PE 层能在热失控出现前熔化并填充孔道，提高电阻，同时 PP 层能够保持足够的机械强度而防止电极之间的短路。在绝大多数情况下，这类隔膜可以满足锂离子电池的安全问题。

就隔膜目前发展现状而言，聚烯烃微孔膜是目前应用最广、市场最大的液态多孔隔膜，主要为PE、PP和PP/PE复合膜。该类型适用于液态电解液锂离子电池体系，成本低，并具有良好的机械性能、化学稳定性和热熔断性能，但其存在结晶度高、电解液浸润性差以及极性小的缺点，使液态的电解液存于隔膜的孔隙中，易泄漏，严重影响了电池的安全性。PE膜生产成本较高，面向高端锂电池市场，主要供应商为日本Asahi、TorayTonen以及美国Entek等；国外的PP膜主要供应商是美国Celgard，国内的单层PP膜主要供应商是广东深圳星源等公司。三层PP/PE/PP复合膜强度较高，面向中高端市场，主要供应商为美国Celgard和日本Ube。针对聚烯烃微孔膜存在的问题已进行了大量研究，目前主要为涂覆、接枝等方法。

偏氟乙烯均聚物［poly（vinylidene fluoride），PVDF］、偏氟乙烯-六氟丙烯共聚物［poly（vinylidene-co-hexafluoropropylene），PVDF-HFP］、聚甲基丙烯酸甲酯［poly（methylmethacrylate），PMMA］、聚丙烯腈（polyacrylonitrile，PAN）等是结晶度较低的极性聚合物，以它们为原料制备的隔膜可以在电解液中浸润而溶胀，形成聚合物凝胶体系，通过聚合物网络中的电解质分子传输锂离子，具有降低电解液泄漏风险和具有电极与电解质隔膜间接触内阻的优点，适用于聚合物锂离子电池体系[31]。目前这种凝胶电解质隔膜已实现商业化应用，其中Bellcore公司早在1996年就开发了一种PVDF-HFP和有机溶剂形成的凝胶聚合物电解质膜。聚氧化乙烯（polyethylene oxide，PEO）等高分子聚醚中可溶入$LiClO_4$、$LiBF_4$、$LiPF_6$等锂盐，适用于聚合物/锂盐复合体系。该体系中锂离子的迁移是在电场作用下通过与聚合物链上的极性基团配位的迁移离子，随聚合物链段的热运动不断发生与极性基团的配位与解配位过程实现的。由于不含可燃性电解液，具有极高的安全性，但由于室温电导率很低，目前还无法商品化应用。

无纺布是将天然和合成纤维材料如纤维素及其衍生物、聚酰胺类纤维、聚对苯二甲酸乙二醇酯、聚烯烃纤维等进行定向或随机排列，形成纤网结构，然后采用机械、化学或热黏等方法加固而成，具有约60%～80%的高孔隙率，且结构呈3D孔状，可有效防止锂枝晶生长。目前杜邦公司通过静电纺丝技术利用聚酰亚胺（polyimide，PI）和纳米纤维制备出了具有优良电解液浸润性的Energain聚酰亚胺电池隔膜[32]。

聚合物/无机复合物作隔膜又称为陶瓷复合隔膜，以聚烯烃微孔膜为基膜，通过一定工艺涂覆陶瓷层制备得到。其中的有机组分赋予足够的柔韧性，可满足电池装配要求；无机组分可提高隔膜对电解液的浸润性，并形成特定的刚性骨架，赋予其在高温时优良的热稳定性和尺寸稳定性。同时，这种隔膜也存在一些问题：厚度增加导致电池内阻提高，使能量密度降低；有机、无机组分存在界面相容性差的问题。国内的河北金力新能源科技股份公司、中航锂电（洛阳）公司等已成功开发出具有优良性能的新型陶瓷复合膜。德国Degussa公司早在2005年就已开发出“Separion”系列陶瓷复合膜，日本三菱纸制株式会社也已开发出“NanoBase”系列陶瓷隔膜。

隔膜的物理性质还取决于制备过程，制备过程决定了孔道的尺寸和取向。常用的两种隔膜制备方法是湿法和干法制备。从微孔结构的角度看，基于干法制备的隔膜由于其开放的直孔结构特点，更适用于高功率密度电池；而通过湿法制备的隔膜具有弯曲和相互连接的多孔结构，有利于在快速充电或低温充电时抑制石墨负极上锂枝晶生长，因此更适用于长循环寿命的电池[33]。锂离子电池中聚烯烃隔膜的常用厚度为25μm，为了进一步提升电池能量密度，其厚度逐渐向极限值10μm缩减，但比10μm更薄的膜厚会带来机械刺穿的危险。

决定锂电池隔膜性能的主要指标有隔膜的厚度、力学性能、孔隙率、透气率、孔径大小及其分布、热性能等。隔膜越薄，溶剂化锂离子穿梭时遇到的阻力越小，离子传导性越好，阻抗越低。但隔膜太薄时，其保液能力和电子绝缘性降低，也会对电池性能产生不利影响。目前，实际使用的隔膜厚度通常在25～35μm范围内。

锂电池隔膜的一个重要功能是在隔离正负极并阻止电池内电子穿过的同时，能够允许离子通过，从而促使在电化学充放电过程中锂离子在正负极之间的快速传输。锂电池隔膜性能的优劣直接影响着电池的放电容量和循环使用寿命，因此需要对隔膜材料的研究和应用给予足够重视，在有效地阻止正、负极之间连接的基础上减小正负极之间的距离，并降低电池的阻抗。

锂电池对隔膜的力学性能也有较高要求。单轴拉伸制备的隔膜在力学性能上具有各向异性，沿拉伸方向的强度约为50N，而垂直拉伸方向的强度仅为5N左右。双轴拉伸制备的隔膜在两个方向上的强度基本一致。多层隔膜在不同方向的强度均匀，较适合作为锂电池隔膜。

提高隔膜的孔隙率可以降低隔膜对锂离子迁移的阻力，孔隙率越大，孔的曲率越小，孔的贯通性越好，锂离子的穿透能力越强。但孔隙率的提高又会导致材料的力学性能和电子绝缘性下降，甚至出现电极的活性物质穿越隔膜产生物理短路现象。因此，大多数锂电池隔膜的孔隙率在4%～5%之间。孔径的大小与孔隙率密切相关，商品化隔膜的孔径一般在0.03～0.12μm之间，且孔径分布较窄，孔径大小均匀，最大孔径与平均孔径差别不超过0.011μm。透气率也是与离子迁移性质紧密相关的物理量。它是由膜的厚度、孔隙率、孔径大小、孔径分布等多种因素决定的。同种材料制得的隔膜，厚度越小，孔隙率越大，孔径越大，孔径分布越均一，材料的透气率就越高[34]。

锂离子电池对隔膜材料有着很高要求，首先要满足一般化学电源的基本要求，包括：①一定的机械强度，保证在电池变形条件下不破裂；②具有良好的离子透过能力，以降低电池内阻；③优良的电子绝缘性，以保证电极间有效的隔离；④具备抗化学及电化学腐蚀的能力，在电解液中稳定性好；⑤吸收电解液的能力强；⑥成本低，适于大规模工业化生产；⑦杂质含量少，性能均匀。除此之外，还有一些特殊的要求：①膜的厚度必须很薄，以减小电池的阻抗；②不吸收水分；③有特殊的热熔性，当电池发生异常时，隔膜能够在要求的温度条件下熔融，关闭微孔，变成离子绝缘体，使电池断路[35]。

对于锂电池和锂电池的隔膜材料而言，热熔性是特别重要的性能指标，因为它是电池安全性的重要保障。锂电池由于滥用等原因出现自热和电解液的氧化等，电池的温度急剧升高，成为锂电池的安全隐患。为消除这种隐患，隔膜必须能够在要求的温度下熔融使微孔闭合，变成无孔的离子绝缘层，使电池中断，防止温度持续升高引起的电池燃烧甚至爆炸，这就是隔膜的自关闭现象。

5.5 电解液

电解液是电池中离子传输的载体。电解液号称锂离子电池的“血液”，一般由锂盐和有机溶剂组成。电解液在锂电池正、负极之间起到传导离子的作用，是锂离子电池获得高电压、高比能等性能的保证。电解液一般由高纯度的有机溶剂、电解质锂盐、必要的添加剂等原料，在一定条件下、按一定比例配制而成。有机溶剂是电解液的主体部分，与电解液的性能密切相关，一般将高介电常数溶剂与低黏度溶剂混合使用[36]。

一般电解液的主要成分为碳酸乙烯酯、碳酸丙烯酯、碳酸二乙酯、碳酸二甲酯、碳酸甲乙酯、六氟磷酸锂、五氟化磷、氢氟酸。碳酸乙烯酯是透明无色液体，室温时为结晶固体。碳酸乙烯酯是聚丙烯腈、聚氯乙烯的良好溶剂，在电池工业上可作为锂电池电解液的优良溶剂。碳酸丙烯酯是淡黄色透明液体，溶于水和四氯化碳，与乙醚、丙酮、苯等混溶，是一种优良的极性溶剂。碳酸二乙酯是无色液体，但稍有气味，主要用作溶剂及用于有机合成。碳酸二甲酯是一种无毒、环保性能优异、用途广泛的化工原料，它是一种重要的有机合成中间体，分子结构中含有羰基、甲基和甲氧基等官能团，具有多种反应性能，并且毒性较小。碳酸甲乙酯是无色透明液体，是一种优良的锂离子电池电解液的溶剂，是随着碳酸二甲酯及锂离子电池产量增大而延伸出的新产品。六氟磷酸锂是白色结晶或粉末，潮解性强，易溶于水，还溶于低浓度甲醇、乙醇、丙酮、碳酸酯类等有机溶剂。五氟化磷是磷卤化合物，五氟化磷在常温常压下为无色恶臭气体，对皮肤、眼睛、黏膜有强烈刺激性。氢氟酸为氟化氢气体的水溶液，有腐蚀性，能强烈腐蚀金属、玻璃和含硅的物体。

锂离子电池电解液中常用的溶剂有碳酸乙烯酯（ethylene carbonate，EC）、碳酸二乙酯（diethyl carbonate，DEC）、碳酸二甲酯（dimethyl carbonate，DMC）、碳酸甲乙酯（ethyl methyl carbonate，EMC）等。碳酸丙烯酯（propylene carbonate，PC）、乙二醇二甲醚（1，2-dimethoxyethane，DME）是主要用于锂一次电池的溶剂。PC 用于二次电池，与锂离子电池的石墨负极相容性很差，充放电过程中，PC 在石墨负极表面发生分解，同时引起石墨层的剥落，造成电池的循环性能下降。在 EC 或 EC＋DMC 复合电解液中能建立起稳定的 SEI 膜。通常认为，EC 与一种链状碳酸酯的混合溶剂是锂离子电解液中的优良溶剂，如 EC＋DMC、EC＋DEC 等。国内常用的电解液体系有 EC＋DMC、EC＋DEC、EC＋DMC＋EMC、EC＋DMC＋DEC 等。不同的电解液使用条件不同，与电池正负极的相容性不同，分解电压也不同。电解液组成为 1mol/L 的 $LiPF_6$/EC＋DMC＋DEC＋EMC 时，在性能上比普通电解液有更好的循环寿命、低温性能和安全性能，能有效减少气体产生，防止电池鼓胀。有机溶剂分子中的氢原子被其他基团（烷基或卤原子）取代，将使得溶剂分子的不对称性增加，从而提高有机溶剂的介电常数，增加电解液的电导率。对于同一类的有机溶剂，随着分子量的增加，其沸点、闪点、耐氧化能力都会提高，从而使溶剂的电化学稳定性和电池的安全性也相应提高。例如，有机溶剂的卤代物具有较低的黏度和高的稳定性，它们一般不易分解和燃烧，会使电池具有较好的安全性。三氟甲基碳酸乙烯酯（3,3,3-trifluoropropylylene carbonate，CF_3-EC）具有非常好的物理和化学稳定性，而且还具有较高的介电常数，不易燃烧，可作为阻燃剂用于锂离子电池中。氯代碳酸乙烯酯（Cl-EC）和氟代碳酸乙烯酯（F-EC）能够在碳负极表面形成稳定的 SEI 膜，抑制溶剂的共嵌入，减少不可逆容量的损失[1]。

$LiPF_6$ 是最常用的电解质锂盐。$LiPF_6$ 对负极稳定，放电容量大，电导率高，内阻小，充放电速度快，但对水分和氢氟酸极其敏感，易发生反应，只能在干燥气氛中操作（如环境水分小于 10ppm 的手套箱内，1ppm＝1mg/L），且不耐高温，80～100℃发生分解反应，生成五氟化磷和氟化锂，提纯困难。因此，配制电解液时应控制 $LiPF_6$ 溶解放热导致的自分解及溶剂的热分解。

电解液中添加剂的种类繁多，一般来说，所用的添加剂主要有三方面的作用：①改善SEI膜的性能；②降低电解液中的微量水和氢氟酸含量；③防止过充电、过放电。

锂离子电池采用的电解液是锂盐电解质溶于有机溶剂的离子型导体。一般作为实用锂离子电池的有机电解液应该具备以下性能：①离子电导率高，一般应达到 $10^{-3}\sim2\times10^{-3}$S/m，锂离子迁移数应接近于1；②电化学稳定的电位范围宽，必须有0～5 V的电化学稳定窗口；③热稳定好，使用温度范围宽；④化学性能稳定，与电池内集流体和活性物质不发生化学反应；⑤安全低毒，最好能够生物降解[37]。

5.6 展望

锂离子电池由于其结构特性，与传统的二次电池相比具有比能量高、无记忆效应、工作电压高以及安全、长寿命的特点。随着锂离子电池应用范围的迅速拓展，锂离子电池技术将进一步深入国防和航空航天等领域，这些领域要求锂离子电池能在低温下使用。目前商业化的锂离子电池难以满足低温领域的实际应用要求，未来低温性能研究将是锂离子电池研究的重点与难点。对于锂离子电池的进一步发展，电极材料的研究和开发有着至关重要的作用，包括采用金属锂作为负极材料、嵌入式化合物作为正极材料。对于每种正极材料，开发高效材料都面临着不同挑战。未来正极材料想要实现高能量密度，所采用的更常见的策略应该是：①扩展最先进的正极材料的电压范围，以获得更高的容量并稳定循环性能；②在已知类别的正极材料中开发具有增加容量和工作电压的材料，例如富锂和富镍层状氧化物以及含氟聚阴离子材料；③新型正极材料的开发，可在扩展电压范围内提供高容量，例如阳离子无序岩盐材料或在中等电压范围内具有高容量的转化材料[38]。到目前为止，接近商业化的材料是富镍基层状材料 $LiNi_{1-x}M_xO_2$ [M=Co，Mn，Al，$(1-x)>0.5$]。该材料的组成可以广泛变化，用于锂离子电池时具有容量高、循环寿命长和热稳定性好的优点。高压尖晶石型 $LiNi_{0.5}Mn_{1.5}O_4$ 也是非常有前途的正极，较常规的层状材料可更好地满足安全要求。富含锂的层状材料与基于含硅材料的下一代负极或其他类型的高能量密度正极配对使用时，可提供高容量，这是非常有前景的。但是，富锂负极的一个显著缺点是连续运行期间的电压衰减，但电压衰减与晶体结构之间存在联系，并为克服这一缺陷提供了可能的途径，含有4d和5d过渡金属的富锂材料显示出较低的电压衰减量，甚至完全消除了电压衰减问题[39]。阳离子无序岩盐材料在最近几年得到了广泛研究，引起了人们的极大兴趣。为了实现高容量，这些材料必须在高温下操作，以表现出与富锂层状材料相似的循环行为和稳定性。聚阴离子材料在操作过程中具有很高的安全性和结构稳定性。但是，低电导率和体积能量密度限制了它们在下一代设备中的广泛应用。可以通过在晶体结构中引入氟或其他阴离子来增加电压，以及利用具有两个或更多个可用于嵌入/脱嵌的锂离子材料，以达到高能量密度。目前制约锂离子电池发展的关键因素是正极材料，应研究和开发出新型的正极材料体系，以取代目前大量使用的 $LiCoO_2$ 正极材料。磷酸铁锂相对于其他锂离子电池正极材料密度较小，但是它成本低，安全性高，电池寿命较长。从循环寿命和未来成本的降低方面考虑，磷酸铁锂是比较有潜力的储能电池正极材料。开发能量更高、价格更便宜、安全更可靠的新一代锂离子电池，具有重要的应用价值和实际意义[40]。

对锂电池中的负极材料来说，商品化的石墨类碳材料存在着存储锂的容量较低等问题。因此，开发出性能更加优异的非碳高容量硅基或锡基负极材料是锂离子电池研究中的重点之一。具有高电导率、多孔以及大比表面积特性的 MOF/COF 材料及其相应的衍生物是近些年锂离子电池负极材料的研究热点。有机 COF 材料相比传统电极材料，在提高锂离子扩散速率、缓解体积变化和保证循环稳定性方面具备优势，因而促使它们在能源领域获得广泛研究[41]。MOF 和 COF 材料经过精细调控孔径、调控原子的组成以及空隙空间的体积，可获得所需的具有明确定义的孔结构、单分散的尺寸分布、高稳定性和可调性的晶体。还可以通过改变金属节点和有机配体的组合设计合成满足特定应用需求的有机材料。另外，将有机材料与其他导电/多孔材料组合制备复合材料，可以发挥各自的优势。通过上述途径可促进 MOF/COF 材料在锂离子电池中的实际应用进程[42]。

未来动力电池是锂离子电池领域最具潜力的应用方向，其发展趋势是高能量密度、高安全方向。动力电池及高端数码锂离子电池将成为锂离子电池市场的主要增长点，6μm 以内的锂电铜箔将作为锂离子电池的关键原材料之一，成为主流企业布局重心。

① 高能量密度成为未来发展趋势。随着补贴的缩减，新能源汽车市场需要完成由政策驱动向市场驱动的转化，提升其续航里程成为其市场化过程中最为关键的因素之一。另外，国家已对动力电池能量密度作出相应要求，到 2020 年动力电池单体能量密度需要达到 300W·h/kg，2025 年应达到 400W·h/kg，到 2030 年后达到 500W·h/kg[43]。因此，高能量密度的动力电池成为企业研究的热点。

② 6μm 极薄锂电铜箔成为主流企业布局重心。可以通过使用高镍三元材料、硅基负极材料、超薄锂电铜箔、碳纳米管等新型锂离子电池材料替代常规电池材料来提升其能量密度。目前中国锂电铜箔以 8μm 为主，为了提高锂离子电池能量密度，更薄的 6μm 铜箔成为国内主流锂电铜箔生产企业布局的重心，但 6μm 铜箔因批量化生产难度大，国内仅有少数几家企业能实现批量化生产。随着 6μm 铜箔的产业化技术逐渐成熟及电池企业应用技术逐步提高，6μm 锂电铜箔的应用将逐渐增多。

③ 动力电池企业产能大幅扩张。目前，新能源汽车市场爆发，动力电池供不应求，动力电池企业纷纷扩大产能以满足高速增长的市场需求。2016 年，我国工业和信息化部装备司发布了《汽车动力电池行业规范条件（2017 年）》（征求意见稿），对进入动力电池目录的企业提出了产能方面的要求，对于动力电池单体企业年生产能力要求不低于 8GW·h。因此，动力电池企业纷纷择机扩大产能，且未来几年，新能源汽车市场将逐渐由政策驱动转变为市场驱动，动力电池企业的成本需要进一步降低，企业应通过扩大产能规模，提高规模化效应，降低产品成本，提高企业的市场竞争力。

④ 动力电池及高端数码电池成为锂离子电池市场主要增长点。动力电池受高速增长的新能源汽车市场带动，近年来增长迅猛。接下来 3～5 年，国家对新能源汽车产业的支持将持续，越来越多的传统燃油车企开始布局新能源汽车领域，且随着国外车企如宝马、现代等开始逐渐采购中国大陆生产的动力电池，中国动力电池出口量将逐渐增多，动力电池将成为中国未来锂离子电池市场的主要增长动力[44]。

20 世纪 90 年代锂离子电池趋向于研究各种便携式电子产品。随着电池设计技术的改进以及新材料的出现，锂离子电池的应用范围不断被拓展。民用领域已从信息产品［移动电话、掌上电脑、笔记本电脑〕等扩展到能源交通（电动汽车、电网调峰、太阳能、风能蓄电站），军用领域则涵盖了海（潜艇、水下机器人）、陆（陆军士兵系统、机器战士）、天（无人飞机）、空（卫星、宇宙飞船）等。锂离子电池技术已不仅仅是一项产业技术，与之相关的信息产业的发展更是新能源产业发展的基础之一，并成为现代、未来生活和军事装备不可缺少的重要“粮食”之一。

参考文献

[1] 黄可龙，王兆翔，刘素琴．锂离子电池原理与关键技术[M]. 北京:化学工业出版社，2008.

[2] 刘云建，胡启阳，李新海，等．钴酸锂的再生及其电化学性能[J]. 中国学术期刊文摘，2008，14(8)：167-167.

[3] 王伟东，仇卫华，丁倩倩．锂离子电池三元材料——工艺技术及生产应用[M]. 北京：化学工业出版社，2015.

[4] 刘汉三，杨勇，张忠如，等．锂离子电池正极材料锂镍氧化物研究新进展[J]. 电化学，2001,(02)：5-14.

[5] 张双华．锂锰氧化物的制备与研究[D]. 云南，昆明理工大学，2007.

[6] Daiwon C，Wang D H，In-Tae B，et al. $LiMnPO_4$ nanoplate grown via solid-state reaction in molten hydrocarbon for Li-ion battery cathode[J]. Nano Lett，2010，10(8)：2799.

[7] 杨绍斌，梁正．锂离子电池制造工艺原理与应用[M]. 北京：化学工业出版社，2019.

[8] 伊廷峰，谢颖．锂离子电池电极材料[M]. 北京：化学工业出版社，2018.

[9] 曾蓉．新型电化学能源材料[M]. 北京：化学工业出版社，2019.

[10] Elis B L，Lee K T，Nazar L F. Positive Electrode Materials for Li-Ion and Li-Batteries[J]. Chem Mater，2010，22(3)：691-714.

[11] 赵廷凯，邓娇娇，折胜飞，等．碳纳米管和石墨烯在锂离子电池负极材料中的应用[J]. 炭素技术，2015，034(003)：1-5.

[12] 闻雷，刘成名，宋仁升，等．石墨烯材料的储锂行为及其潜在应用[J]. 化学学报，2014，072(003)：333-344.

[13] Wang B，Ruan T，Chen Y，et al. Graphene-based composites for electrochemical energy storage[J]. Energy Storage Mater，2020，24：22-51.

[14] Huang C S，Zhang S L，Liu H B，et al. Graphdiyne for high capacity and long-life lithium storage[J]. Nano Energy，2015，11(1)：481-489.

[15] Zhang S L，Liu H B，Li Y. Bulk graphdiyne powder applied for highly efficient lithium storage[J]. Chem Commun，2015，51(10)：1830-1833.

[16] 龚乐，杨蓉，刘瑞，等．石墨烯量子点在储能器件中的应用[J]. 化学进展，2019，31(7)：1020-1030.

[17] Yu Z X，Song J X，Gordin M L，et al. Phosphorus-Graphene Nanosheet Hybrids as Lithium-Ion Anode with Exceptional High-Temperature Cycling Stability[J]. Advanced Scinece，2015，2：1400020.

[18] Takeshi W，Testu I，Kunio Y，et al. Bulk-Nanoporous-Silicon Negative Electrode with Extremely High Cyclability for Lithium-Ion Batteries Prepared Using a Top-Down Process[J]. Nano Lett，2014，14(8)：4505-4510.

[19] Jin Y，Li S，Kushima A，et al. Self-healing SEI enables full-cell cycling of a silicon-majority anode with a coulombic efficiency exceeding 99. 9% [J]. Energ Environ，2017，10(2)：580-592.

[20] Zhang C Q，Li C B，Du F H，et al. Hedgehog-like polycrystalline Si as anode material for high performance Li-ion battery[J]. RSC Adv，2014，4(100)：57083-57086.

[21] Cabana J，Monconduit L，Larcher D，et al. Beyond intercalation-based Li-ion batteries： State of the art and challenges of electrode materials reacting through conversion reactions[J]. Adv Mater，2010，22(35)：E1-E23.

[22] 仝小兰，辛建华．杂环金属——有机骨架材料[M]. 北京：化学工业出版社，2019.

[23] 曾蓉．新型电化学能源材料[M]. 北京：化学工业出版社，2019.

[24] 李震东，王振华，张仕龙，等．MOFs 及其衍生物作为锂离子电池电极的研究进展[J]. 储能科学与技术，2020，(1)：37-43.

[25] 邓七九，凤帅帅，田聪聪，等．金属-有机框架在二次电池中的储能机制研究进展[J]. 化工进展，2019，(6)：2674-2681.

[26] Zhan X J，Chen Z，Zhang Q C. Recent progress in two-dimensional COFs for energy-related applications[J]. J

Mater Chem A, 2017, 5: 14463-14479.

[27] Zheng W R, Tsang C-S, Lee L Y S, et al. Two-dimensional Metal-Organic Framework (MOF) and Covalent-Organic Framework (COF): Synthesis and their Energy-related Applications[J]. Mater Today, 2019, 12: 34-60.

[28] Lohse M S, Bein T. Covalent Organic Frameworks: Structures, Synthesis, and Applications[J]. Adv Funct Mater, 2018, 28(33): 1705553.

[29] Chen X D, Li Y S, Wang L, et al. High-Lithium-Affinity Chemically Exfoliated 2D Covalent Organic Frameworks [J]. Adv Mater, 2019, 31 (29): 1901640.

[30] Huang N, Wang P, Jiang D. Covalent organic frameworks: a materials platform for structural and functional designs[J]. Nature Reviews Materials, 2016, 1(10): 16068.

[31] 吴宇平．锂离子电池：应用与实践[M]. 北京：化学工业出版社，2004.

[32] 杨德才．锂离子电池安全性原理、设计与测试[M]. 成都：电子科技大学出版社，2012.

[33] 其鲁，等．电动汽车用锂离子二次电池[M]. 北京：科学出版社，2010.

[34] Aifantis K E, Hackney S A, Kumar R V，等．高能量密度锂离子电池：材料、工程及应用[M]. 北京：机械工业出版社，2012.

[35] 梁彤祥，王莉．清洁能源材料与技术[M]. 哈尔滨：哈尔滨工业大学出版社，2012.

[36] 张淑谦，童忠良．化工与新能源材料及应用[M]. 北京：化学工业出版社，2010.

[37] 林登．电池手册[M]. 原著第 3 版．北京：化学工业出版社，2007.

[38] 杨绍斌，梁正．锂离子电池制造工艺原理与应用[M]. 北京：化学工业出版社，2020.

[39] 王伟东，仇卫华，丁倩倩，等．锂离子电池三元材料[M]. 北京：化学工业出版社，2015.

[40] （美）约翰沃纳（John warner）．锂离子电池组设计手册电池体系、部件、类型和术语[M]. 北京：王莉，等，译．北京：清华大学出版社，2019.

[41] 王丁．锂离子电池高电压三元正极材料的合成与改性[M]. 北京：冶金工业出版社，2019.

[42] 索鎏敏，李泓．锂离子电池过往与未来[J]. 物理，2020，49(1)：17-23.

[43] 国务院．国发〔2015〕28 号．中国制造 2025[Z]. 北京，2015.

[44] Lee W, Muhammad S, Sergey C, et al. Advances in the Cathode Materials for Lithium Rechargeable Batteries [J]. Angew Chem Int Ed, 2020, 59: 2578-2605.

第6章 钠离子电池

6.1 引言

钠是一种质地柔软、延展性好、新鲜切面呈光亮银白色、化学性质活泼的金属。在室温下，其密度为0.968g/cm^3，比水轻；熔点为98℃，沸点为882.9℃。钠有两种晶体结构，低温时为紧密六方结构，高温时为体心立方结构。钠的最外层只有一个电子且很容易失去，因此表现出很强的还原性，具有极强的化学活泼性[1]。钠与锂位于同一主族，它们之间的物化性质有很多相似之处。在地壳中，钠的含量较为丰富且以无机盐的形式广泛分布，价格相对低廉。金属钠与锂物理化学性质对比如表6-1所示。与锂离子电池相比，钠离子电池具有以下特点：钠资源非常丰富，约占地壳元素储量的2.83%，而且价格低廉，分布广泛。然而，钠的摩尔质量较大（23g/mol），且离子半径（1.02Å）比锂（0.76Å）大，这会导致Na^+在电极材料中具有较低的脱嵌速度、较低的马德隆能量以及较低的固溶率，从而间接影响电池的循环和倍率性能。另外，Na^+/Na的标准电极电位（−2.71V，vs. 标准氢电极）比Li^+/Li高约0.3V（−3.04V，vs. 标准氢电极）。因此，对于类似的电极材料来说，钠离子电池的总体能量密度稍微低于锂离子电池[2]。

表6-1　金属钠与锂物理化学性质对比

项目		钠	锂
性能	摩尔质量/(g/mol)	22.99	6.94
	离子半径/Å	1.02	0.76
	熔点/℃	98	180
	含量/%	2.83	约0.01
	全球分布状况	分布较广	70%存在于南美洲
碳酸盐的价格/(元/kg)		约2	约40

近年来，锂离子电池作为高效的储能器件，例如在便携式电子设备和小型电器上已得到了广泛应用，并向电动汽车、智能电网和可再生能源大规模储能等领域扩展。从大规模储能的应用和市场需求来看，理想的二次电池除了具有优良的电化学性能外，还必须兼顾资源丰

富、价格低廉、安全可靠等社会经济效益指标和安全性。锂离子电池因锂资源的匮乏、开发工序复杂和分布极其不均匀而受到诸多限制。最近，在对质量能量密度和体积能量密度要求不高的智能电网和可再生能源储存等方面，钠离子电池以其优秀和相对稳定的电化学性能、价格优势再次得到了密切关注。钠离子较大的离子半径有两个主要优势，即：①钠离子在液体电解液中的溶剂化作用要远低于具有更小离子半径的锂离子，而且钠离子从液体电解液到电极材料传输过程中的内阻也远小于锂离子的传输内阻；②较大离子半径的钠离子在固体电极材料中具有更高的离子电导率，这一点很难在锂离子电池中实现。一个典型的例子是β-氧化铝材料具有高钠离子电导率，但离子半径较小的锂离子却在β-氧化铝材料中离子电导率很差。另外，由于钠离子与金属铝不发生合金反应，并且铝材的价格远低于铜材，可以采用铝金属作为钠离子电池负极材料的集流体，因此可以大幅降低钠离子电池的生产成本。同时，由于其反应机理、电池结构和制作工序与锂离子电池类似的特点，锂离子电池成熟的制备工艺和生成设备可以应用在钠离子电池的生产中，这些都极大地推动了钠离子电池的发展。

早在20世纪80年代，关于钠离子电池和锂离子电池的插层化学机理同时得到研究，而随着锂离子电池在20世纪90年代初期成功商业化后，针对钠离子电池的研究逐渐减缓。最近几年，作为锂离子电池的储能替代方案，钠离子电池体系再次受到广泛关注和研究。钠离子电池与锂离子电池具有类似的“摇椅式”充放电原理[3]，如图6-1所示，充电时，在电势差的驱动下，钠离子从正极材料（以$NaMnO_2$为例）的晶格中脱出，经过电解液和隔膜，嵌入负极材料层间（以硬碳为例）。与此同时，自由电子通过外电路转移到负极，以保持电荷平衡；放电时，则与充电时离子和电子的迁移过程恰好相反，钠离子从负极材料中脱出，通过电解液和隔膜到达正极材料晶格中，自由电子通过外电路到达正极，以保持电荷平衡。需要注意的是，不同电极材料的钠离子迁移数和电子迁移数是不同的。一般来说，离子或电子的平均迁移数越高，其容量越高。钠离子电池的工作原理可用下列反应方程式表达。

① 充电时

正极：$$NaMnO_2 \longrightarrow Na_{1-x}MnO_2 + xNa^+ + xe^- \tag{6-1}$$

负极：$$C + xNa^+ + xe^- \longrightarrow Na_xC \tag{6-2}$$

即：$$C + NaMnO_2 \longrightarrow Na_{1-x}MnO_2 + Na_xC \tag{6-3}$$

② 放电时

正极：$$Na_{1-x}MnO_2 + xNa^+ + xe^- \longrightarrow NaMnO_2 \tag{6-4}$$

负极：$$Na_xC \longrightarrow C + xNa^+ + xe^- \tag{6-5}$$

即：$$Na_{1-x}MnO_2 + Na_xC \longrightarrow C + NaMnO_2 \tag{6-6}$$

根据钠离子电池的充放电原理可以看出，正负极电极材料是影响钠离子电池工作电压、能量密度、倍率性能、循环性能和库仑效率的关键，只有研发出适合钠离子稳定地脱嵌的正负极材料和电化学稳定的电解液，才能真正推进钠离子电池的商业化和实用化。图6-2给出了最近几年报道的钠离子电池正负极电极材料的理论比容量和电压关系图。其中，正极材料主要包括层状氧化物、聚阴离子型、隧道型氧化物、氟化磷酸盐和焦磷酸盐等；负极材料主要包括嵌入类材料（软硬碳材料）、合金类材料（Sn、Sb、P等）和转化类材料（金属氧化物/硫化物）等[4]。其中，部分金属或过渡金属氧化物、硫化物和硒化物中的金属使用M来代替。

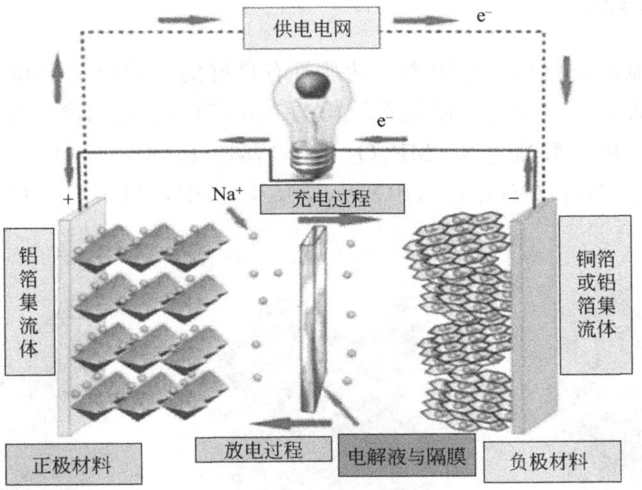

图 6-1 以 $NaMnO_2$ 和碳材料分别为正负极材料的钠离子电池工作原理示意图

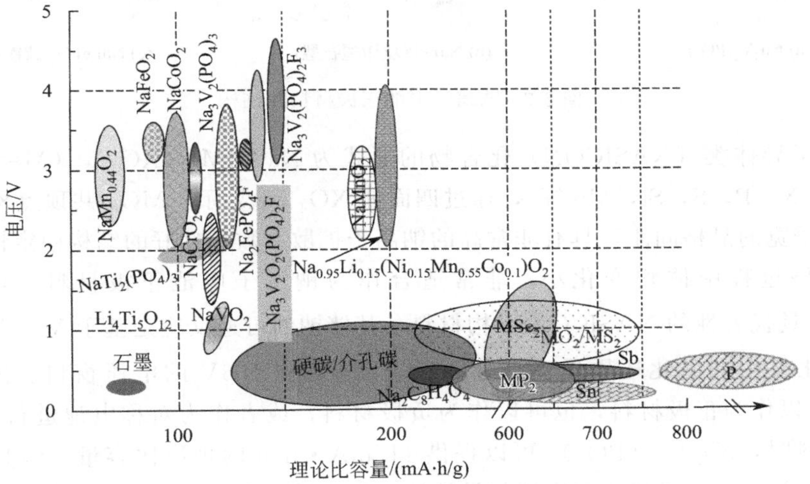

图 6-2 钠离子电池正负极材料理论比容量和电压关系图

6.2 正极材料

常见的钠离子电池正极材料包括：聚阴离子材料、层状氧化物材料（Na_xMO_2）、隧道型氧化物材料（$Na_{0.44}MnO_2$）、氟化磷酸盐和焦磷酸盐正极材料等。其中，金属氧化物具有较高的实际容量和相对高的工作电压，受到众多科研工作者的关注；聚阴离子材料的工作电压普遍较高，但是其容量偏低，电化学性能有待进一步提高；普鲁士蓝类化合物具有较大的空隙和稳定的结构，允许钠离子快速地脱嵌，从而能够提供较高的可逆容量，成为近年来的研究热点。

6.2.1 聚阴离子材料

作为钠离子电池正极材料，聚阴离子钠盐具有良好的结构稳定性和热稳定性，最近受到科研工作者的广泛研究，主要包括橄榄石结构的$NaFePO_4$、钠超离子导体（NASICON）结构$Na_3V_2(PO_4)_3$、焦磷酸盐［$Na_2MP_2O_7$和$Na_4M_3(PO_4)_2P_2O_7$］、氟化磷酸盐［$NaVPO_4F$、Na_2MPO_4F、$Na_3(VO_x)_2(PO_4)_2F_{3-2x}$，其中，M＝Fe、Co、Mn等］。其典型结构如图6-3所示。

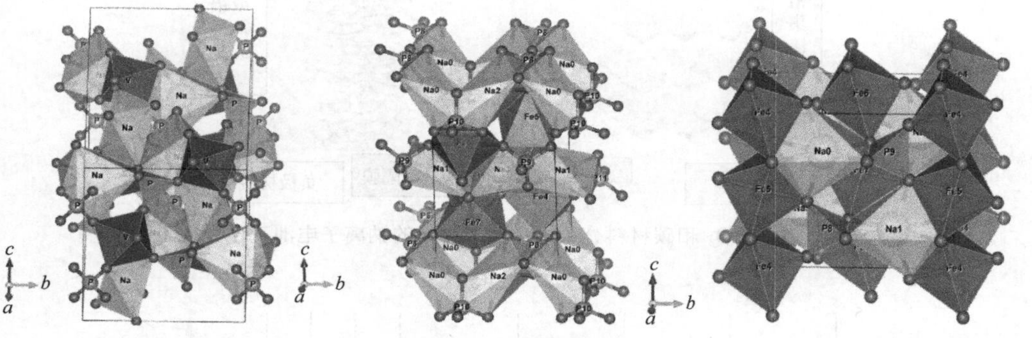

(a) $Na_3V_2(PO_4)_3$　　(b) $NaFePO_4$(橄榄石型)　　(c) $NaFePO_4$(磷铁钠矿型)

图6-3　钠离子电池正极材料的结构

钠超离子导体类（NASICON）化合物的通式为$Na_xMM'(XO_4)_3$（M＝V，Fe，Ti，Tr，Nb等；X＝P，S，Si，Mo等），通过四面体XO_4和八面体MO_6共顶点构成三维离子扩散通道和较宽的晶格间距，具有非常高的钠离子扩散系数和良好的结构稳定性，而且钠离子在脱嵌晶格过程中体积变化小，非常适合作为钠离子电池正极材料。其中，$Na_3V_2(PO_4)_3$为最具代表性的NASICON结构材料，其储钠的可逆反应是基于V^{3+}/V^{4+}和V^{2+}/V^{3+}价态变化发生的氧化还原反应，分别对应3.4V和1.6V的电压窗口。因此，$Na_3V_2(PO_4)_3$既可以作为正极材料，也可以作为负极材料，或者作为对称电池进行充放电实验。作为正极材料时，$Na_3V_2(PO_4)_3$可以提供117mA·h/g的理论比容量，因其优异的离子传输特性，被认为是最具优势和应用前景的钠电正极材料之一。其突出的离子传输特性、结构稳定性和优越的电化学性能与其独特的NASICON结构是分不开的。如图6-3(a)所示，$Na_3V_2(PO_4)_3$由独特的“灯笼式”骨架单元组成，属于$C2/c$空间群，每个单元包含两个VO_6八面体和三个PO_4四面体，并共顶点连接，形成［$V_2(PO_4)_3$］结构基元，“灯笼式”结构之间通过磷酸根（PO_4）四面体连接。$Na_3V_2(PO_4)_3$提供容纳两类钠离子的离子占位。其中，两个钠离子有序占据18e位置，可从主体材料中脱嵌，形成$NaV_2(PO_4)_3$。虽然$Na_3V_2(PO_4)_3$（NVP）材料的离子电导率很高，结构和热力学稳定性很好，但是其电子电导率很低，严重限制了电子在材料内部的传输，导致材料的内阻大、库仑效率低和材料的极化较大，严重影响了其在实际钠离子电池中的应用[5]。

改善此类NASICON材料的电子电导率和高电流密度下的倍率性能，需要从以下几方面进行：①对材料进行碳包覆或导电网络构建，提高材料的整体电子电导率和结构稳定性；②对材料进行纳米化处理，缩短电子或离子的传输路径，以降低材料的内阻和极化；③对材料进行离子掺杂和表面改性，微调材料的晶格间距、离子占位混排，降低材料表面能垒，以提高材料的整体导电性、反应活性和结构稳定性等物化性质。例如，Joachim Maier 教授和余彦教授等通过“双碳包嵌”方式制备了具有独特结构的（C@NVP）@pC 复合材料[6]。该材料由薄层碳包覆纳米化 NVP 纳米颗粒并嵌入多孔网络化碳骨架组成。与简单的碳混合 NVP/C 材料相比，该（C@NVP）@pC 复合材料利用软化学方法在 NVP 小颗粒表面原位生成 5 nm 左右厚度的薄层碳，并利用四甘醇的碳化分解构筑了多孔柔性网络化碳骨架，极大地提升了电子电导率和结构稳定性。该复合材料的电化学性能得到极大提升，在 20C 的放电倍率下，其极化现象几乎可以忽略，并且可逆比容量保持在 100mA·h/g，接近理论比容量。当电流密度高达 22A/g 时，该复合材料的可逆比容量依然可以达到 44mA·h/g，接近于超级电容器的电化学行为，但能量密度大大提高。另外，他们又通过温和静电纺丝的方法，制备了三维三连续 NVP@石墨烯和碳纳米管复合电极，并实现了电极自支撑的效果[7]。复合电极中未添加导电剂或黏结剂等材料，极大地提升了电极材料的比容量。该复合材料直接喷涂在集流体上并在 30C 的倍率电流下展示了高达 109mA·h/g 的可逆比容量，在 10C 的充放电倍率下，该材料可以成功循环 2000 圈，且容量保持率高达 96%，证明该方法在提升复合材料整体的倍率性能、循环性能、能量密度方面具有非常好的应用前景。邓苗等[8]在 700℃下煅烧前驱体材料合成了碳包覆磷酸钒钠复合材料（NVP/C-700）。该材料在 3.4V 左右发生 V^{4+}/V^{3+} 的氧化还原反应时极化现象最小，并且随着碳化温度的升高，复合材料的氧化还原过电位的数值逐渐变小，说明材料的极化逐渐变小，并且证明了 700℃下合成的碳包覆 NVP 材料的电化学性能最好，具有良好的钠离子嵌入和脱出可逆性，并在 1C 倍率下保持了长循环性能。在电极材料中引入碳构筑完整导电网络，可以显著促进电子的传导，这是提升材料的倍率性能非常简单且行之有效的方法。但非原位复合的碳无法对电极材料颗粒的生长进行限制，容易造成碳和活性材料颗粒的各自局部富集、团聚，非活性物质（碳材料）通常用量很大。若碳颗粒无法对活性材料进行保护，那么对电极材料的能量密度和循环性能并无益处。除了碳材料的表面修饰外，钠离子电池正极材料表面还可以用导电高分子材料进行包覆，如聚吡咯（PPy）、聚噻吩（PTh）和聚噻吩的衍生物（PEDOT）等。另外，碳层的厚度、电解液的选择以及材料的动力学壁垒都会影响钠离子电池的充放电过程。所以，通常选择四氢呋喃（THF）、碳酸乙烯酯（EC）等介电常数大、钠离子导电能力强的有机溶剂作为电解液溶剂，并利用阳离子 Zr、Mg 或 Fe 等进行掺杂，可以有效地提高 NVP 材料的结构稳定性和电子电导率。然而，五价的钒离子具有较大的毒性和较高的价格，在一定程度上阻碍了 $Na_3V_2(PO_4)_3/C$ 材料的广泛应用。

由于具有 NASICON 结构的聚阴离子材料在倍率性能、循环性能、能量密度等多方面有着十分突出的优势，研究者在 $Na_3V_2(PO_4)_3$ 的基础上开发了其他具有相似结构的电极材料，如 $Na_3VMn(PO_4)_3$、$Na_3VFe(PO_4)_3$、$Na_3VNi(PO_4)_3$、$Na_3Ti_2(PO_4)_3$、$Na_3VZr(PO_4)_3$、$Na_{1.5}VOPO_4F_{0.5}$、$Na_2TiFe(PO_4)_3$、$Na_3Fe_2(PO_4)_3$ 和 $NaNbFe(PO_4)_3$ 等。通过电负性较大的氟元素（$3F^-$）代替一个磷酸根（PO_4^{3-}），以增强阴离子基团的电负性，用于提高可逆工作电位，制备了具有更高电位的 $Na_3V_2(PO_4)_2F_3$；利用钒氧易结合的特点得到 V^{4+}/V^{5+} 的 $Na_3(VO)_2(PO_4)_2F_3$ 的理论比容量为 128mA·h/g，其主要分为两个储钠平台，分别位于 3.66V 和 4.15V，并具有优异的循环性能和库仑效率。总体上，这些材料并未改变 NASICON 结构框架，均表现出了优异的倍率性能。由此可知，对于具有高离子扩散系数的晶格结构，在改善其他电化学性能时，若要保持较好的倍率性能，则需要以不破坏材料结构本身的框架作为前提条件。

另外一个主要的聚阴离子型化合物为 $NaFePO_4$，其分子结构具有橄榄石型（*Pnma*）与磷铁钠矿型（*Cmcm*）两种。其结构是由一半八面体的金属原子和八分之一四面体位置的磷酸根组成的，如图 6-3(b) 和图 6-3(c) 所示。$NaFePO_4$ 的氧化还原反应基于 Fe^{2+}/Fe^{3+} 的价态变化而进行单电子转移，理论比容量为 154mA·h/g，放电电压为 2.9V。但是，在充放电过程中，原始相与 $FePO_4$ 相之间存在较大的失配度，故仅有一个较长的放电平台和两个充电平台，并且由于较低的电子电导率和一维扩散通道，实际实验中无法达到理论容量，不过通过碳包覆和纳米化处理可以提高 $NaFePO_4$ 的比容量。$NaFePO_4$ 的热力学稳定相为磷铁钠矿相，而非橄榄石相，故一般进行固相合成的材料为磷铁钠矿相。

6.2.2 层状氧化物材料 Na_xMO_2

层状（金属）氧化物的通式为 Na_xMO_2，其中，M 一般为 Fe、Ni、Mn、Co、V、Cr 和 Ti 等过渡金属，晶体结构一般为 O*n* 或 P*n*（*n*=2，3）。其中，O 相材料为钠原子在八面体上，而 P 相材料为钠原子在三棱柱上。O3 相、P2 相、P3 相的结构分别为 ABCABC…堆积、ABBA…堆积和 ABBCCA…堆积。在充放电过程中，P2 相的初容量（钠含量为 0.5～0.75）稍低于 O3 相和 P3 相（钠含量大于 0.8）。但是 O3 相主要在高温区形成，而 P2 相的合成温度相对较低，且结构和热力学稳定性最高，其原因是 P2 相具有更大层间距的三棱柱间隙，更利于 Na 的嵌入/脱出，并且只有在高温下才能使 M-O 键断裂，从 P2 相结构转变为其他相。Na_xMO_2 系统主要结构是 O3 ↔ O3 ↔ P3 或 P2 型。最常见的结构一般为 O3 型和 P2 型结构。其中，O 型层状氧化物在八面体位置容纳钠离子，而 P 型材料在棱柱位点容纳钠离子。钠离子在 O3 相结构中迁移时要通过狭窄的四面体中心位置，具有更大的扩散势垒；而层状 P2 型结构中钠离子只需要通过相对宽阔的平面四边形中心位置。所以，P2 相比 O3 相扩散势垒更低，一般表现出更好的倍率性能和较低的电池内阻。Na_xMO_2 电池材料的四种晶相均能够发生钠离子的可逆脱嵌。P2 相的 Na_xCoO_2 材料在充放电过程中，保持了原结构，具有较优的电化学性能。层状的 P2 型 Na_xMnO_2 拥有较高的理论比容量，而且价格低廉，相对于 Na_xCoO_2（易发生多个单相反应或两相反应，出现多个充放电平台，发生相转变后，循环性能变差）来说，更加有优势。典型 P2 材料的电化学性能对比如表 6-2 所示。

表 6-2 典型 P2 材料的电化学性能对比

物质	电压范围/V	第一圈的放电比容量/(mA·h/g)	库仑效率/%
$Na_{0.5}VO_2$	1.50～3.60	82(0.10*C*)	70(第 30 圈)
$Na_{0.5}CoO_2$	2.00～3.80	116(0.10*C*)	90(第 20 圈)
$Na_{0.5}MnO_2$	1.40～4.30	190(0.10*C*)	95(第 5 圈)
$Na_{0.5}CrO_2$	2.00～2.60	112(0.10*C*)	80(第 10 圈)

从表 6-2 中可以看出，P2 型 $Na_{0.5}MnO_2$ 具有较高的比容量和较好的循环性能及库仑效率，但其电化学性能仍需提高。为了改善其电化学性能，通常在 MO_2 中加入其他过渡金属（Fe、Co、Ni 等）离子，用于取代一部分 Mn^{3+} 来改善 Na_xMnO_2 的晶格结构，这样化合物表现出层状相变，不会转变为尖晶石结构，从而改善了材料的循环稳定性，提高了其电化学

性能。例如，过渡金属层中的活性 Ni^{2+} 取代，可以通过抑制 Mn^{3+} 在高电压（>4V）下的溶解来稳定层状结构，从而提高整个电池电压。李婷婷[9] 等通过溶胶-凝胶法合成了具有六方层状 P2 型结构的 $Na_{0.5}Ni_{0.25}Mn_{0.75}O_2$ 正极材料。该材料在 0.1C 倍率下和 1.5～4.2V 的电压范围内充放电测试，展示了非常平滑的充放电曲线，并且具有非常高的放电比容量（205mA·h/g）和良好的容量保持率 63.4%。傅正文[10] 团队通过固相合成法合成了四元过渡金属层状氧化物 $Na_{0.9}Cu_{0.22}Fe_{0.30}Mn_{0.43}Ti_{0.05}O_2$。该材料具有十分优异的循环性能和较好的倍率性能，在 0.2C 下循环 200 圈后具有 96%的容量保持率，在 1C 下循环 130 圈后仍具有 70mA·h/g 的比容量。

6.2.3 隧道型氧化物材料 $Na_{0.44}MnO_2$

Na_xMnO_2（$x\leqslant1$）是一种研究较多的氧化物正极材料，具有多种晶体形态、结构和物化性能。当 $x<0.45$ 时，Na_xMnO_2 材料具有三维隧道结构；$x\geqslant0.45$ 时，Na_xMnO_2 材料为层状结构。当 $x=1$ 时，在低温下形成的材料（α-$NaMnO_2$）为单斜的 O3 结构；高温形成的材料为 β-$NaMnO_2$，为正交晶系。在 Na_xMnO_2 氧化物正极材料中，$Na_{0.44}MnO_2$ 由于具有高的比容量和较好的循环稳定性而被广泛研究。$Na_{0.44}MnO_2$ 属于正交晶系，结构非常复杂，在一个晶胞单元中有 5 种不同位置的锰离子，分别处于两种不同环境，所有四价锰离子 Mn^{4+} 和一半的三价锰离子 Mn^{3+} 位于 MnO_6 的八面体离子位置，另一半 Mn^{3+} 处于 MnO_5 四方锥离子位置，如图 6-4 所示。由于 Na2、Na3 位于大的 S 形隧道中，而 Na1 离子位于小隧道中，有大量的 3D 隧道空隙，适合钠离子脱嵌，并且 $Na_{0.44}MnO_2$ 能够承受在结构变形中的一些应力，这使得材料结构稳定。因此，$Na_{0.44}MnO_2$ 具有较高的倍率性能和较好的循环稳定性能，但是，其容量不高的问题仍亟待解决。例如，赵丽维等[11] 发现延长高温反应时间对 $Na_{0.44}MnO_2$ 材料晶体结构无显著影响，但可明显改变形貌，从而影响材料的循环稳定性。细长的杆状颗粒可以增加材料的稳定性。隧道型氧化物材料 $Na_{0.44}MnO_2$ 充放电的化学反应方程式，如式(6-7) 所示：

$$Na_{0.66}Mn^{\mathrm{IV}}_{0.33}Mn^{\mathrm{III}}_{0.66}O_2-0.22Na^+ \rightleftharpoons Na_{0.44}Mn^{\mathrm{IV}}_{0.55}Mn^{\mathrm{III}}_{0.44}O_2 \rightleftharpoons Na_{0.22}Mn^{\mathrm{IV}}_{0.77}Mn^{\mathrm{III}}_{0.22}O_2+0.22Na^+ \tag{6-7}$$

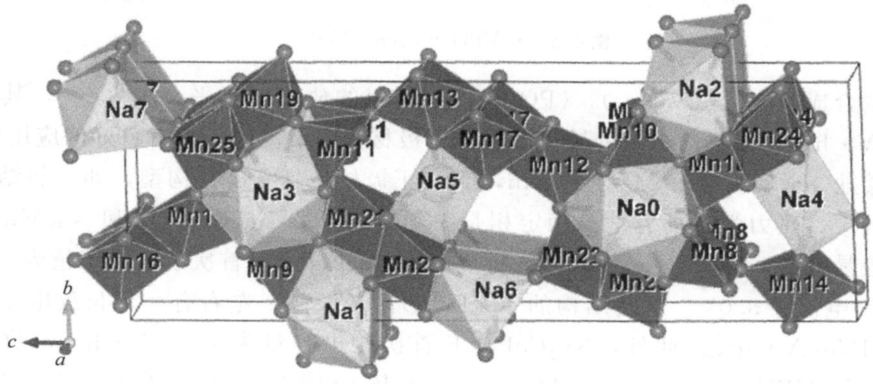

图 6-4 $Na_{0.44}MnO_2$ 的晶体结构图

6.2.4 氟化磷酸盐和焦磷酸盐正极材料

多种氟化磷酸盐作为钠离子电池正极材料，因其具有较高的充放电电压、稳定的循环性能和高的库仑效率而受到了人们的关注，如 $NaVPO_4F$、Na_2MPO_4F（M＝Fe、Co）、$Na_3V_2(PO_4)_2F_3$、$Na_3(VO_x)_2(PO_4)_2F_{3-2x}$（$0\leqslant x\leqslant 1$）。其中，$NaVPO_4F$ 是由 PO_4 四面体和 $V(PO_4)F$ 八面体共享顶角形成网状三维结构。VO_4F_2 与 F 原子形成“之”字形对称结构，故钠离子可以很容易地从该三维网状结构中脱嵌。通常认为 $NaVPO_4F$ 含有两种不同的晶体结构：①低温单斜晶系结构，与 $NaAlPO_4F$ 的晶体结构相同，空间群为 $C2/c$；②高温四方晶系结构，与 $Na_{2.82}Al_2(PO_4)_2F_3$ 的晶体结构相同，其空间群为 $I4/mmm$ [18]。其结构式分别如图 6-5(a) 和图 6-5(b) 所示。但 $NaVPO_4F$ 的电子电导率较低，需要进行碳包覆、杂原子掺杂和纳米化处理才能达到理想的传输效果。$NaVPO_4F$ 的材料（理论比容量高达 143mA·h/g）主要由 NaF 和 VPO_4 通过高温固相反应一步得到。但纯相 VPO_4 需要利用高温下五氧化二钒与磷酸二氢铵的固相反应生成。故其合成主要通过两步法进行，即合成纯相 VPO_4 后，再与 NaF 进行研磨混合、压实之后高温烧结而成，或者通过水热法将纯相 VPO_4 与 NaF 进行低温（250℃）合成。Barker 等通过高温固相法合成的 $NaVPO_4F$ 材料，展现了 82mA·h/g 的可逆比容量，但其循环性能较差，循环 30 圈，容量降到原来的 50%，故需要进一步改善结构和形貌，以提高整体的电化学性能。王先友等通过两步法反应，改进了合成方法并得到碳包覆纯相 $NaVPO_4F$ 材料，在较高的电流密度下获得的可逆比容量为 106mA·h/g，且展现了良好的循环性能。

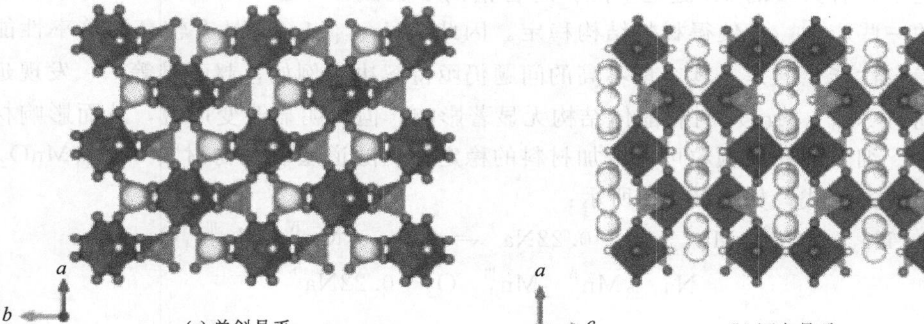

(a) 单斜晶系　　(b) 四方晶系

图 6-5 $NaVPO_4F$ 的晶体结构[12]

固相法合成的 $Na_3(VO_{0.8})_2(PO_4)_2F_{1.4}$ 材料的放电电压平台为 3.8V，其能量密度（约 600mW·h/g）是目前报道的钠离子电池正极材料中最高的，具有良好的应用前景。

焦磷酸盐 $Na_2MP_2O_7$（M＝Fe，Mn，Co）正极材料具有多种构型，如三斜结构、正交结构等。其中，热力学、动力学最稳定相是三斜结构，如 $Na_2FeP_2O_7$ 和 $Na_2MnP_2O_7$。而正交结构最易合成，如 $Na_2CoP_2O_7$。三斜结构的 $Na_2FeP_2O_7$ 首次放电比容量为 82mA·h/g，脱嵌 Na 电位在 3.0V。正交结构的 Na_2FePO_4F 在 3.0V 左右有一个长放电平台，理论比容量为 135mA·h/g。此外，Na_2CoPO_4F 首次放电容量为 100mA·h/g，放电电压在 4.3V，是 Na_2MPO_4F（M＝Fe，Mn，Co）家族中能量密度最高的。$Na_2CoP_2O_7$ 和 $Na_2MnP_2O_7$ 也得到了人们的研究，平均放电电压分别为 3.0V 和 3.65V。由于这类材料比容量一般较低（＜100mA·h/g），限制了它们的实际应用。$Na_2MnP_2O_7$ 具有两种不同的三斜晶系结构：$Na_2MnP_2O_7$-Ⅰ和 $Na_2MnP_2O_7$-Ⅱ，它们具有类似的结构框架，但具有不同的晶胞大小和 Mn-O-Mn、P-O-P 键角[图 6-6(a)和图 6-6(b)][13]。

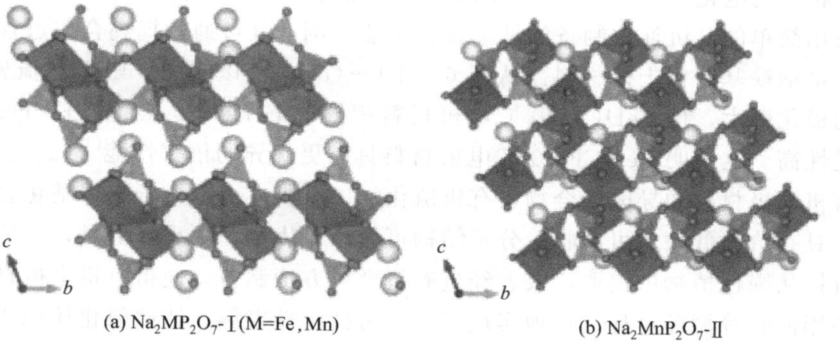

图 6-6　$Na_2MP_2O_7$-Ⅰ（M＝Fe，Mn）(a)和 $Na_2MnP_2O_7$-Ⅱ的晶体结构（b）

6.2.5　其他正极材料

普鲁士蓝及其衍生物的通式为 $A_xMFe(CN)_6$（其中，A＝K 和 Na；M＝Ni、Cu、Fe、Mn、Co 和 Zn 等），其在有机电解液体系中也显示了较好的倍率性能和循环稳定性。尽管这

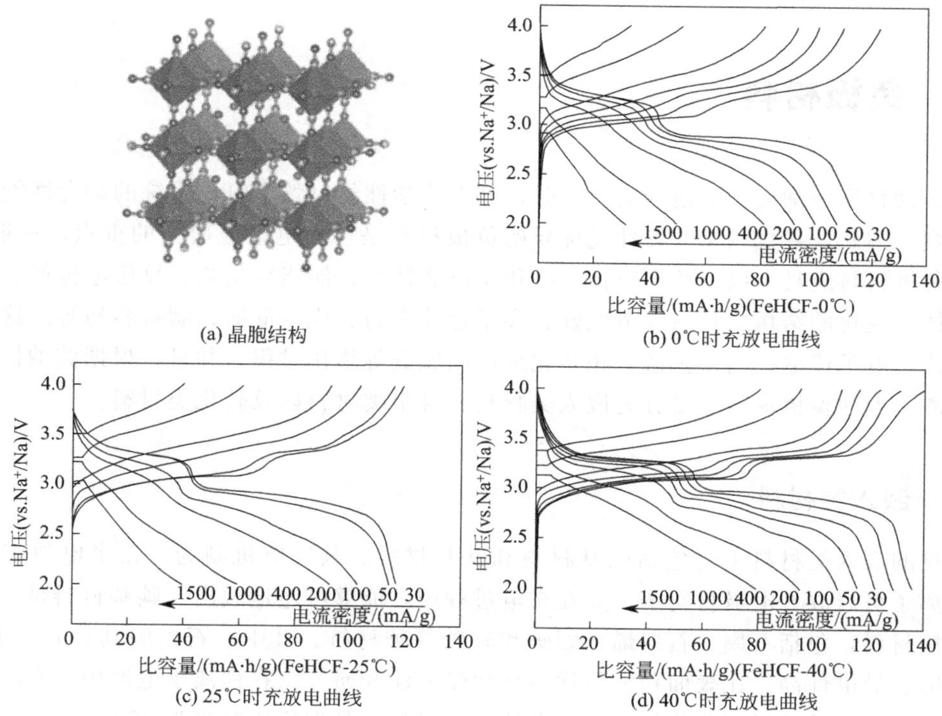

图 6-7　$KFe[Fe(CN)_6]$普鲁士蓝的晶胞结构
和不同温度下制备的铁基普鲁士蓝电极在不同电流密度下的充放电曲线[14]

些化学物本身无毒，价格低廉，但制备过程由于 CN^- 的使用，可能会对环境造成影响。此外，合成过程中对水含量的控制十分关键，这将直接影响材料的性能。普鲁士蓝

$KFe[Fe(CN)_6]$具有三维的空间开放结构，如图 6-7(a) 所示的晶胞图。该结构有利于碱金属离子的传输和储存，是一种典型的过渡金属铁氰化物。$K_xNiFe(CN)_6$ 在水系电池中表现出储 Na 和储 K 的电化学行为，其优异的电化学性能在大规模储能设备中显示出较好的应用前景。以采用简单的共沉淀法制备的铁基普鲁士蓝为例，其可通过提高合成过程中的温度得到高质量的富钠铁基普鲁士蓝材料。从图 6-7(b)～(d)中可以看出，随着电流密度的升高，电极材料的极化增大，但 FeHCF-40 ℃电极材料相较于 FeHCF-0 ℃、FeHCF-25 ℃电极极化小，可逆性高。这说明 FeHCF-40 ℃电极材料具有更优异的倍率性能[14]。

其他有机电极材料如导电聚合物、有机硫化物、有机自由基分子、羰基化合物和其他杂环化合物等具有价格低廉、可回收、分子结构可设计等优势。更重要的是，一些有机物电极材料可以直接从绿色植物中提取，或者经过有机合成方法制备，使得有机电极材料的整个生产制造、使用回收等循环过程真正地实现了绿色可持续性发展。按照氧化还原机理，有机正极材料可以分为两类：一类是阳离子嵌入型，如玫棕酸二钠盐（$Na_2C_6O_6$）、二羟基对苯二甲酸四钠盐（$Na_4C_8H_2O_6$）；另一类是阴离子嵌入型，如聚对亚苯基化合物，苯胺-硝基苯胺共聚物等。然而，有机电极材料导电性差且易于溶解在有机电解液中，导致其具有较差的电化学性能。在电极材料中添加导电碳，将有机化合物聚合、成盐、纳米化以及优化电解液等，都可以提升材料导电性，克服电极溶解等问题。

6.3 负极材料

负极材料作为钠离子电池的关键成分，其电化学性能对整个电池系统的综合性能具有重要的影响。因此，寻找以及开发性能优异的负极材料是可充电电池研究的重点。一般来说，理想的负极材料应具有以下几个特征：电化学可逆性好、储能容量高、反应电位低、具有能够缓解体积变化的结构、材料导电性好、离子迁移率高、成本低廉、制备容易等。这样才能具有较快的电子传输、离子扩散、相转化或层间脱嵌等物化过程，并且，根据储钠机制的不同，钠离子电池负极材料主要分为嵌入类材料、合金类材料以及转化类材料。

6.3.1 嵌入类材料

常见的嵌入类材料主要包括碳基材料和钛基材料。其反应机制为：在半电池充电过程中，钠离子可以嵌入电极材料中，并在充电过程中，能够可逆地脱出。碳基材料是一类较理想的负极材料，包括石墨、石墨烯、硬碳和软碳等碳材料。其中，石墨因其具有来源广泛、价格低廉、导电性高、比表面积大等优点而深受关注和研究。在锂离子电池中，石墨允许锂离子自由脱嵌，是已经商业化的锂离子电池负极材料，其理论比容量为 372mA・h/g。但用于钠离子电池负极时，石墨的储钠性能表现较差，这主要是因为钠离子半径比锂离子大，石墨的层间距只有 0.34nm，使得钠离子在石墨层间脱嵌困难，因而无法有效地发生插层反应。而所谓的“膨胀石墨”储钠行为实际上是无定形态碳材料的储钠过程，如图 6-8(a) ～(c) 所示，相对于钠离子，具有更大离子半径的钾离子可以和石墨进行插层反应并形成一阶插层化合物（KC_8；可逆比容量为 270mA·h/g）[15]。故可以认为石墨的层间距并不是决定是否能够储钠的决定因素。另外，Na^+/Na 电对比 Li^+/Li 电对的标准电极电势要低 340 mV，而锂离子进行插层的电位在 100 mV 左右，而钠的插层电位要下移至负电势区域，所以，在低电势下，钠离子首先被还原成钠而沉积，而非与碳层发生插层反应；其他碱金属如锂、钾、铷、铯等与石墨插层化合物的结合能为负值，易于进行插层反应；而钠与石墨插层化合物的结合能为正值，故难以形成稳定的一阶插层化合物。综上所述，石墨层间距的大小不是决定钠离子是否插层的决定因素，而且钠离子不同于其他碱金属离子，其高扩散能垒和与石墨插层化合物的正值结合能，使得钠离子无法在石墨层间进行有效的插层反应。

软碳和硬碳在储钠行为上的主要区别跟它们的结构有直接关系。软碳主要通过炭化石油系或煤系焦炭和稠环芳烃化合物（石油或煤沥青或中间相沥青等）而产生，具有高温下可转变石墨的性质，是一种短程有序而长程无序、乱层堆积的碳结构，规整度要高于硬碳，层间的范德瓦耳斯力较弱，易发生层间滑移现象，因此具有较高的导电性。软碳的主要储钠行为体现在斜坡特征。软碳的储钠循环性能较差，一般经过 200 圈循环后容量下降到 30mA·h/g 以下，这主要与钠离子在软碳中的微孔吸附和插层过程中不可逆吸附有关。而硬碳主要是一类碳微晶在 c 轴上堆积杂乱、取向随机、有较多的纳米空隙的碳材料。硬碳合成主要是在高温惰性气氛下加热木材、坚果壳等有机生物质材料。该类材料成本低廉、资源储量高，具有很高的应用价值。硬碳材料的储钠机理主要包含三种：①表面活性位点的钠离子吸附机理；②纳米孔道内的吸附/填充机制；③碳层间的嵌入/脱出机制。但是，储钠方式与充放电曲线的归属问题尚具有很大的争议，主要来源于不同研究者利用不同的分析测试方法对储钠机制进行分析。然而，通过非原位测试和表征得出来的结论不具有科学的说服力，一般在进行储钠机制与充放电区域归属的研究过程中，最好通过原位测试的方式进行，并完善储钠模型和充放电区域归属的对应关系。储钠过程主要分为硬碳材料的表面电容性双电层储钠、近材料处的赝电容方式储钠、孔道中的原子团簇储钠和钠离子嵌入反应储钠。

其他碳材料的储钠机理与软碳/硬碳材料的机理类似，如石墨烯储钠主要通过表面吸附钠离子和空隙与边缘填充储钠方式进行。由于石墨烯的高导电性和柔韧性特点，石墨烯电极可以根据需要做成柔性电池进行储钠储能。多孔类碳材料主要是通过高比表面积的表面吸附、内部多孔缺陷的填充储钠和碳层间的嵌入/脱出反应机制进行的。该类材料制备方法可以参见前几章中关于材料制备和方法的介绍。由于多孔类材料的高稳定性特征，一般具有较高的储钠比容量和优异的循环性能与倍率性能。碳纤维和碳纳米管类材料是具有独特一维结构的材料，结构比较稳定且易于构建导电性较高的三维网络或柔性材料，其储钠机理与石墨烯类材料类似，主要是以表面吸附和空隙与边缘填充的方式进行。其他掺杂氮、磷、硫、氧等杂原子的碳材料，其电化学曲线通常呈现出斜坡状。其储钠机理主要与碳材料表面或缺陷处吸附，与杂原子结合等电化学行为有关。该类材料具有较好的倍率性能和循环性能。但是，值得注意的是，其首圈充放电效率不高，储钠的电压也比较高，掺杂量比较难以控制，生产成本较高，大规模生产较难，故不利于作为高电压钠离子电池负极材料。

钛基氧化物作为钠离子电池负极材料，也是通过嵌入类反应机制进行储钠的。例如 $Li_4Ti_5O_{12}$，为一类尖晶石结构材料，在锂离子电池充放电过程中晶胞参数 a 值变化很小，晶胞体积仅变化 0.3%，故称为“零应变”材料；并且该材料的离子迁移速率快、倍率性能好，一直被视为倍率性能材料的代表性材料。该材料最早于 2012 年被胡勇胜课题组用作储

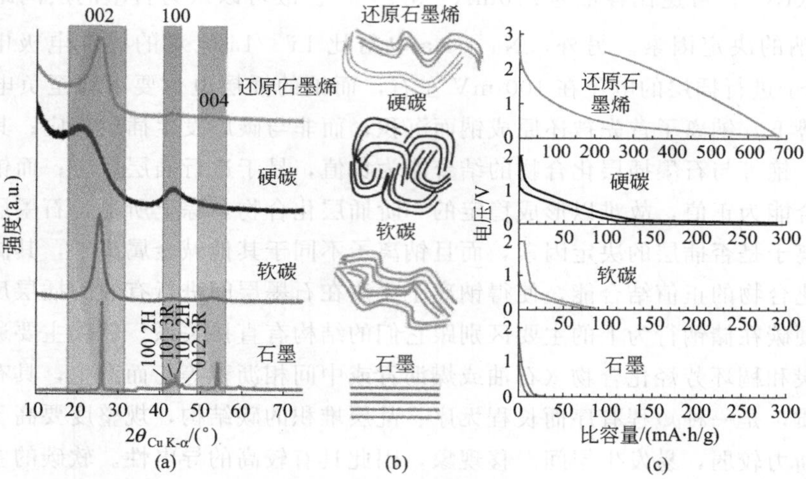

图 6-8 不同碳材料（石墨、软碳、硬碳和还原石墨烯）的代表性 X 射线衍射谱（铜 Kα 源）(a)，微观结构示意图(b)和储钠时的比容量-电压曲线（c）

钠方面，表现出优异的电化学性能，可逆比容量达 150mA·h/g。该材料的平均储锂电位在 0.91V，比锂离子电池中的储锂电位（1.5V）低 0.6V 左右，故该材料从零应变体积特征、高电导率和低储锂电位等方面来说，都具有很好的应用前景。主要的反应方程式如下：

$$2Li_4Ti_5O_{12} + 6Na^+ + 6e^- \rightleftharpoons Li_7Ti_5O_{12} + Na_6LiTi_5O_{12} \quad (6\text{-}8)$$

每摩尔 $Li_4Ti_5O_{12}$ 的平均转移电子为 3 个，具有多电子转移的特征，再通过电极材料的优化、碳材料包覆和颗粒大小的控制等手段，可以极大地提高该材料的电化学性能，具有很好的应用前景。其他嵌入型钛基负极材料还包括 $Na_2Ti_3O_7$、$Na_2Ti_6O_{13}$、$Na_4Ti_5O_{12}$、P2-$Na_{2/3}$［$Ni_{1/3}Ti_{2/3}$］O_2、P2-$Na_{0.6}$［$Cr_{0.6}Ti_{0.4}$］O_2、O3-$Na_{0.8}$［$Ni_{0.4}Ti_{0.6}$］O_2 和 P2-$Na_{0.66}$［$Li_{0.22}Ti_{0.78}$］O_2 等。其中，$Na_2Ti_3O_7$ 作为低嵌钠电位（0.3 V）的钠离子电池负极材料，可逆脱 2 个 Na^+，理论比容量高达 177mA·h/g，并且可以通过制备特殊的形貌、优化电解液配比和添加黏结剂等方式进一步提高其电化学性能[16]。

6.3.2 合金类材料

与锂离子电池类似，常见的合金类材料应用在钠离子电池中的主要包括金属类的 Ge、Sn、Pb、Sb、As、Bi、In 等，以及非金属类的 P 和 Si。合金类材料的反应机制主要是：在放电过程中，电极材料与金属钠发生反应，形成金属化合物 Na_xM；在充电过程中，金属化合物 Na_xM 接受电子后分解，重新还原为钠。其典型的化学反应方程式如下：

$$M + xNa \rightleftharpoons Na_xM \quad (6\text{-}9)$$

与碳材料和嵌入型材料的低比容量的特点相比，合金类材料由于具有较高的理论比容量、多电子转移特征、良好的导电性等特点而深受关注。部分典型的合金类材料的储钠理论比容量分别为：Sb(Na_3Sb,660mA·h/g)、Sn($Na_{15}Sn_4$,847mA·h/g)、In(Na_2In,467mA·h/g)和 P(Na_3P,2596mA·h/g)等。值得注意的是，硅材料（$Li_{4.4}Si$，4140mA·h/g）用作锂离子电池负极材料时可以发挥最大的容量，同时相关研究成果和技术都比较成熟。但由于热力学活性比较低，Si 基材料作为钠离子电池负极材料不具有电化学储钠活性，故需要对上述其他合金材料进行研究。同时，为了缓冲合金类材料充放电时的体积膨胀和提高材料电导率与稳定性，常用的改善方法主要包括碳包覆、纳米化、柔韧基底负载、合金化等方式。

需要说明的是，大部分 Sb 基、Sn 基材料在用作钠离子电池负极时，需要在其电解液中添加一定量的氟代碳酸乙烯酯（fluoroethylene carbonate，FEC）。这种电解液添加剂可以抑制乙炔、一氧化碳等还原性气体的产生，减少电极表面的开裂，有利于在活性物质表面生成稳定的 SEI 膜，进而可以提升材料的循环稳定性和减少副反应的发生。

磷基材料也非常适合用于钠离子电池负极，主要因为磷嵌钠电位约为 0.4V（vs. Na^+/Na)，且理论比容量高达 2596mA·h/g（Na_3P)。但同其他合金类材料一样，磷嵌钠形成的 Na_3P 合金会产生很大的体积膨胀（约为 491%)，而且磷的导电性较差（1×10^{-14}S/cm)，这些都会影响磷在钠离子电池中的比容量、循环寿命和倍率性能。研究表明，制备磷和碳的复合材料可以提高磷的导电性和缓解体积膨胀，提升电化学性能。Yang 课题组和 Lee 课题组[17,18] 均采用球磨的方法制得了无定形红磷与导电碳的复合物，可逆比容量能够达到 1800mA·h/g 左右。Pei 等[19] 将 100nm 左右的红磷颗粒嵌入石墨烯卷，可逆比容量高达 2355mA·h/g（以 P 质量算)，且 150 圈循环后容量保持 92.3%。此外，使用羧甲基纤维素（CMC）和聚丙烯酸（PAA）作为黏结剂，以及在电解液中添加 FEC，均可以缓解材料体积膨胀造成的影响。

6.3.3 转化类材料

转化类材料作为钠离子电池负极材料，具有来源广、种类多、价格低廉等特点，并且具有相对较高的理论容量。在很多情况下，可以同时用作储锂以及储钠负极材料。金属化合物为常见的转化类材料，主要包括金属氧化物、金属硫化物、金属硒化物以及金属磷化物等。根据反应类型可以分为两类。第一类为仅发生相转化型反应的材料。以转化类金属氧化物（MO_x）为例，M 为电化学非活性元素（如 Fe、Mn、Mo、Co、Ni 和 Cu 等)，在电化学反应中，这些金属氧化物经历转化机理并被还原成氧化钠和金属单质，如化学反应方程式（6-10）所示。第二类转化类金属材料既发生转化型反应又发生合金化反应，该类金属为上节所提到的能与钠形成合金的金属或准金属，具有电化学活性元素（如 Ge、Pb、As、Bi、In、Sn 和 Sb 等)，这类物质先经过转化反应式(6-10)，然后再进行合金化反应，如化学反应方程式(6-11）所示。

$$MO_x + 2xNa^+ + 2xe^- \rightleftharpoons xNa_2O + M \tag{6-10}$$

$$M + yNa^+ + ye^- \rightleftharpoons Na_yM \tag{6-11}$$

其中，金属氧化物材料一般具有较高的理论比容量，例如 Fe_2O_3（1007mA·h/g)、CuO（674mA·h/g)、CoO（715mA·h/g)、MoO_3（1117mA·h/g）和 $NiCo_2O_4$（890mA·h/g）等。然而，金属氧化物自身导电性较差，充放电过程中会产生较大的体积膨胀，会破坏电极材料的完整性，导致其具有较差的循环稳定性和较低倍率性能。通过设计一些新型的具备微纳结构的金属氧化物，可以改善材料的电化学性能。这主要是由于具有微纳结构的 MO_x 及其碳复合材料，不仅能够促进离子和电子的传输，还可以缓冲体积膨胀，维持电极结构的完整性。

金属硫化物作为钠离子电池负极材料，也受到人们的关注，如 FeS_2、Ni_3S_2、MoS_2、Sb_2S_3 等。通过采用静电纺丝和水热处理法[20]，制备了在氮掺杂的枝状 TiO_2/C 纳米纤维上生长膨胀的 MoS_2 纳米片（NBT/C@MoS_2 NFs），连续的一维枝状 TiO_2/C 纳米纤维提供了大的表面积来生长 MoS_2 纳米片，提高电极的电子导电性和循环稳定性。大的比表面积和氮的掺杂可以促进 Na^+ 和电子的转移。由于这些独特的设计和外部赝电容行为的优点，作为钠离子电池负极材料时，在 200mA/g 电流密度下循环 600 圈后保持了 258.3mA·h/g 的可逆比容量。动力学分析表明，赝电容贡献是获得优良速率性能的主要原因。

综上所述，钠离子电池具有原料广泛、价格低廉的特点，在大规模储能设备中显示出了很好的应用前景。

6.4 隔膜

隔膜的主要功能是使电池的正负极分隔开，并且起到防止两极接触而短路的作用，此外还具有电解质离子通过的功能。隔膜材质不具有导电的性质，并且其化学性质、物理性质对电池的性能具有较大影响。在选择隔膜时，需要根据电池种类的不同进行选择。

根据隔膜的结构和组成，可以将隔膜分为以下三种：聚合物多孔膜、无纺布隔膜以及无机复合膜。其中，聚合物多孔膜是一种多孔的聚烯烃薄膜，应用比较多的是半晶态聚烯烃隔膜，如聚乙烯膜（PE）、聚丙烯膜（PP）或者 PP/PE 混合膜。制备方法主要有干法（PP 隔膜）、湿法（PE 隔膜）等。对于两种隔膜生产工艺而言，干法主要利用超高分子量聚乙烯为主体，以石蜡为成孔剂，以二氯甲烷为萃取剂等物理的手段进行造孔，厚度上有一定的限制。湿法制膜主要是利用化学作用，可以达到更高的孔隙率和更均匀的孔分布。从成本、均匀度和生产线复杂程度方面对比，干法制膜的生产成本相对低于湿法制膜，但精度和孔隙率上要低于湿法制膜。干法生产线相对来说简单、非连续，而湿法制膜的生产线能够更自动化和提高效率。

无纺布隔膜的孔隙率高，而无机复合膜热力学性能较好。在常规的液态电解液系统中，多孔聚合物隔膜具有较多的应用。根据孔径的大小可以将隔膜分为半透膜以及微孔膜两大类。其中半透膜的孔径一般为 6～100nm，微孔膜的孔径在 10μm 以上，甚至到几百微米。其中，半透膜包括天然再生离子膜、合成高分子膜。天然再生离子膜又包括水化纤维素膜以及玻璃纤维纸。合成高分子膜包括聚乙烯辐射接枝膜以及聚乙烯醇膜两类。微孔膜分为有机材料膜以及无机材料膜。其中，编织物（尼龙布）以及非编织物（无纺布等材料）属于有机材料。无机膜材料包括陶瓷材料、玻璃纤维材料等。

干法和湿法是制备 PE 以及 PP 隔膜的常规方法。对于干法而言，其制得的隔膜因拉伸或挤压而具有裂缝孔以及垂直的微观结构；湿法制备的膜一般具有连续贯通的半球形以及椭圆形孔。另外，由于 PE 和 PP 的热变形温度比较低，热稳定性较差（PE 的热变形温度在 80～85℃之间，PP 的热变形在 100 ℃左右）。当电池内部的温度过高时，PP、PE 隔膜就会出现严重的热收缩或变形，导致电池的正负电极接触而短路，进而引发热失控，存在引起电池燃烧或爆炸的危险，给使用者带来严重的生命安全隐患。为了提高隔膜安全性，隔膜生产企业大多在基膜上涂覆聚偏二氟乙烯（polyvinylidene fluoride，PVDF）或陶瓷等热阻大的无机材料；或者通过非纺织的方法将纤维进行定向或随机排列形成纤维网络结构，然后用化学或物理的方法进行加固成膜（被称为无纺布型隔膜材料）。该类材料具有良好的透气率和吸液率。这些新型基材隔膜的耐热性能大多显著好于聚烯烃类隔膜，并且因其具有类似编织的结构，隔膜的抗刺穿性方面表现也十分优异，可有效避免因针刺造成的短路现象。目前使用间位芳纶、聚酰亚胺、聚对苯二甲酸乙二酯等合成材料制备无纺布隔膜。关于聚合物膜研究，国家纳米科学中心的唐智勇研究员团队[21] 采用基于C-C偶联反应的“表面引发聚合”策略制备了大面积的共轭微孔聚合物（conjugated microporous polymer，CMP）膜（图 6-9）。这种膜的骨架由全刚性的共轭体系组成，在有机溶剂中的稳定性很高。这种刚性骨架的CMP膜作为有机纳滤膜，还展现出了优异的电解液截留率和超高的溶剂通量，以聚丙烯腈为支撑基底的CMP膜（厚度约为42nm），在非极性有机溶剂正己烷和极性有机溶剂甲醇中的通量都较高。在同等选择性条件下，过滤速度较目前商用的一维柔性聚合物薄膜高出两个数量级。

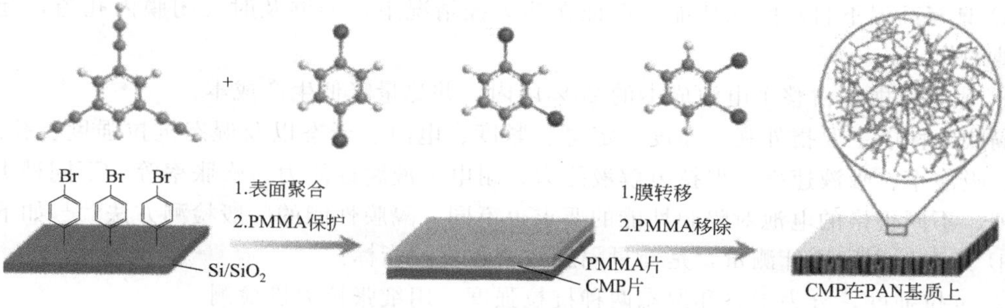

图 6-9 共轭微孔聚合物（CMP）膜的制备过程示意图及物性表征[21]

无纺布隔膜是通过化学、物理方法将大量纤维连接到一起，所制得的孔隙率较大的隔膜。无纺布隔膜可以分为以下两类：纯天然以及人工合成的隔膜。纤维素隔膜为纯天然隔膜。人工合成的隔膜较多，如聚酯、PVDF、PTFE、PVC等。制备无纺布隔膜的方法有湿法制膜法、挤出制膜法以及静电纺丝制膜法。其中，静电纺丝制膜法是在高压电场下将溶剂或者熔体拉伸，而得到直径较小的纤维物质的一种方法。

无机复合膜又称为陶瓷膜，是一种由无机微粒连接而成的多孔膜，具有较好的电导率。其较好的亲水性能以及较高的表面能，使其在烷基碳酸酯类溶剂中具有较强的溶剂承载能力。目前常用的无机复合膜是将三氧化二铝、氧化镁、二氧化钛、碳酸钙等粒子与聚合物多孔隔膜PVDF、PE、PP等复合。但是，这种方法存在制备工艺复杂、成本较高的缺点。图 6-10 展示了PE隔膜和接枝二氧化硅后的PE复合膜的SEM图[22]，从图 6-10 中可以看出，PE膜具有多孔性和良好的交联性质，接枝二氧化硅纳米颗粒以后，其变得更为粗糙，且孔隙率提高，有助于提高离子的通过率。

隔膜的作用除将电池的正负极隔离以防止短路外，还能吸收电池中电化学反应所需要的电解液，确保高的离子电导率；有的隔膜还能防止对电池反应有害的物质在电极间的迁移，保证在电池发生异常时使电池反应停止，提高电池的安全性能。

为满足高性能钠离子电池的需要，隔膜应具有的基本特性可归纳如下。

① 电绝缘性好，只允许离子通过，阻隔电子流通，防止电池内部短路。

② 对电解质离子有很好的透过性，电阻低，有助于提高电池的倍率性能。

③ 化学稳定性和电化学稳定性好，能够耐电解液腐蚀和抵御电化学侵蚀。

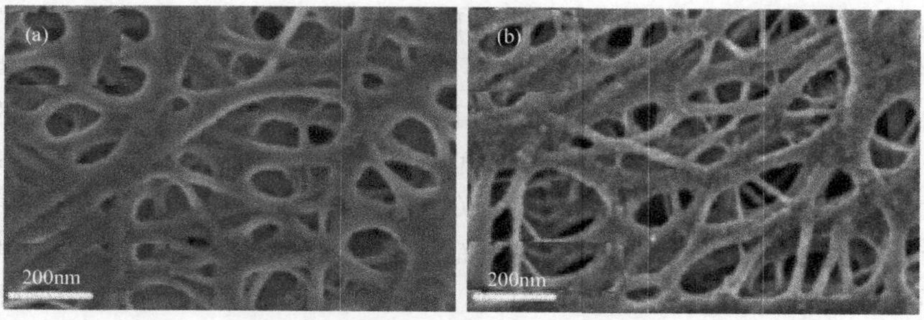

图 6-10 PE 隔膜和接枝二氧化硅后的 PE 复合膜的 SEM 图[22]

④ 对电解液润湿性好，能够快速吸收电解液并浸润整个隔膜。

⑤ 具有一定的机械强度，厚度尽可能小。

⑥ 热力学稳定性好，能够在一定的温度范围内保持结构和机械强度的稳定性。

⑦ 具有高温下自动闭孔功能，保证在热失控情况下，能够及时关闭膜内孔道，起到保护电池的作用。

⑧ 成本低廉，占整个电池成本的 20%以内，并尽量降低生产成本。

隔膜的性能主要指外观、厚度、定量、紧度、电阻、干态以及湿态抗拉强度、孔隙率、孔径、吸液率、吸液速率、保持电解液能力、耐电解液腐蚀能力、膨胀率等。不同种类、不同系列、不同规格的电池对隔膜性能的要求也不同。隔膜性能的一般检测方法[23] 如下。

① 紧度，用密度计测量，是衡量隔膜致密程度的指标。

② 抗拉强度，分为干态和湿态两种抗拉强度，用纸张拉力机检测。

③ 孔径，半透膜用电子显微镜测量。孔径口大于 10μm 的微孔膜用气泡法测量。

④ 电阻，可用直流法或者交流法进行测量。

⑤ 吸液率，反映隔膜吸收电解液的能力。测试方法是将干试样称量后浸泡在电解液里，直至吸收平衡，再取出湿隔膜称重。

⑥ 隔膜耐电解液腐蚀能力。将电解液加热到 50℃，将隔膜浸入电解液中保持 4～6h，洗净，烘干，与原干样品比较。

⑦ 膨胀率。将隔膜浸泡在电解液中 4～6h，检测尺寸变化，与干态样品尺寸相减，其差值百分数即为膨胀率。

总体而言，隔膜的技术发展和性能提高是可充电电池产业链中最具技术壁垒的部分。制备优良性能的隔膜对工艺的要求很高。国内隔膜目前普遍存在的问题是一致性不高，主要表现在不规律的缺陷，孔隙率不达标，厚度、孔隙分布以及孔径分布不均等方面。若要改善这一状况需要生产企业消化先进技术的同时，还要加大科研投入力度，自主设计具有自主知识产权的产品和技术，提高企业自身的技术研发能力，并加强与高校的合作开发，共同应对技术更新和产品更替。

6.5 展望

钠离子电池作为锂离子电池的替代方案，在超大储能站、智能电网调峰调谷和可持续能源存储方面，具有非常大的潜力和广阔的市场。目前科研工作者和企业已经在正极材料、负极材料、电解液、隔膜等方面做了很多的研究工作，取得了丰硕的成果，但是依然面临着很多问题和挑战。比如，聚阴离子型化合物、层状氧/硫化物、普鲁士蓝类化合物等材料，作为钠离子正极材料展现了各自的优点和特色，但是比容量相对较小，结构相对来说不够稳定，以及价格较高等问题有待解决。负极材料中包括无序碳材料、嵌入型钛基材料和有机化合物、合金类材料以及转化类材料，都具有很大的发展潜力，并展示了优良的电化学性能。利用碳包覆、纳米化及增加结构的多孔性、杂原子掺杂等方法可以优化其性能。不过在降低制备成本、减少工序和提高材料稳定性方面，依然有很长的路要走。

参考文献

[1] 李景虹．先进电池材料[M]. 北京：化学工业出版社，2004：417.

[2] 金翼，孙信，余彦，等．钠离子储能电池关键材料[J]. 化学进展，2014，26 (04)：582-591.

[3] 杨俊．MOFs 衍生的过渡金属硒化物/碳复合材料的制备及其储锂储钠性能研究[D]. 上海：华东理工大学，2019.

[4] Saravanan K，Mason C W，Rudola A，et al. The first report on excellent cycling stability and superior rate capability of $Na_3V_2(PO_4)_3$ for sodium ion batteries[J]. Advanced Energy Materials, 2013，3 (4)：444-450.

[5] 潘雯丽，关文浩，姜银珠．聚阴离子型钠离子电池正极材料的研究进展[J]. 物理化学学报，2020，36 (5)：1905017.

[6] Zhu C, Song K，van Aken P A，et al. Carbon-coated $Na_3V_2(PO_4)_3$embedded in porous carbon matrix: an ultrafast Na-storage cathode with the potential of outperforming Li cathodes[J]. Nano Letters, 2014, 14(4): 2175.

[7] Zhu C，Kopold P，van Aken P A，et al. High power-high energy sodium battery based on threefold interpenetrating network[J]. Advanced Materials, 2016，28 (12): 2409.

[8] 邓苗．聚阴离子型钠离子电池正极材料合成与电化学性能研究[D]. 苏州：苏州大学，2017.

[9] 李婷婷，钟盛文，周苗苗，等．P2 型层状钠离子电池正极材料的研究[D]. 赣州：江西理工大学，2020.

[10] Wang Q C, Hu E, Pan Y, et al. Utilizing Co^{2+} /Co^{3+} redox couple in P2-layered $Na_{0.66}Co_{0.22}Mn_{0.44}Ti_{0.34}O_2$ cathode for sodium-ion batteries[J] Adv Sci, 2017, 4: 1700219.

[11] 赵丽维．钠离子电池正极材料 $Na_{0.44}MnO_2$ 的制备及电化学性能研究[D]. 苏州：苏州大学，2013.

[12] Barker J，Saidi M Y, Swoyer J L. A sodium-ion cell based on the fluorophosphate compound $NaVPO_4F$ [J]. Electrochemical and Solid-State Letters，2003，6 (1): A1-A4.

[13] 卓海涛，王先友，唐安平，等．钠离子电池正极材料 $NaVPO_4F$ 的合成及其电化学性能．材料科学与工程学报，2006，03: 414.

[14] 高飞，杨凯，龙宣有，等．铁基普鲁士蓝正极材料的制备及储钠性能的研究[J]. 功能材料，2019，7(50): 07171-07138.

[15] Jian Z，Luo W，Ji X. Carbon electrodes for K-ion batteries[J]. Journal of the American Chemical Society, 2015, 137 (36): 11566.

[16] 曹鑫鑫，周江，潘安强，等．钠离子电池磷酸盐正极材料研究进展[J]. 物理化学学报，2019，35: 1-9.

[17] Qian J F，Wu X Y，Cao Y L，et al. High capacity and rate apability of amorphous phosphorus for sodium ion batteries[J]. Angewandte Chemie International Edition，2013, 52(17)：4633-4636.

[18] Kim Y，Park Y，Choi A，et al. An amorphous red phosphorus/carbon composite as a promising anode material for sodium ion batteries[J]. Advanced Materials，2013，25 (22)：3045-3049.

[19] Pei L，Zhao Q，Chen C，et al. Phosphorus nanoparticles encapsulated in graphene scrolls as a high-performance anode for sodium-ion batteries[J]. ChemElectroChem，2015，2(11)：1652-1655.

[20] Wang Ling，Yang Guorui, Wang Jianan, et al. Controllable design of MoS_2 nanosheets grown on nitrogen-doped branched TiO_2/C nanofbers: toward enhanced sodium storage performance induced by pseudocapacitance behavior [J]. Small, 2020, 16: 190459.

[21] Liang B, Wang H, Shi X, et al. Microporous membranes comprising conjugated polymers with rigid backbones enable ultrafast organic-solvent nanofiltration[J] Nature Chemistry, 2018, 10: 961-967.

[22] 曾诚．柔性钛基钠离子电池负极材料的研究[D]. 上海：华东理工大学，2019.

[23] 张路鹏．新型钠离子电池隔膜的制备及性能研究[D]. 郑州：郑州大学，2019.

第7章 碱金属硫电池

7.1 引言

锂离子电池自1990年推出后，被认为是未来大规模储能应用中最有前景的技术之一。然而，当前锂离子电池技术仍面临诸多挑战。第一，目前锂离子电池还不能满足市场对于高能量密度、高循环寿命、高稳定性和安全性的需求。锂离子电池质量能量密度和体积能量密度依然不高，特别是无法完全满足其在电动汽车中的应用。为了减轻它们的重量和体积，需要显著提升其能量密度，同时进一步保证相当大的功率密度。然而，基于在负极侧和正极侧使用的两个锂离子主体结构的摇椅电池模型，在能量密度方面受到限制。第二，目前锂离子电池主要基于昂贵的钴酸锂或者其他过渡金属的含锂氧化物的使用，这意味着大规模生产时这些电池成本较高。第三，与其他电池技术相比，锂离子电池存在因其高反应性导致的安全问题。为了克服这些缺点，仅仅根据相同的能量存储概念改进现有材料或设计新材料是不够的，还需要在储能体系上进行革新。如图7-1所示，碱金属硫电池（碱金属为锂、钠、钾）在能量密度上远远超过其他种类电池的平均能量密度。其中，锂硫电池的能量密度高达2600W·h/kg，是同类电池中能量密度最高的，并且是石墨-钴酸锂电池的5倍以上，所以发展潜力巨大，市场前景广阔。

碱金属硫电池是以硫为正极、碱金属为负极的可充电储能体系，其优点为硫元素价格低廉、储量丰富、环境友好、地理分布均匀、体系倍率性能好、制备工艺简单等。硫是地壳中最丰富的元素之一，如图7-2所示。其最常见的稳定形式是具有正交结构的α-S_8，它的储量丰富和低成本增加了硫作为电极材料的优势。当加热到95℃时，固体环状α-S_8的正交结构转变为单斜结构，单斜结构在约120℃时熔化。当温度上升到约160℃时，液体状α-S_8中的环开始打开并形成线型的双自由基亚砜基，此时液体的黏度最小。因此，大多数研究选择此温度将硫浸渍到多孔碳中。随着加热温度的不断升高，形成了5个、9个、18个和20个硫原子环的同素异形体。随后，发生聚合和解聚。如果在此阶段发生淬火，则将形成弹性和亚稳态的非晶硫。当温度达到440℃以上时，短链硫（S、S_2、S_4和S_6）会形成液态或气态。其中，S_6和S_4在600～800℃时为气态，S_2在850℃以上时气化，而S在1800℃以上时完全气化。

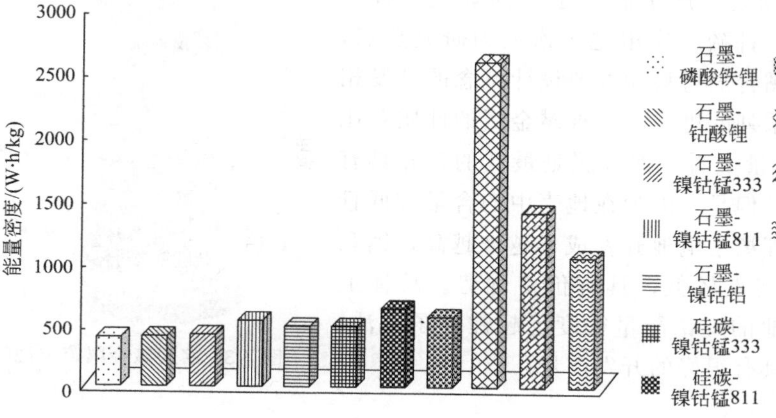

图 7-1 各类储能系统能量密度对比图

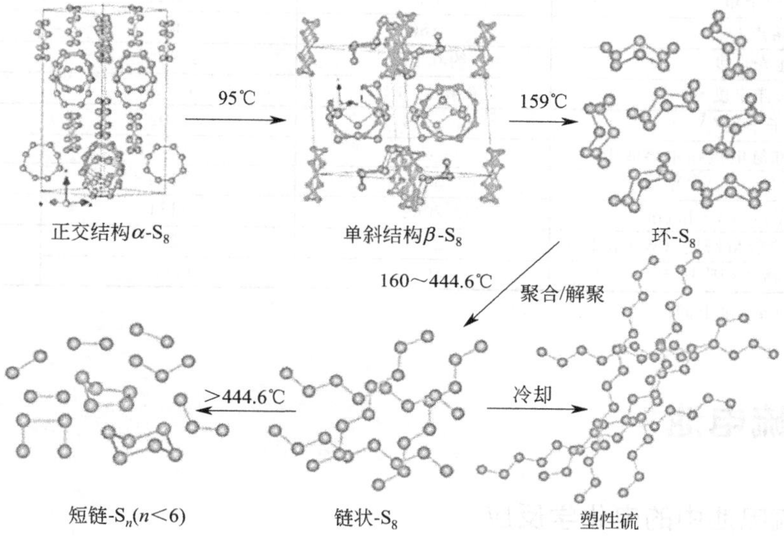

图 7-2 硫在不同温度下的状态[1]

图 7-3 为常规碱金属硫电池的模型图，包括正极、负极、隔膜、电解液和扣式电池外壳等。其中，正极侧为硫碳复合材料，负极侧为碱金属薄片，所用的电解液通常具有各种碱金属盐和其他添加剂的酯类溶剂（碳酸亚乙酯，碳酸二乙酯，碳酸二甲酯等）或醚类溶剂（乙二醇二甲醚等）。在充电/放电过程中，碱金属经历可逆的沉积/剥离过程，而硫正极经历可逆的氧化还原反应。金属离子和电子分别通过隔膜和外部电路进行传导。碱金属硫电池的可逆电化学反应可以表示为：

负极：
$$M \rightleftharpoons M^{+} + e^{-} \tag{7-1}$$

正极：
$$S_n + 2nM^{+} + 2ne^{-} \rightleftharpoons nM_2S(1 \leqslant n \leqslant 8) \tag{7-2}$$

理论上，基于每个硫原子的两电子转移过程，硫作为正极时比容量达到 1675mA·h/g，补偿了其较低（约为 2.1V）的放电平台，具有较高的能量密度（2600W·h/kg）。

硫基电化学电池早在 1962 年就已经被报道了，但由于硫的电绝缘性、充放电过程中间形成的多硫化物的“穿梭效应”，以及碱金属在使用过程中的枝晶等问题，严重制约了其商业化。近年来，锂硫、钠硫、钾硫二次电池再次成为研究热点，且与新电解质、黏合剂材料和电池设计概念的开发相结合，取得了一系列的进步。三种碱金属的性质对比见表7-1。从原子量上看，锂金属是最低的，并具有较小的离子半径。但是，因为在地壳中的含量较低且分布极不均匀，锂离子电池开发成本越来越高，钠和钾金属的丰度和熔点较低，具有价格优势。总体上看，碱金属硫电池的理论能量密度远超锂离子电池，故碱金属硫电池具有很好的开发前景。

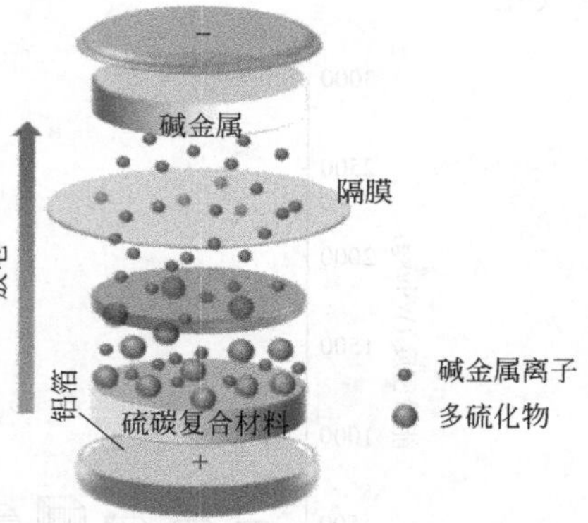

图7-3 常规碱金属硫电池的模型图

表7-1 三种碱金属性质

碱金属元素	锂	钠	钾
原子量	6.94	22.99	39.10
熔点/℃	180	98	64
地壳丰度	约0.01%	2.83%	2.59%
海洋丰度	0.000018%	1.1%	0.042%
离子半径/Å	0.76	1.02	1.38
$E(A^+/A)$与标准氢电极在水溶液中/V	−3.04	−2.71	−2.93
质量比容量/(mA·h/g)	3860	1166	687
体积比容量/(mA·h/cm^3)	2062	1131	589
碱金属硫电池理论能量密度/(W·h/kg)	2600	1230	914
放电产物体积膨胀率	80%	171%	296%

注：1Å=0.1nm，全书同。

7.2 锂硫电池

7.2.1 锂硫电池中的电化学反应

常规锂硫电池以S_8与碳的复合材料为正极，金属锂为负极，有机锂溶液为电解液。理论上，硫在放电时被还原成Li_2S，并在充电时被氧化回到S_8。还有一种锂硫电池采用了Li_2S作为正极，可与无锂负极配对，以提高锂硫电池的安全性。不过，由于正极处于完全放电状态，电池首先需要充电，然后再进行循环测试。

S_8以及反应生成产物Li_2S都是电绝缘性。例如，Li_2S中的锂离子扩散系数低至$10^{-15}cm^2/s$，在25℃时其电导率仅约为$10^{-13}S/cm$。S_8的电导率更低，在25℃时为$5\times10^{-30}S/cm$。硫的这些特性要求在S_8和Li_2S电极中应用导电主体材料，以提供足够的导电性和必要的缓冲以适应体积变化。硫在有机溶剂中的溶解度和溶剂中聚砜阴离子的性质也很重要，因为大多数锂硫电池采用非水性液体为电解质溶剂，硫氧化还原反应是基于溶液的电荷反应，这显然取决于硫物种的溶解。S_8溶于二硫化碳和四氯化碳，在许多极性电解质溶剂中微溶。此外，通过将S_8和Li_2S加入多种溶剂中，可以容易地形成多种多硫化锂化合物。因为每个聚砜阴离子的吉布斯自由能非常接近，所以溶液中的多硫化物的阴离子通常处于动态平衡中，如表 7-2 所示。

表 7-2 水溶液中形成的各种聚硫化物阴离子的热力学数据[2]

S_n^{2-} 中 n 的值	$n=2$	$n=3$	$n=4$	$n=5$	$n=6$	$n=7$	$n=8$
$\Delta G^{\ominus}$/(kJ/mol)	77.4±1.3	71.1±0.7	67.1±0.1	66.0±0.1	67.4±0.1	70.7±0.3	74.9±0.5
$\Delta H^{\ominus}$/(kJ/mol)	13.0	6.6±0.1	9.0±0.1	9.6±0.1	13.3±0.1	16.5±0.1	23.8±0.2
$S^{\ominus}$/[kJ/(mol·K)]	−22	9±4	63±1	100±2	139±1	171±4	213±8

锂硫电化学比其他转化反应复杂，S_8 与 Li_2S 之间的转化不是一步反应。如图 7-4 所示，锂硫电池充放电电压曲线通常有两个或三个阶段，这取决于电解液的组成和反应温度。在约 2.1～2.4V 附近的放电平台归因于元素硫还原成高阶多硫化物（Li_2S_x，$x\geqslant4$），总放电比容量为 419mA·h/g。这些生成的多硫化锂可以溶解在许多非质子电解液中，如方程式(7-3)、式(7-4)、式(7-5) 所示。

$$S_8+2Li \rightleftharpoons Li_2S_8 \tag{7-3}$$

$$3Li_2S_8+2Li \rightleftharpoons 4Li_2S_6 \tag{7-4}$$

$$2Li_2S_6+2Li \rightleftharpoons 3Li_2S_4 \tag{7-5}$$

低电压（<2.1 V）下的放电平台归因于高阶多硫化物进一步还原为低阶多硫化物（Li_2S_x，$1\leqslant x\leqslant4$），该阶段总比容量为 1256mA·h/g。当 S_8 被还原生成 Li_2S_2 和 Li_2S 时，它们开始在正极表面沉淀并形成绝缘层。如式(7-6)、式(7-7) 和图 7-4 所示。

$$Li_2S_4+2Li \rightleftharpoons 2Li_2S_2 \tag{7-6}$$

$$Li_2S_2+2Li \rightleftharpoons 2Li_2S \tag{7-7}$$

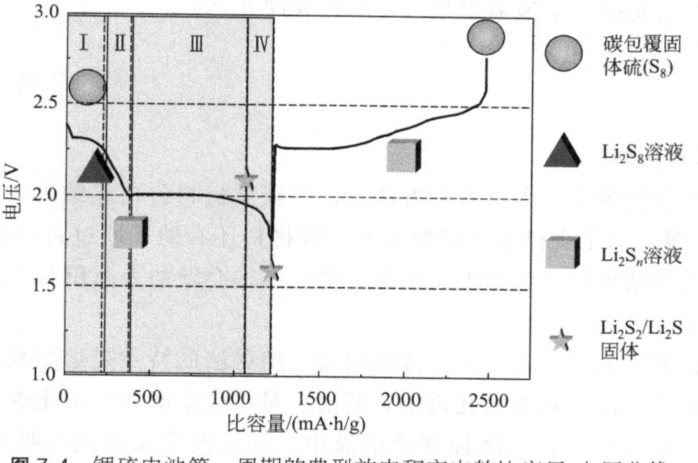

图 7-4 锂硫电池第一周期的典型放电和充电的比容量-电压曲线

7.2.2 锂硫电池的技术挑战

锂硫电池中的大多数问题，都源于充电和放电过程中电子和离子电导率低和活性物质体积变化，以及 S_8 电极中固有的多硫化物溶解。

(1) S_8 和 Li_2S 的低电导率 S_8 和 Li_2S 本质上是不导电的，因此，需要在 S_8 或 Li_2S 电极中加入大量导电活性材料，以提供必要的导电性。因硫的低熔点特征，可以很容易地将其掺入具有大孔隙率的高特异性导电材料中，以提高电极的导电性。

（2）正极体积变化　当 S_8 与锂离子反应，并完全转化为 Li_2S 时，体积膨胀率为80%。这种体积变化导致活性物质龟裂并与导电物质脱离，进而导致容量快速衰减。它还影响满足商业应用时能量需求所需的高硫负荷。因此，需要在电极中加入大量的导电剂作为体积缓冲剂，以减轻活性材料膨胀/收缩引起的应变。

（3）充放电过程中硫的溶解　即使是 S_8 也可以在非质子电解液中溶解。这一特征在一定程度上促进了 S_8 还原过程。S_8 的还原动力学比 Li_2S 氧化更容易，因为 S_8 的溶解度高于在大多数有机溶剂中 Li_2S 的溶解度。然而，多硫化物的溶解对锂硫电池性能有负面影响。多硫化物溶解的直接结果是活性物质在正极中损失。此外，在充电过程中，溶解的多硫化物可能在负极电极表面重新沉淀，这一效应改变了每个循环中正极的形态，并在电极内部引起应变，进而降低循环寿命。

（4）穿梭效应　穿梭效应是影响电池性能的主要问题之一。在浓度梯度的驱动下，溶解的多硫化物离子很容易从正极扩散到负极，长链多硫化物在负极表面被还原成短链多硫化锂，短链多硫化物再移动到正极并再氧化成长链聚砜。这种寄生过程在充电期间连续发生，产生内部穿梭，其程度受充电电流和聚砜扩散率的影响。结果表明，充电过程显著延长，库仑效率降低，自放电率增加。穿梭效应是锂硫电池性能损失的主要机理，它在选择电解液方面产生了巨大影响。多硫化物溶解度高、锂硫反应动力学快的电解液往往存在严重的穿梭问题，如醚基电解质；而多硫化物溶解度低的电解液中往往锂离子扩散速率较差。

（5）自放电　自放电是评价储能装置实用性的重要指标之一。由于硫和高阶多硫化物在非水电解液中缓慢溶解，即使在静止状态（即未循环）时，锂硫电池也会发生不良的自放电行为。溶解态硫由于浓度梯度迁移到负极，被锂金属还原导致开路电压和放电容量降低，所以如何保护电极材料免受电解液溶解是重要的研究课题之一。

7.2.3　正极

7.2.3.1　硫碳复合正极

在碳质材料中包覆硫是一种有效的方法。这些碳质材料包括碳纳米管[3]、石墨烯[4]以及各种多孔碳[5]等。除了提供电子接触之外，碳材料还有助于通过将可溶性多硫化物包覆在其孔结构内来减少活性材料的损失。此外，碳质结构会增加表面积和孔隙体积，增强复合电极的离子电导率。

硫碳复合材料通常通过熔融法或溶液法制备。熔融法的特点是熔融硫在160℃附近具有最低的黏度，从而将硫浸渍到碳的孔道中。溶液法是将硫溶解在二硫化碳、甲苯或二甲基亚砜之类的溶剂中，然后将多孔碳添加到该溶液中，并缓慢蒸发溶剂以吸收溶解在溶剂中的硫。这两种方法可能会导致硫的同素异形体不同。但是，它们不会影响硫碳复合材料的性能。

纳米结构硫碳复合电极是由Nazar等首先实验得到的。如图7-5所示，通过优化合成获得CMK-3结构，复合硫碳电极掺入大量硫（质量分数为70%），且外部碳表面涂有聚乙二醇链以调节其亲水性。得益于CMK-3材料的高导电性、高孔隙体积和相互连接的多孔结构，这种硫碳正极材料展现了1320mA·h/g的高初始放电比容量，循环20圈后具有1100mA·h/g的可逆比容量[6]。该方法被很多研究小组采用，并开始了对不同类型多孔碳的深入研究，促进了锂离子电池的再一次发展。

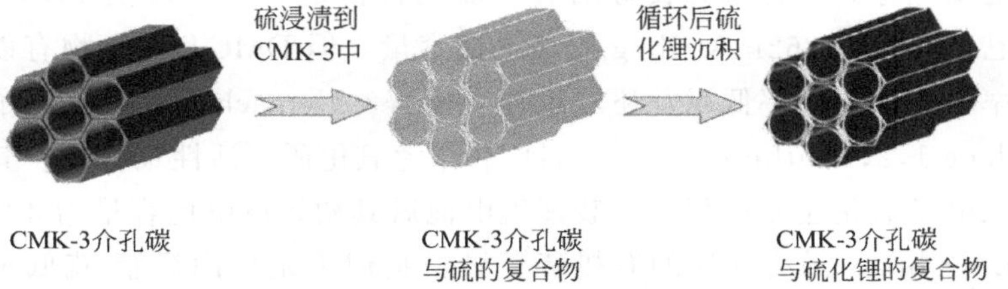

图 7-5　浸渍熔融法合成 CMK-3@S 示意图

图 7-6 为单层空心碳球和多层空心碳球包覆硫，并通过导电聚合物包覆的材料对比[7]。利用介孔氧化硅作为模板，酚醛树脂作为多层碳材料的前驱体，得到的洋葱状碳材料可以提供物理阻隔作用；通过导电聚合物的包覆，可以提供化学吸附的多硫化物，降低其溶解行为。研究表明，多层碳球可以将硫吸附在碳层间，并部分吸附在空心碳球内。由于碳是良好的电子导体，可以提高锂硫的电化学反应。所制备的复合材料硫含量为 64.8%，其初始比容量为 1071mA・h/g，并在 0.5C 下 100 圈循环后保持 974mA・h/g 的比容量，展示了良好的循环性能。另外，通过将聚乙二醇涂层的亚微米级硫颗粒与由炭黑纳米颗粒修饰的氧化石墨烯片包裹在一起，合成了石墨烯-硫复合材料。聚乙二醇和石墨烯涂层有利于在放电过程中适应涂层硫颗粒的体积膨胀，吸附可溶性多硫化物中间体，以及提高硫颗粒的导电性。所得石墨烯-硫复合材料循环 100 圈后仍然显示出高达 600mA・h/g 的比容量[8]。

(a) 单层碳球包覆硫并通过聚合物包覆的正极材料

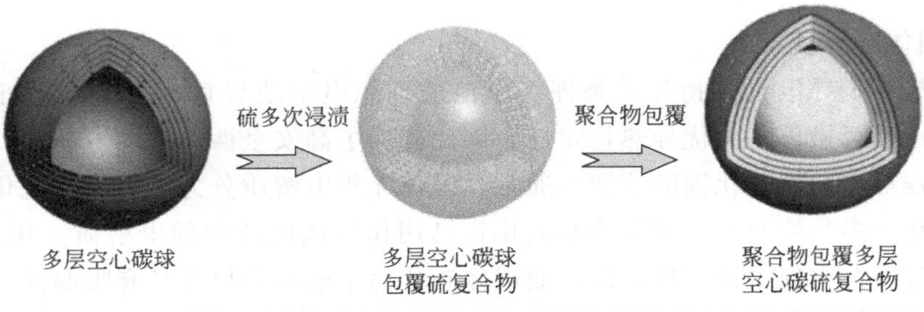

(b) 多层空心碳球吸附硫后并通过导电聚合物的包覆，得到聚合物包覆多层空心硫碳复合材料

图 7-6　中空碳球-硫电极

将硫包覆在多孔碳中确实是提高锂硫电池容量非常有效的方法。研究的大多数多孔材料显示出优异的电化学性能。此外，除了多孔碳在促进硫电极性能方面是有效的，利用导电聚合物涂层或非碳质聚硫化物层的添加剂，也可以显著提高锂硫电池的电化学性能。

7.2.3.2　有机硫正极材料

防止多硫化物溶解的另一种方法，是使用有机硫化合物作为正极材料。通过二硫键的可逆裂解可提供能量储存。一种研究良好的有机硫化合物是2,5-二巯基-1,3,4-噻二唑，简称DMCT，虽然它们可提供362mA·h/g的理论比容量，但DMCT化合物有以下缺点：室温下氧化还原速率缓慢、电导率低以及还原过程中溶解。Uemachi等[9]报道了PPDTA［poly (1,4-phenylene-1,2,4-dithiazol-3′, 5′-yl)］作为氧化还原活性聚合物，其特征在于每个聚合物单元的三电子氧化还原过程。组装锂硫电池后其初始放电比容量为420mA·h/g，接近理论值452mA·h/g。最有前途的有机硫正极材料似乎是聚丙烯腈-硫低聚物。与使用有机硫正极材料的其他电池相比，基于低聚物的电极不会发生容量衰减，并且表现出长循环寿命，380圈循环后仍具有470mA·h/g的高比容量[10]。

所讨论的有机硫化物，尤其是具有高比容量和优异循环性能的聚丙烯腈-硫低聚物，可能是在高能锂电池中使用硫基正极的新方法。然而，需要克服诸如在液体有机电解液中多硫化物溶解导致的容量衰减等问题。

7.2.4 电解质

由于多硫化物的穿梭机理是导致电池容量迅速下降和电池连续不断地自放电的主要原因，许多研究集中在开发用于这种电池的新型电解质上。此外，应该注意的是，电解质方法不仅解决了多硫化物穿梭机理的抑制问题，而且解决了使用金属锂作为负极所导致的问题。

7.2.4.1 有机电解液

锂硫电池常用电解液溶质为双三氟甲烷磺酰亚胺锂，并以适量硝酸锂作为添加剂。尽管溶质和添加剂在锂硫电池中起着必不可少的作用，但溶剂的综合优势更引起研究人员的兴趣。其中，常用的溶剂有四乙二醇二甲醚、二氧戊环（DOL）、二甲氧基乙烷（DME）、碳酸亚丙酯（PC）、碳酸亚乙酯（EC）、碳酸二乙酯（DEC）和甲基砜（EMS）等各种混合溶剂。不同的溶剂配比影响着锂硫电池放电行为和放电曲线，这可以用溶剂黏度的差异来解释。这些差异影响了元素硫和多硫化物的局部浓度，从而影响了浓度依赖性化学平衡。因此，更黏稠的溶剂可以诱导更高的第一电压平台和更低的第二电压平台。

7.2.4.2 固体电解质

固体无机离子导电化合物几乎是锂硫电池的理想电解质材料，由于没有可能泄漏的液体，具有高达几百摄氏度的优异热稳定性，因此确保了高安全性，循环寿命长，并且防止了由电化学过程形成的聚硫化锂的溶解。通常，固体无机电解质分为三大类：硫化物、磷酸盐和氧化物。在大多数情况下，硫化物和氧化物已用作锂硫电池中的电解质。相比于硫化物，氧化物基电解质在空气中稳定性更高，而固体硫化物基电解质尽管具有吸湿性，但由于其约为10^{-4} S/cm的高导电性而更具有优势。

7.2.5 锂金属负极

锂硫电池的另一个关键问题是锂负极在电解液中的稳定性差，特别是在多硫化物溶解的情况下。首先，由于锂金属的费米能量高于大多数电解质的低空位分子轨道能量，锂还原了大多数电解质，并不断形成不稳定的固体电解质界面层。这种效应会导致不可逆的容量损失和较低的负极效率。其次，使用金属锂作为负极可能会导致枝晶的形成，锂金属和溶解聚硫化物物种的电化学和化学反应可腐蚀锂负极，在锂表面形成不溶性的Li_2S和Li_2S_2而钝化负极，导致材料损耗和阻抗增加。解决这一问题的方法是在锂金属负极上沉积一层选择性保护层，或开发一种只允许锂离子传输的固态电解质。采用预锂化非锂负极或含锂正极，也可能是解决锂相关问题的一种选择。

由于其低电位和高比容量，锂金属原则上是理想的负极材料。然而，锂与其接触的大多数电解质反应，导致在其表面形成钝化膜。该膜通常是离子导体，在放电时不影响锂溶解过程（$Li \longrightarrow Li^+ + e^-$）。相比之下，锂沉积过程（$Li^+ + e^- \longrightarrow Li$）受到膜的表面不平坦的影响极大，导致不规则的沉积，最终可能导致整个电池中树枝状晶体的形成，存在严重的安全危害。设计物理阻隔层、使用锂合金替代以及对锂进行预钝化，可以有效缓解这一问题。

7.2.5.1 物理阻隔层

一种人工SEI层由氮化铜纳米粒子与丁苯橡胶（Cu_3N + SBR）结合在一起，同时具有较高的机械强度、良好的柔韧性和较高的锂离子导电性。人造SEI层的高锂离子电导率可确保整个电极表面的锂离子通量均匀，并防止形成局部“热点”。同时，人工SEI层的简便固溶处理，不仅提供了很好的薄膜可调性，而且使其可用于具有稳定基质的多孔锂负极。由于其出色的锂离子电导率、机械性能和化学稳定性，人造SEI层可以有效地抑制锂枝晶的形成，并保护锂金属表面在静态和长期循环条件下均不会重复发生SEI层击穿/修复[11]。

7.2.5.2 锂合金

为了保护锂负极，通过在高温下固化铝箔的方法，在锂表面形成非常薄的锂铝层。半电池的极化测试表明，在多硫化物存在下进行锂沉积/剥离后，这种合金层的稳定性得到了改善。常规电解液中涂有锂铝合金的锂负极，表现出比含硝酸锂添加剂的裸锂负极更好的稳定性。锂铝负极涂层的电池比裸露的锂负极电池具有更好的倍率性能和更低的电荷转移电阻[12]。

7.2.5.3 锂预钝化

在组装电池之前使用反应性化学物质处理锂负极，可以形成稳定的钝化层。已经提出了几种氧化物如SO_2、SO_2Cl_2和$SOCl_2$，以及无机酸如H_3PO_3和H_3PO_4，来与锂金属形成不溶且稳定的保护层。与未钝化电池相比，使用预钝化的锂负极电池显示出更高的放电容量。

7.3 钠硫电池

与锂相比，元素钠地球储量丰富，地壳和水中钠含量分别为28400mg/kg和11000mg/L，而锂仅为0.20mg/kg和0.18mg/L。与标准氢电极相比，有足够的2.71V的电化学还原电位。因此，钠硫电池在满足各种电化学应用，特别是大规模电网储能需求方面具有良好的潜力。

高温钠硫电池以熔融态的钠和硫为电极，固态的β-氧化铝为电解质，工作温度为300～

350℃。高温钠硫电池因其体积小、容量大、寿命长、效率高，自1967年以来已经在电力储能中广泛应用于削峰填谷、应急电源、风力发电等储能方面，但一直受能量利用率低和安全问题的困扰。

在过去的十年中，研究人员的兴趣开始转向安全稳定的室温钠硫电池，在最终放电产物 Na_2S 的基础上，钠硫电池的理论比容量和能量密度分别为1675mA·h/g和1230W·h/kg。然而，钠硫电池具有较低的初始放电容量和较差的循环性能，需要进一步广泛研究才能实现商业化。

7.3.1 钠硫电池原理

室温钠硫电池在发展之初以钠金属作为负极，使用硫-碳复合材料作为正极，并使用基于有机溶剂或聚合物的电解液。

钠硫电池在充放电过程中，会发生长链 Na_2S_x （$4\leqslant n\leqslant 8$）和短链 Na_2S_x （$1\leqslant n\leqslant 4$）聚硫化钠的转化等一系列复杂反应，电池反应为：

$$2Na^+ + xS \longrightarrow Na_2S_x \tag{7-8}$$

从图7-7可以看出，室温钠硫电池一般具有两个放电平台，分别约在2.2V和1.6V。

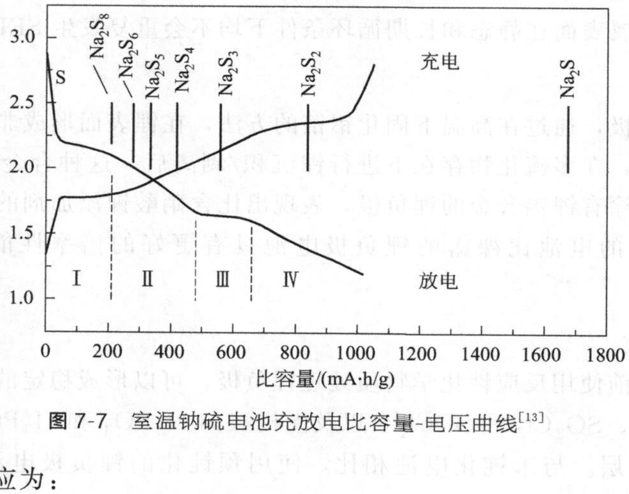

图7-7 室温钠硫电池充放电比容量-电压曲线[13]

区域Ⅰ发生的反应为：

$$S_8 + 2Na^+ + 2e^- \longrightarrow Na_2S_8 \tag{7-9}$$

在这个区域，元素硫从固态被还原为可溶的聚硫化钠，对应2.2V的高电压平台。

区域Ⅱ发生的反应为：

$$Na_2S_8 + 2Na^+ + 2e^- \longrightarrow 2Na_2S_4 \tag{7-10}$$

在这个过程中，液态的长链聚硫化钠继续还原为液态短链聚硫化钠，对应2.2～1.6 V的倾斜区域，这个区域还伴随着如下反应：

$$Na_2S_8 + 2/3Na^+ + 2/3\ e^- \longrightarrow 4/3Na_2S_6 \tag{7-11}$$

$$Na_2S_6 + 2/5Na^+ + 2/5e^- \longrightarrow 6/5Na_2S_5 \tag{7-12}$$

$$Na_2S_5 + 1/2Na^+ + 1/2e^- \longrightarrow 5/4\ Na_2S_4 \tag{7-13}$$

区域Ⅲ发生的反应为：

$$Na_2S_4 + 2/3Na^+ + 2/3e^- \longrightarrow 4/3\ Na_2S_3 \tag{7-14}$$

$$Na_2S_4 + 2Na^+ + 2e^- \longrightarrow 2Na_2S_2 \quad (7\text{-}15)$$

$$Na_2S_4 + 6Na^+ + 6e^- \longrightarrow 4Na_2S \quad (7\text{-}16)$$

在这个过程中，可溶的聚硫化钠开始转化为不溶的 Na_2S_2、Na_2S，对应图中的低电压平台。

区域Ⅳ发生的反应为：

$$Na_2S_2 + 2Na^+ + 2e^- \longrightarrow 2Na_2S \quad (7\text{-}17)$$

这个区域对应着 1.7～1.2V 的倾斜曲线。需要注意的是，Na_2S_2 和 Na_2S 是非导电性的，因此该阶段动力学缓慢并且易极化。

最终放电产物的不同可能是因为硫与钠离子的反应机理随电解液体系的不同而不同，且不同聚硫化钠的理论比容量不同：Na_2S_5、Na_2S_4、Na_2S_3、Na_2S_2 和 Na_2S 的理论比容量分别为 335mA·h/g、419mA·h/g、558mA·h/g、837mA·h/g 和 1675mA·h/g。由于乏钠与聚硫化钠对空气极其敏感，且没有足够的原位实验平台支撑，对室温钠硫电池的充放电机理仍需进一步研究。

7.3.2 室温钠硫电池的挑战与措施

锂硫电池面临的问题钠硫电池同样在面临，且更严重，包括穿梭效应、枝晶、硫的低利用率、容量衰减、硫的低电导率、体积膨胀以及钠比锂更大的离子半径和质量。

7.3.2.1 穿梭效应

室温钠硫电池在充放电过程中，会伴随着一系列氧化还原产物的相互转化，长链聚硫化钠（Na_2S_n，$4<n<8$）在有机电解液中具有很高的溶解性，可以在正极和负极之间自由迁移。当 Na_2S_n 向钠负极迁移时，Na_2S_n 和钠会发生反应，产生短链 Na_2S_m（$2<m<4$）聚硫化物。这些短链 Na_2S_m 聚硫化物在迁移回正极的过程中会再次形成长链 Na_2S_n，从而导致活性物质损失，降低放电容量，这个过程被称为穿梭效应，这也是影响锂硫电池发展的关键问题。由于钠比锂更加活泼，钠与聚硫化钠之间的反应更为剧烈，室温钠硫电池系统中穿梭效应加剧，导致循环过程中效率低下，容量衰减迅速。

7.3.2.2 钠枝晶

固态碱金属在作为负极时，会生成枝晶。高温钠硫电池因在 300℃以上工作，电极工作状态下为液态，不会有枝晶生成。但在室温下，钠金属在长期充放电过程中具有较差的可逆性。枝晶的生长导致 SEI 膜的不断破裂和重新形成，导致电池最终由于电解质耗尽而失效，且厚 SEI 膜会导致高阻抗。此外，枝晶可以穿透隔膜并使电池短路，造成严重的安全隐患。针对枝晶问题，锂硫电池的成功方法值得借鉴，如诱导沉积、构建人工 SEI 膜等。

7.3.2.3 容量衰减

室温钠硫电池除了在循环过程中发生容量衰减，在非工作状态下还会发生严重的自放电行为，长链聚硫化物会缓慢溶解在电解液中，然后穿梭到钠负极。大多数策略都是通过降低硫的粒径，或将硫限制在高导电基体中来优化正极。也探索了其他策略，包括构建具有中间层的新型电池结构，设计以聚硫化钠为正极的电池，以及利用高效电解质等。

7.3.2.4 体积膨胀

在锂硫体系中，锂化/脱锂时硫的体积变化通常约为 80%。由于钠离子相对于锂离子的离子尺寸较大，钠硫体系的体积膨胀约为170%。硫和长链聚硫化物之间的转化不会在电极中引起太多的体积变化。因为长链聚硫化物通常是可溶的，并且以液相物质存在。然而，在转化为固态短链聚硫化钠期间，硫的体积变化较为严重；在转化为 Na_2S 期间发生进一步膨胀，导致碳基质坍塌，阻碍电子通路。

7.3.3 正极

为了构造室温钠硫电池，需要克服完全充电和放电产物（S_8 和 Na_2S）的电绝缘性质，以实现高活性材料利用率。为了保持稳定的电池性能，基质还必须能够防止聚硫化钠穿梭到电解质中。

7.3.3.1 硫碳/聚合物正极

这种设计主要是通过将硫与适当的导电碳混合，使绝缘材料均匀分布在导电框架内，从而提高硫的利用率，提高硫正极的总电导率。Park[15] 等使用聚偏氟乙烯凝胶聚合物电解质组装钠硫电池，正极由70%硫（质量分数，下同），20%导电碳和10%聚环氧乙烷组成，首次放电比容量为489mA·h/g；经过20圈循环后，保持在40mA·h/g。如图7-8所示，将60%硫、30%导电碳以及10%聚偏氟乙烯混合，并在硫正极和隔膜之间插入纳米结构的碳基中间层。首次放电比容量为900mA·h/g，循环10圈后衰减到600mA·h/g。通过这些研究发现，采用直接混合硫碳的方法来制作电极，虽然方法简单，但是容量衰减过快，主要原因是通过简单机械复合的材料在多次循环后，硫碳之间的连接恶化以及电子转移受阻[14]。

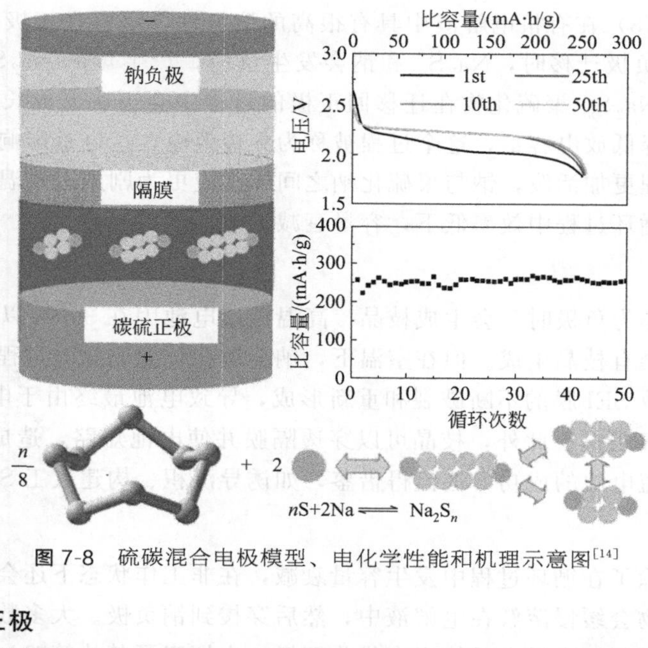

图7-8 硫碳混合电极模型、电化学性能和机理示意图[14]

7.3.3.2 硫复合正极

（1）硫化聚丙烯腈 元素硫和导电聚合物通过热反应生成复合材料作为电极。这些电极结构在导电碳基质中含有纳米硫和硫-碳键，并且在重复循环期间变得稳定。在聚丙烯腈和硫混合物的热处理过程中，第一步是聚丙烯腈的氰基裂解，并与相邻氰基的碳键合发生聚丙烯腈的环化反应；第二步是通过环化反应产生的环和升华硫发生脱氢反应，环化反应产生的环形成了π共轭的环状结构，而升华硫转化成了硫化氢；第三步是在相对较高的温度下，硫元素产生硫自由基，并进一步和聚丙烯腈衍生的共轭环状结构反应，形成最终含有硫碳共价键的复合结构。

首次将硫化聚丙烯腈应用到室温钠硫电池中的研究表明，热重分析，显示复合材料中硫含量约为45%，扫描电子显微镜测试复合材料平均粒度为200nm。硫作为纳米颗粒并从分子水平上嵌入硫化聚丙烯腈基质中，然后在添加高氯酸钠的液体电解质体系中进行电化学测试，硫复合正极材料初始比容量为655mA·h/g，循环18圈后保持在500mA·h/g，具有约100%的充电/放电效率[16]。

(2) 硫碳复合电极　常用的碳材料有微孔碳（孔径小于2nm）、中孔碳（孔径小于50nm）、空心碳球、大孔碳（孔径为大于50nm）、碳纳米管等。硫碳复合可以使硫更稳定地嵌入碳基质中，更好地抑制聚硫化物的穿梭。

相互连接的介孔碳空心纳米球是一种高效的碳基质[17]，其中碳纳米球的尺寸约为100nm，碳壳中有巨大的介孔（约为10nm）。制备的硫与相互连接的中孔碳空心纳米球的复合材料在200圈循环中保持了约88.8%的高容量，具有优异的速率性能。值得注意的是，介孔碳壳可以作为离子、电子和电解质的开放主动扩散通道，有效地阻挡聚硫化物穿梭。此外，除了在中空空间中包裹外，还可以在碳介孔中嵌入一定量的硫，从而对聚硫化物进行定位。

在将硫粉末掺入聚丙烯酸和羧甲基纤维素之间的缩合过程中，可使硫纳米片在泡沫铜基材上原位生长。这种二维硫纳米片结构用作室温钠硫电池的正极时，初始比容量为1403mA·h/g，是目前已报道资料中比容量最高的，这归因于硫和泡沫铜之间的紧密接触，硫正极具有高电子传导性。另外，铜衬底的泡沫结构可以提供额外的多维空间，以适应随后的硫体积变化和放电产物的沉积。尽管这种方法可以获得高比容量，但硫纳米片正极在循环过程中比容量急剧下降，5圈后仅保留377mA·h/g。这是因为许多硫纳米片是隔离的，并且与泡沫铜和导电添加剂的接触不良。同时，大量的硫和非导电放电产物在电极中聚集，阻碍了电子扩散和传输，导致较差的电化学性能。通过原位拉曼光谱研究了硫纳米片正极的机理，在放电过程中，S_8 依次还原为 Na_2S_5，Na_2S_4，Na_2S_2 和 Na_2S[18]。

有研究表明，通过碳化金属-有机骨架沸石咪唑骨架（ZIF-8）前驱体，制备纳米多孔氮掺杂的碳基质是一种有效方法，在155℃下熔融硫渗透到纳米多孔氮掺杂的cZIF-8基质中形成复合材料，热重显示复合材料中硫的含量约为50%，比表面分析测量结果显示复合材料的比表面积几乎为零，表明cZIF-8的孔完全被硫填充。在0.1C的速率下实现约1000mA·h/g的可逆比容量，在250圈循环后，仍有500mA·h/g的可逆比容量。优异的循环性能可归因于氮掺杂的多孔碳颗粒与聚硫化钠具有强相互作用，并在物理上对聚硫化物穿梭效应具有隔断作用，并且金属有机框架衍生碳材料的多孔微结构对长链聚硫化钠的扩散具有一定的限制作用[19]。

(3) 聚硫化钠正极　通过聚乙烯吡咯烷酮聚合物胶束辅助的溶液法，成功制备了硫化钠空心纳米球镶嵌在多孔导电碳骨架的蛙卵珊瑚状复合正极材料。镶嵌在导电碳骨架中的空心硫化钠纳米结构，可以保证钠离子和电子的快速传导，以及活性物质的充分有效利用，从而提高了钠硫反应的电化学动力学，因此获得了优越的倍率性能。硫的最终放电产物硫化钠作为钠硫电池正极材料，搭配类似锡或者硬碳一类的非钠金属负极材料，全电池展现了首圈放电比容量550mA·h/g，50圈后容量保持率达到80%以上[20]。

7.3.4 电解质

电解质提供了负极和正极之间的离子输送途径。电解质的选择直接决定了室温钠硫电池的性能。通常，固态电解质有利于减轻聚硫化物的溶解和穿梭效应。然而，由于固体电解质的低离子电导率和界面不稳定性，其应用具有挑战性。对于液体电解质，中间聚硫化物溶解度较差的问题需要引起重视。为了提高室温钠硫电池的电化学性能，必须对各种电解质进行研究，以确定最佳的电解质组成。

7.3.4.1 固态/聚合物电解质

在最初的室温钠硫电池研究中使用了聚合物凝胶电解质。如表 7-3 所示。这些材料的主要缺点包括：尺寸稳定性差，离子电导率随时间衰减，对电极材料的界面稳定性差。

表 7-3 使用聚合物凝胶电解质的室温钠硫电池研究

电解液	年份	相关文献
PVDF-四乙二醇二甲醚-$NaCF_3SO_3$	2006	[15]
PEO- $NaCF_3SO_3$	2007	[21]
PVDF-HFP-四乙二醇二甲醚-$NaCF_3SO_3$	2008	[22]
EC-PC-$NaCF_3SO_3$-(PVDF-HFP)-$NaCF_3SO_3/SiO_2$	2011	[23]

使用 $Na_{3.1}Zr_{1.95}Mg_{0.05}Si_2PO_{12}$ 制造固态室温钠硫电池的研究表明，具有钠超离子导体相的 $Na_{3.1}Zr_{1.95}Mg_{0.05}Si_2PO_{12}$ 具有优异的室温离子电导率 3.5×10^{-3} S/cm，可以有效地抑制聚硫化钠的溶解和穿梭，这使得其具有比液体对应物更好的循环稳定性[24]。

7.3.4.2 醚类电解液

锂硫电池中多用各种锂盐-醚类溶剂电解液，但研究结果显示这类电解液并不适用于室温钠硫电池，而四乙二醇二甲醚等醚基电解液在室温钠硫电池中表现出优异的电化学性能。就电化学性能而言，醚基电解液的性能高于聚合物电解质，但是与理论比容量仍有较大差距。室温钠硫电池电解质溶剂的研究始于醚类，包括 1,3-二氧戊环/乙二醇二甲醚、四乙二醇二甲醚。但由于高阶聚硫化物在醚基电解液中的溶解度较高，实现的容量较低。随着放电的进行，越来越多溶解的聚硫化物穿梭到负极侧，导致低阶聚硫化物的形成减少。因此，醚类电解液的电池具有较强的穿梭效应和自放电能力，导致容量低、容量衰减快。

7.3.4.3 碳酸盐类电解液

碳酸盐类电解液一般具有较高的离子电导率和广泛的电化学稳定性，同时具有良好的负极钝化性能。然而，根据锂硫电池的研究结果，在初始放电过程中，碳酸盐溶剂一般具有较高的离子电导率和电化学稳定性，同时还具有良好的负极钝化性能。然而，根据锂硫电池的研究结果，在初始放电过程中，多硫化物通过亲核反应与碳酸盐溶剂会发生不可逆反应，导致电解液的分解和活性物质的损失。

在钠硫电池中也面临同样的问题，高氯酸钠作为室温钠硫电池中常用的电解质已被广泛研究。

以碳酸盐基有机物作为溶剂的钠硫电池的放电电压曲线，与醚基电解液电池的放电曲线是非常不同的。前者的放电电压大部分在 1.5V 以下，这表明其反应机制与醚基电解液的反应机制不同。在室温钠硫电池中容易形成高阶聚硫化物，并与碳酸盐电解质发生不可逆反应，因而放电电压较低且不可逆容量损失较大。

7.3.4.4 添加剂

在所有现有的电解液设计和配方策略中，使用定制的电解液添加剂是最简单、可扩展且经济的方法。更广泛研究的添加剂是氟代碳酸乙烯酯。它是一种有效的成膜电解液添加剂，可改善电池的循环寿命和性能。研究发现在 1mol/L NaFSI/DME 中加入氟代碳酸乙烯酯，可在电化学循环中形成高度稳定和致密的钠金属沉积，这归因于氟代碳酸乙烯酯分解而形成稳定的 SEI 层[25]。

汪等利用氟代碳酸乙烯酯作为共溶剂，高浓度钠盐和三碘化铟作为添加剂，构筑“鸡尾酒优化”电解质体系，获得了具有优异电化学性能和高安全性的室温钠硫电池。通过第一性原理计算和实验表征证明，氟代碳酸乙烯酯和高浓度钠盐不仅大大降低了聚硫化钠在电解液中的溶解度，而且在钠金属负极上形成了坚固的固体电解质界面层。三碘化铟作为氧化还原介体，增强了正极上硫化钠的动力学转化过程，并在负极形成铟金属钝化层以防止其被聚硫化物腐蚀。这是目前已报道的文章中具有最优异循环性能之一的室温钠硫电池[26]。

7.3.5 负极、隔膜、集流体

7.3.5.1 负极

该领域的研究主要集中于功能性纳米复合材料的开发，利用有效的电解质，以及构建新的电池配置以获得高性能的室温钠硫电池。

如图 7-9 所示，崔等首次报道了一种简单的液体电解质。这种液体电解质可以在室温下实现钠金属负极的高度可逆和非树枝状电镀剥离，而无需使用任何固体/聚合物凝胶电解质，也无需进行隔膜改性或负极表面涂层。

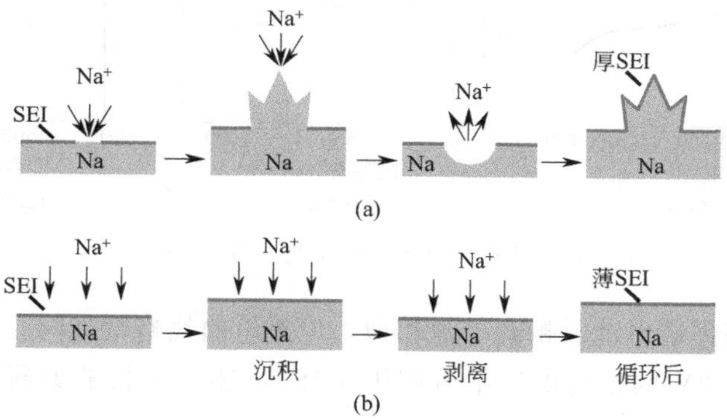

图 7-9 非均匀钠沉积（a）与均匀钠沉积（b）[27]

7.3.5.2 隔膜

隔膜可以在保持电解液中离子扩散的同时，在物理上阻断负极和正极之间的电接触。另外，隔膜必须具有较高的机械强度和灵活性，以防击穿，导致电池失效。根据锂硫电池的经验，对室温钠硫电池的电池结构进行了改进，在隔膜和正极之间引入了双功能夹层，在允许钠离子扩散的同时，可以很好地防止内部短路。更重要的是，中间层可以有效地定位聚硫化物在电池正极区域内的迁移，保护金属钠负极，使其具有长期的循环稳定性，硫利用率高。

7.3.5.3 集流体

以泡沫铜为集流体，用含有聚硫化钠的正极直接提供硫源，利用金属铜与聚硫化钠之间迅速的化学反应，将聚硫化钠以硫化亚铜的形式负载到泡沫铜集流体上，因此从源头上解决了聚硫化钠溶解导致的穿梭效应。由此形成硫负载量高达 5mg/cm^2 的硫化的泡沫铜硫当量正极材料。将这种泡沫铜硫当量正极材料用于室温钠硫电池时，获得的比容量高达 400mA·h/g，可稳定循环 400 圈。尽管本研究中所用的泡沫铜集流体对于实际应用来说质量过大，但该研究从概念上证明了将金属铜用于聚硫化钠固定，以提高钠硫电池循环稳定性的可能性[28]。

7.4 钾硫电池

由于重金属钾的存在，钾硫电池的理论质量能量密度要小于锂硫和钠硫电池，但对于需要考虑每千瓦时成本和能量密度的大规模储能器件，钾硫电池的优势就体现出来了，且在有机电解质中，钾电池实际上也可能具有某些电化学优势。钾具有比锂和钠更低的氧化还原电势（−0.09V 相对于 0 和 0.23V），这意味着整个电池可能具有相对较高的电压。

钾硫电池的研究尚处于起步阶段，锂硫、钠硫电池存在的问题钾硫电池同样存在，且更为严重。由于较大的离子半径，钾硫电池在钾化和去钾化过程中经历更大的体积膨胀，在循环过程中不可避免地导致活性物质更严重的粉碎。钾金属负极更易于产生枝晶和不稳定的固体电解质界面。

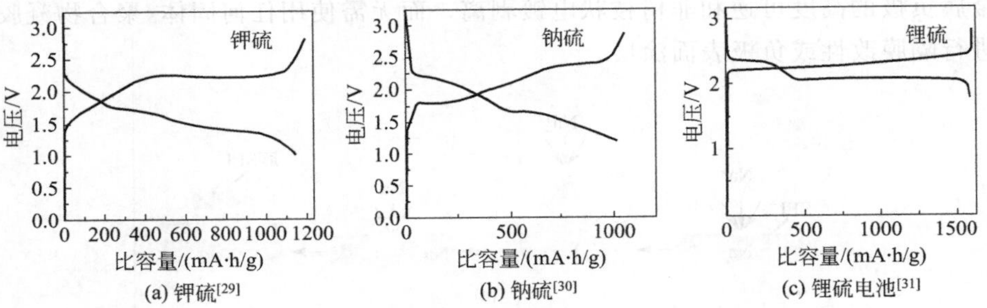

图 7-10 基于 S_8 正极的代表性电压-比容量曲线

钾硫电池结构与锂硫电池、钠硫电池相似，但充电曲线略微不同。锂硫电池显示两个明显的电压平台。约 2.3V 的较高电压平台归因于环 S_8 还原为长链聚硫化物（S_n^{2-}，$n=5\sim8$）。约 2.1 V 的较低电压平台归因于长链聚硫化物进一步还原为短链聚硫化物（S_n^{2-}，$n\leqslant4$）。在钠硫电池中，部分平台区域变成倾斜曲线，整体的氧化还原电压降低，且伴随一个较大的充放电滞后。钾硫电池中平台区域进一步减小，倾斜区域增加，充放电滞后更为明显，如图 7-10 所示。

钾硫电池放电曲线的差异可以归因于反应的超电势和电阻损耗。根据钾硫相图可以发现，一系列稳定的 K_2S_n 相（$n=1$、2、3、4、5、6）可以在室温下形成。如图 7-11(b) 所示，由 K_2S_n 和 K_2S_{n+1} 平衡相组成的每个两相区域都会产生自己的平稳段，从而在放电曲线中产生一系列短平台，这些平台将合并成一个倾斜的电容器状电压曲线。

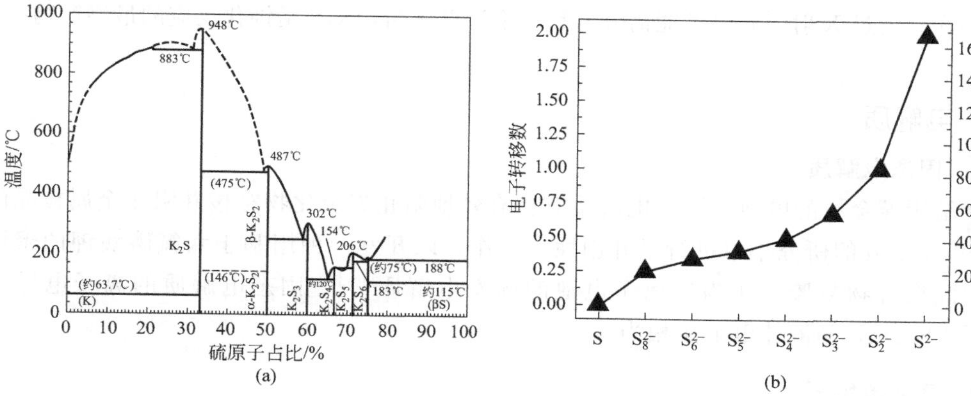

图 7-11 钾硫相图[32]（a）和相变步骤之后涉及的电子转移数量和相应的理论比容量（b）

7.4.1 正极

7.4.1.1 硫碳复合材料

如图 7-12 所示，首个室温钾硫电池使用中孔碳 CMK-3 作为硫负载的基质[33]。将复合材料中的硫含量（质量分数）从 20.9%调整为 78.0%。根据 XRD 分析，在 20.9%～59.2%（质量分数）的负载样品中硫是无定形的。但是，78.0%（质量分数）的样品显示出 α-S 晶体衍射峰，这可能是由于孔外存在一些硫。如 CMK-3/硫正极的比容量约为 500mA·h/g，放电产物为 K_2S_3。随着硫载量的增加，硫的利用率和容量保持率下降。CMK-3/硫的最佳循环能力在 50 圈循环中容量保持率为 40%。通过使用一层导电聚苯胺（PANI）涂层保护 CMK-3/硫，50 圈循环容量保持率提高到 65%。PANI 可以抑制聚硫化物的穿梭，并可以减少硫交叉到负极。此外，聚苯胺可以机械稳定正极结构，防止由于钾化过程中体积的剧烈变化而使其结构崩塌。

7.4.1.2 聚硫化钾正极液

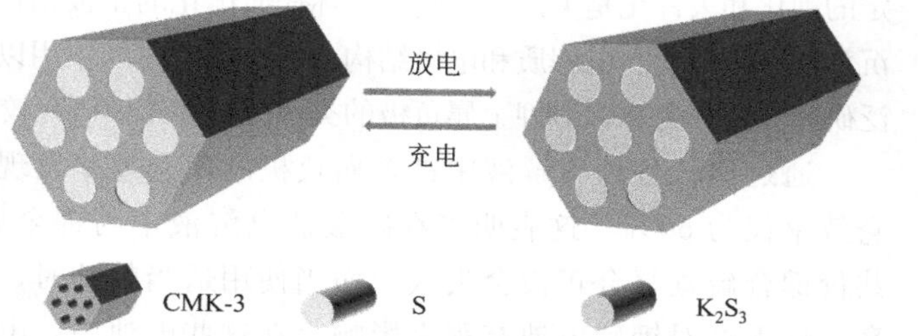

图 7-12 CMK-3/硫电池充放电示意图

室温液态电解质基电池也使用了聚硫化钾正极电解液，通过在二乙二醇二甲醚中金属钾和硫粉之间的直接合金化反应合成 K_2S_n（$1 \leqslant n \leqslant 6$）。其中，$K_2S_n$（$n=1, 2, 3, 4$）的聚硫化钾形成固相，而 K_2S_5 将溶于醚基溶剂中。该结果类似于聚硫化锂和聚硫化钠的行为。0.05mol/L 的 K_2S_x（$5 \leqslant x \leqslant 6$）高阶聚硫化物溶液用作正极电解液，使用预钾化的硬碳作为负极代替钾金属。XRD 图谱和拉曼光谱显示，放电产物为固态的 K_2S_3[34]。

7.4.1.3 小分子硫

将小分子硫装载在蔗糖衍生的微孔碳中，微孔碳基体的强约束和小分子硫结构的协同作用，能有效地消除可溶性聚硫化物的生成，保证 1198.3mA·h/g 的可逆比容量，150 圈循环后容量保持率为 72.5%，库仑效率为 97%。飞行时间二次离子质谱（TOF-SIMS）结果表明，S、S_2 和 S_3 是孔中的主要物质，仅检测到痕量的 $S_{4\sim7}$ 分子，没有检测到 S_8。硫主要以 S_2 和

S_3 形式存在。通过 X 射线光电子能谱分析和理论计算表明，K_2S 是钾化反应的最终产物[35]。

7.4.2 电解质

7.4.2.1 固态电解质

对于基于碱金属的电池，固态电解质有望有效地阻止聚硫化物穿梭并阻止金属枝晶的形成。Goodenough 的研究小组进行了开创性的工作，以开发一种用基于六氟磷酸钾的聚甲基丙烯酸甲酯聚合物凝胶，作为钾离子电池的固态电解质[36]。固态电解质的离子电导率为 4.3×10^{-3} S/cm，与液体电解质相当。

7.4.2.2 液体电解质

与锂硫电池相似，钾硫电池使用基于酯的电解液或基于醚的电解液。基于酯的电解液不适用于硫碳和 K_2S_x 正极液，因为高阶聚硫化物对碳酸盐分子的亲核攻击，电解液溶剂中大硫分子会发生不受控制的寄生聚硫化物反应。

基于硫碳和 K_2S_x 正极液的钾硫电池主要使用基于醚的电解液，具有较高沸点和高压稳定性的大分子醚，例如四乙二醇二甲醚和二乙二醇二甲醚，比小分子醚更有利。与锂硫相似，有机钾盐比无机盐得到更广泛的利用。最近成功地采用了浓缩电解液策略，通过将二乙二醇二甲醚中双三氟甲烷磺酰亚胺锂的浓度增加到 5mol/L，聚硫化物的溶解性得到有效抑制，活性材料的利用率更高。基于醚的电解液也与钾金属负极具有更好的相容性，形成了更稳定的富含无机物的 SEI 层，并且生成的树枝状晶体更少[37]。

7.4.3 钾金属负极

钾金属具有 687mA·h/g 比容量，远高于大多数钾离子负极材料。如何在电化学过程中获得稳定的钾化和去钾化是关键，否则会破坏任何优化的正极结构的性能。对于锂和钠金属负极，在理解沉积和剥离过程、电解质和电极结构在 SEI 形成中的作用以及理解和控制枝晶方面，已经进行了广泛研究。迄今为止，对钾金属负极的类似分析和建模研究较少，这是一个很有前景的领域。

通过比较各种电解液中钾金属负极的库仑效率发现，六氟磷酸钾电解液体系中的循环库仑效率仅为 50%。这表明当在碳酸盐电解液中与钾金属进行测试时，抑制多硫化物穿梭的共价键合硫碳复合正极会失效。而当使用适当的盐时，在醚电解液中的循环库仑效率大大提高。这无疑对钾硫电池有很大影响。在这些电池中，电解质的选择除了要考虑正极聚硫化物的耐穿梭性之外，还必须考虑金属负极 SEI 的稳定性。在二甲氧基乙烷（DME）中优化双氟磺酰亚胺钾盐的配方，可以有效地在负极表面建立稳定的钝化 SEI[38]。

7.5 小结

在过去的 10 年中，金属硫电池得到了一定的发展，但是这些研究大都是集中在正极。其实际使用需要解决电极和电解质的所有挑战。正极侧仍需探索的工作包括：①提高硫利用率；②研究聚硫化物为起始正极；③利用原位表征平台，研究基于不同电解质的放电机理。

关于金属负极的开发与保护，除前文中设计的各种结构的正极和运用各种电解液添加剂外，还可以从以下几个角度考虑。①设计人工 SEI 层。可以开发其他导电保护层，研究具有离子导电性和高柔韧性的聚合物基薄膜（如聚合物涂层），通过 ALD 和 MLD 等技术开发新的涂层，以及制造混合的保护层或复合人造 SEI 层。②设计纳米结构电极。可以开发具有化学、电化学和机械稳定性的纳米结构，通过将金属封装在基质中，让反应仅发生在接触点生成 SEI，限制体积膨胀和不可逆产物的生成。③先进的表征技术和方法。结合使用各种技术方法，如同步辐射相关技术、基于同步加速器的 X 射线技术，用于研究金属枝晶生长和 SEI 组成。

在所有现有的电解液设计和配方策略中，使用定制的电解液添加剂是最简单、经济的方法。锂硫电池研究方法可以借鉴，但需要注意不是所有的方法都是可行的，如在锂硫系统中的电解液添加硝酸锂有益，但在钠硫系统中添加硝酸钠有害。此外，还可以探索其他添加剂。

从储能系统研发推进时间轴来看，金属硫电池发展尚处于起步阶段，充电速度、循环寿命限制了其进一步使用。但随着基础科学研究的不断深入，对电池体系的理解日益加深，锂硫电池器件的发展取得了一系列进步，相信金属硫电池在不久的将来可以实现商业化。

参考文献

[1] Wang D W, et al. Carbon-sulfur composites for Li-S batteries: Status and prospects[J]. Journal of Materials Chemistry A, 2013, 1(33): 9382-9394.

[2] Kamyshny A, Gun J, Rizkov D, Voitsekovski T, Lev O. Equilibrium distribution of polysulfide ions in aqueous solutions at different temperatures by rapid single phase derivatization[J]. Environmental Science and Technology, 2007, 41: 2395-2400.

[3] 吴锋，吴生先，陈人杰，等．多壁碳纳米管对单质硫正极材料电化学性能的改性[J]. 新型炭材料, 2010, 25(06): 421-425.

[4] 许晓娟．锂硫电池三维石墨烯/硫复合正极材料的制备及其性能[J]. 石化技术, 2019, 26(12): 16, 44.

[5] 史忙忙．锂硫电池用树脂基多孔碳/硫复合正极材料的研究[D]. 西安: 西安理工大学, 2019.

[6] Ji X, Lee K T, Nazar L F. A highly ordered nanostructured carbon-sulphur cathode for lithium-sulphur batteries [J]. Nat Mater, 2009, 8: 500.

[7] Jayaprakash N, Shen J, Moganty S S, Corona A Archer L A. Porous hollow carbon@ sulfur composites for high-power lithium-sulfur batteries[J]. Angewandte Chemie- International Edition, 2011, 50: 5904-5908.

[8] Wang H, et al. Graphene-wrapped sulfur particles as a rechargeable lithium-sulfur battery cathode material with high capacity and cycling stability[J]. Nano Letters, 2011, 11: 2644-2647.

[9] Uemachi H, Iwasa Y, Mitani T. System for Lithium Secondary Batteries. 2001, 46: 2305-2312.

[10] Wang J, et al. Sulfur Composite Cathode Materials for Rechargeable Lithium Batteries[J]. Adv Funct Mater, 2003, 13: 487.

[11] Liu Y, et al. An Artificial Solid Electrolyte Interphase with High Li-Ion Conductivity, Mechanical Strength, and Flexibility for Stable Lithium Metal Anodes[J]. Advanced Materials, 2017, 29: 1-8.

[12] Kim H, et al. Enhancing performance of Li-S cells using a Li-Al alloy anode coating[J]. Electrochemistry Communications, 2013, 36, 38-41.

[13] Yu X, Manthiram A. Room-temperature sodium-sulfur batteries with liquid-phase sodium polysulfide catholytes and binder-free multiwall carbon nanotube fabric electrodes[J]. Journal of Physical Chemistry C, 2014, 118: 22952-22959.

[14] Yu X, Manthiram A. Highly reversible room-temperature sulfur/long-chain sodium polysulfide batteries[J]. Journal of Physical Chemistry Letters, 2014, 5: 1943-1947.

[15] Park C W, Ahn J H, Ryu H S, Kim K W, Ahn H-J. Room-Temperature Solid-State Sodium/Sulfur Battery

[J]. Electrochemical and Solid-State Letter, 2006, 9: A123.

[16] Wang J, Yang J, Nuli Y, Holze R. Room temperature Na/S batteries with sulfur composite cathode materials [J]. Electrochemical Communications, 2007, 9: 31-34.

[17] Wang Y X, et al. Achieving High-Performance Room-Temperature Sodium-Sulfur Batteries With S@ Interconnected Mesoporous Carbon Hollow Nanospheres. [J] Journal of the American Chemical Society, 2016, 138: 16576-16579.

[18] Zhang B W, et al. In Situ Grown S Nanosheets on Cu Foam: An Ultrahigh Electroactive Cathode for Room-Temperature Na-S Batteries[J]. ACS Applied Materials & Interfaces, 2017, 9: 24446-24450.

[19] Chen Y M, et al. A nitrogen doped carbonized metal-organic framework for high stability room temperature sodium-sulfur batteries[J]. Journal of Materials Chemistry A, 2016, 4: 12471-12478.

[20] Wang C, et al. Frogspawn-Coral-Like Hollow Sodium Sulfide Nanostructured Cathode for High - Rate Performance Sodium-Sulfur Batteries[J]. Advanced Energy Materials, 2018, 9(5): 1803251.

[21] Park C, et al. Discharge properties of all-solid sodium-sulfur battery using poly(ethylene oxide) electrolyte [J]. Journal of Power Sources, 2007, 165: 450-454.

[22] Kim J S, et al. The short-term cycling properties of Na/PVdF/S battery at ambient temperature[J]. Journal of Solid State Electrochemistry, 2008, 12: 861-865.

[23] Kumar D, Suleman M, Hashmi S A. Studies on poly(vinylidene fl uoride-co-hexa fl uoropropylene)based gel electrolyte nanocomposite for sodium-sulfur batteries[J]. Solid State Ionics, 2011, 202: 45-53.

[24] Song S, Duong H M, Korsunsky A M, Hu N, Lu L. A Na^+ Superionic Conductor for Room-Temperature Sodium Batteries[J]. Scientific Reports, 2016, 6: 1-10.

[25] Lee Y, et al. Fluoroethylene Carbonate-Based Electrolyte with 1 M Sodium Bis(fluorosulfonyl)imide Enables High-Performance Sodium Metal Electrodes[J]. ACS Applied Materials & Interfaces, 2018, 10: 15270-15280.

[26] Xu X, et al. A room-temperature sodium-sulfur battery with high capacity and stable cycling performance[J]. Nature Communications, 2018, 9: 1-12.

[27] Seh Z W, Sun J, Sun Y, Cui Y. A Highly Reversible Room-Temperature Sodium Metal Anode[J]. ACS Central Science, 2015, 1: 449-455.

[28] Li P, et al. Chemical Immobilization and Conversion of Active Polysulfides Directly by Copper Current Collector: A New Approach to Enabling Stable Room-Temperature Li-S and Na-S Batteries[J]. Advanced Eneragy Material, 2018, 22(8): 1800624.

[29] Yu X, Manthiram A. A reversible nonaqueous room-temperature potassium-sulfur chemistry for electrochemical energy storage[J]. Energy Storage Materials, 2018, 15: 368-373.

[30] Yu X, Manthiram A. Electrochemical Energy Storage with a Reversible Nonaqueous Room-Temperature Aluminum-Sulfur Chemistry[J]. Advanced Energy Materials, 2017, 7: 1700561.

[31] Manthiram A, Fu Y, Su Y-S. Challenges and Prospects of Lithium-Sulfur Batteries[J]. Acc Chem Res, 2013, 46: 1125.

[32] Sangster J, Pelton A D. The K-S (Potassium-Sulfur) System[J]. JPE, 1997, 18: 82-88.

[33] Zhao Q, Hu Y, Zhang K, Chen J. Potassium-Sulfur Batteries: A New Member of Room-Temperature Rechargeable Metal-Sulfur Batteries[J]. Inorganic Chemistry, 2014, 53: 9000-9005.

[34] Hwang J Y, Kim H M, Yoon C S, Sun Y-K. Toward High-Safety Potassium-Sulfur Batteries Using a Potassium Polysulfide Catholyte and Metal-Free Anode[J]. ACS Energy Letters, 2018, 3: 540-541.

[35] Xiong P, et al. Room-Temperature Potassium-Sulfur Batteries Enabled by Microporous Carbon Stabilized Small-Molecule Sulfur Cathodes[J]. ACS Nano, 2019, 13: 2536-2543.

[36] Gao H, Xue L, Xin S, Goodenough J B. A High-Energy-Density Potassium Battery with a Polymer-Gel Electrolyte and a Polyaniline Cathode[J]. Angewandte Chemie International Edition, 2018, 57: 5449-5453.

[37] Wang L, Bao J, Liu Q, Sun C-F. Concentrated electrolytes unlock the full energy potential of potassium-sulfur battery chemistry[J]. Energy Storage Materials, 2019, 18: 470-475.

[38] Xiao N, McCulloch W D, Wu Y. Reversible Dendrite-Free Potassium Plating and Stripping Electrochemistry for Potassium Secondary Batteries[J]. Journal of the American Chemical Society, 2017, 139: 9475-9478.

第 8 章

金属空气电池

8.1 引言

金属空气电池（metal-air batteries，MABs）是新一代极具潜力的绿色二次电池。由于正极活性物质氧气可以轻而易举地获得，无需对放电后的电池进行充电以激活活性材料，金属空气电池一般作为一次性电池使用。当电池完成放电后，只需添加新的负极金属材料和电解质就可以使电池重新放电。这种特点与燃料电池类似，所以也称其为金属空气燃料电池或金属燃料电池。

金属空气电池的基本构造可大体分为四部分：金属负极、电解液、隔膜和空气正极。金属负极通常是活泼固体金属材料，如锌（Zn）、镁（Mg）、锂（Li）、铝（Al）、钠（Na）以及铁（Fe）等，其具有低当量和高的比容量等特点。电解液大部分为碱性溶液，如氢氧化钠和氢氧化钾。表 8-1 列举了金属空气电池的电化学性质。在二次金属空气电池中，锂空气电池具有最高理论比能量和高电压。然而，暴露在空气和电解液中时，金属锂不稳定。金属镁、铝空气电池的能量密度与锂空气电池相当，但它们较低的还原电位通常导致电池快速的自放电和较差的库仑充电效率。金属锌和铁更稳定，可以更有效地在电解液中充电，在这两种电池中，锌空气电池由于具有更大的能量和更高的电池电压而受到更多的关注。与锂相比，锌价格低廉，而且在地壳中含量更丰富。更重要的是，金属空气电池中的锌具有相对较高的比能和体积能量密度，特别适合应用于移动和便携设备[1]。

表 8-1　金属空气电池的电化学特性

金属空气电池	开路电压/V	实际工作电压/V	理论比能量/（W·h/kg）
Li-O_2	2.91	2.4	3456
Na-O_2	1.94	2.27	1108
K-O_2	2.52	2.48	935
Zn-O_2	1.45	0.9～1.3	1350

金属空气电池具有独特的半开放系统，正极的反应物氧气来源于空气，可持续不断地供

应，这就缩减了空气电极（正极）的质量和体积，减轻了电池整体质量。同时，反应物不需要前期引入，这使得电池的能量密度大大增加，因而金属空气电池都具有很高的理论比能量。金属空气电池因其具有较高的能量密度和容量、低廉的价格、环境友好性、可逆性以及恒定放电电压等优点，既有丰富的资源，还能再生利用，而且比氢燃料电池结构简单，因此成为更具发展前景的一类新型的能量存储技术。

相对其他二次电池，表 8-2 总结了金属空气电池体系的主要优点和缺点。

① 能量密度很高。理论上锌空气电池的质量比能量较高，实际使用中已经可以达到 250W·h/kg 的水平，这在各类电池中是相对较高的。

② 工作电压平稳，并且在常温下工作，安全性好。

③ 成本低。制造金属空气电池的材料主要是锌、铝金属单质，炭粉，碱液，高分子隔膜等，这些材料的成本都较低。

④ 环保，易回收。如锌空气电池，在使用中正极消耗氧气，负极消耗锌，负极物质放电结束后变成氧化锌，可以通过电解还原成锌。锌空气电池使用完后，正负极物质容易分离，便于集中回收。对于某些不便回收的场合，由于锌空气电池不含有害物质，即使丢弃也不会对环境造成污染。

表 8-2 金属空气电池的主要优点和缺点

优点	缺点
1. 高体积比能量； 2. 放电电压平稳； 3. 极板寿命长(干态储存)； 4. 无生态问题； 5. 低成本(以所使用的金属为基础)； 6. 操作范围内，容量和载荷与温度无关	1. 依赖于环境条件； 2. 一旦暴露在空气中，电解液干涸； 3. 若电极被淹，输出功率会减小； 4. 功率输出有限； 5. 操作温度范围窄； 6. 负极腐蚀产生氢； 7. 碱性电解液碳酸盐化

金属燃料电池的性能明显优于传统的干电池、铅酸电池和锂离子电池。金属空气电池的缺点是充电困难，虽然可以通过更换金属完成瞬间充电，但该技术还未完全成熟，而且金属空气电池的效率也比较低，很难超过 50%。

不同金属燃料电池的能量密度是不一样的，一般来说能量密度越高，技术的复杂程度就越高。当今学术界对锂空气电池、铝空气电池、锌空气电池、镁空气电池的研究方兴未艾，但正常投入商业化运作的只有锌空气电池，其在助听器电源上已经获得了良好的应用。而铝空气电池、镁空气电池还处于商业化的前期，高性能的锂空气电池、钠空气电池仍处于实验室研究阶段。

8.2 锂空气电池

8.2.1 概述

锂空气电池（Li-air batteries）是以金属锂作为负极，氧气作为正极反应原料的金属空气电池。放电时，负极的金属锂释放电子后成为锂离子，锂离子穿过电解质材料，在正极与氧气以及从外电路流过来的电子结合，生成氧化锂（Li_2O）或者过氧化锂（Li_2O_2），并且留在正极。若负极的有机电解液和空气电极的水性电解液之间用只能通过锂离子的固体电解质分隔开的话，可以防止两种电解液发生混合，且能够促进电池发生反应，防止正极氧化锂的析出。锂空气电池有着远超传统铅酸蓄电池、镍氢电池和锂离子电池的高理论能量密度，极大可能成为下一代储能电池的领军者，但目前仍有过电位较高、倍率性能差等问题亟待解决[2]。

8.2.2 锂空气电池的工作原理

锂空气电池的负极采用金属锂，正极的电解液采用含有锂盐的有机电解液，中间设有用于隔开正极和负极的锂离子固体电解质和隔膜。若正极的水性电解液使用碱性水溶性凝胶，与由微细化碳和廉价氧化物催化剂形成的正极组合，其结构如图 8-1 所示。

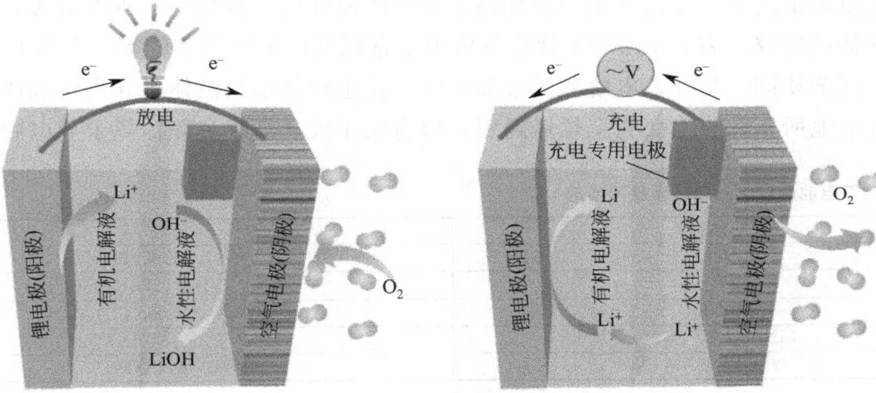

图 8-1 锂空气电池工作原理示意图

放电时电极反应如下。

负极反应：金属锂以锂离子的形式溶于有机电解液，电子供应给导线。溶解的锂离子穿过固体电解质移到正极的水性电解液中。

$$Li \longrightarrow Li^{+} + e^{-} \tag{8-1}$$

正极反应：通过导线供应电子，空气中的氧气和水在微细化碳表面上发生反应后生成氢氧根离子。在正极的水性电解液中与锂离子结合生成水溶性的氢氧化锂。

$$O_2 + 2H_2O + 4e^{-} \longrightarrow 4OH^{-} \tag{8-2}$$

充电时电极反应如下。

负极反应：通过导线供应电子，锂离子由正极的水性电解液穿过固体电解质到达负极表面，在负极表面发生反应生成金属锂。

$$Li^{+} + e^{-} \longrightarrow Li \tag{8-3}$$

正极反应：反应生成氧，产生的电子供应给导线。

$$4OH^{-} \longrightarrow O_2 + 2H_2O + 4e^{-} \tag{8-4}$$

在锂空气电池中，由于放电反应生成的并非是固体的氧化锂，而是容易溶解在水性电解液中的氢氧化锂，在空气电极堆积后，不会致使工作停止。水和氮等也不会穿过固体电解质，因此不存在与负极的锂金属发生反应的危险；而且在充电时，如果配置充电专用的正极，还可以防止充电导致空气电极的腐蚀以及老化。非水体系中，则是基于 Li_2O_2 的可逆生成与分解。

8.2.3 组成

8.2.3.1 负极

锂空气电池的负极是集流体承载的金属锂。这种负极制备简单，工作性能良好。更进一步的设计基本相同，但采用了保护层。关于金属锂的陶瓷或玻璃电解质保护层方面的研究，已逐渐成为锂空气电池发展的新领域。许多保护型锂电极采用特殊的集成技术，将金属锂和离子导体组装起来。这种保护型金属锂电极在水溶液和非水溶液中，都很稳定并成功用于各种类型电池，其已成功用于水溶液锂空气电池，并在三种不同电流密度下放电。保护型锂电极还可以用于锂空气电池甚至锂离子电池体系。

8.2.3.2 电解质和隔膜

锂空气电池最近的主要研究集中在提高非水电解液性能，首先是有机电解质和聚合物电解质膜用锂盐的研究。表 8-3 列举了锂空气电池最常用的电解质盐和溶剂，与锂离子电池用电解质盐及溶剂相同。另外，电解质的最新研究工作也包括水溶液体系和离子液体。

锂空气电池所用隔膜主要为聚烯烃隔膜，也有采用玻璃纤维和固体离子导电膜。

⊡ 表 8-3 锂空气电池最常用的电解质盐和溶剂

电解质盐	溶剂
$LiPF_6$	碳酸丙烯酯(PC)
$LiBF_4$	二甲醚(DME)
$LiCF_3SO_3$	碳酸乙烯酯(EC)
$LiN(SO_2CF_3)_2$	碳酸二乙酯(DEC)
$LiClO_4$	碳酸二甲酯(DMC)

8.2.3.3 正极

锂空气电池的能量储存量和功率主要取决于空气电极即正极，因为空气电极决定了大多数锂空气电池的电压降。空气电极的材料和结构对其性能有重要影响。化学反应较慢主要是由于氧气从空气电极扩散到电池内部较慢。而作为反应的主要场所，空气电极也常成为研究对象。根据过氧化锂的放电机理，研究人员主要通过以下四个方面来提升电极性能：①催化过氧化锂在表面活性位点的形成和分解，提高反应速率；②将通道中的锂离子和氧气运输至活性位点，提高运输速率；③提供放电产物过氧化锂的储存空间；④诱导过氧化锂在电极表面生长和变形。目前所研究的空气电极催化剂为碳材料、贵金属以及非贵金属化合物等[3]。

空气电极的典型制备方法是将碳、黏结剂、催化剂通过涂膜、浸渍或压制等方法负载在集流体上。在此基础上也可用衬底来提高表面积，或在正极表面放上透气膜以防止环境对电池产生影响。以这样方式生产的空气正极适用于实验室测试及实际应用。如图 8-2 所示，Zhou 等[4] 通过简单经济的溶胶-凝胶方法，合成了层状大孔道介孔的掺氮碳材料 HMCN，存在于纳米片之间的通道为氧气和电解质扩散提供必要空间。HMCN 中含有高水平的吡啶氮，可以发挥改善氧还原催化活性的重要作用。碳氮层次结构提供更高的电化学活性，且在作为锂空气电池的空气正极时表现出更好的循环稳定性。

商品化的空气电极是碳基双面电极。它是在集流体上两面包碳的三明治结构，外表面覆盖有聚四氟乙烯膜，碳层中包含高比表面积的碳和金属催化剂。碳电极中引入催化剂以提高

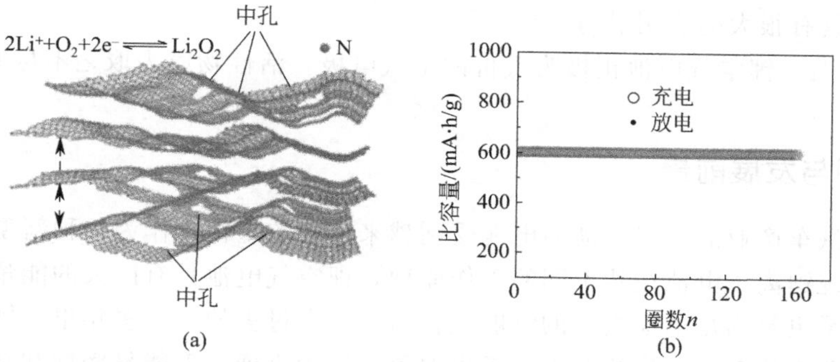

图 8-2　分级碳氮材料大孔道和介孔示意图（a）和作为锂空气电池的正极的充放电比容量循环图（b）[4]

氧还原的动力学活性，并提高正极比容量。聚四氟乙烯膜可阻止环境中的水分进入电池，提高电池安全性和电性能。

8.2.4　分类

锂空气电池是利用锂金属和空气中的氧气实现化学能到电能转化的二次化学电源体系，其理论比能量为 3456W·h/kg，是目前最有前景的二次电池体系，实际比能量预计可达 600W·h/kg。

锂空气电池主要包含水系、有机体系、固体电解质体系及混合体系等电池类型。

水系锂空气电池采用保护型锂金属复合负极和水系电解液，可在空气环境下工作，其放电产物通常为氢氧化锂或乙酸锂等。但锂金属在水系电解液中腐蚀严重，有着极高的自放电率，使得其循环性和库仑效率较差。

有机系锂空气电池以金属锂片为负极，氧气为正极，开路电压在 3V 左右，比能量（不计电池外壳）为 250～350W·h/kg。这个数据较锂单质的理论极限而言，相差甚远。其仍存在一些问题，即溶解在有机电解质中的空气中的氧气、二氧化碳和水可以直接与金属锂反应；放电产物过氧化锂不溶于有机电解质，从而逐渐堵塞多孔空气正极[5]。

固态锂空气电池采用固态电解质将空气电极和锂负极分开，避免空气中水分等与锂金属直接反应，使电池具备在空气中运行的能力，理论上固态电解质体系电池能够从根本上解决安全性和稳定性问题。然而，固态电解质的锂离子电导率通常比液态的水系和非水系电解液低，锂金属和正极之间的界面阻抗也较大，造成固态锂空气电池的能量效率和输出功率相对较低。最近几年的技术进步均集中在非水体系（有机体系）锂空气电池。

8.2.5　锂空气电池的优点

锂空气电池的主要性能优点有以下几个方面。

① 超高比能量。与普通锂离子电池的正极材料相比，锂空气电池的正极活性物质是空气，取之不尽。在负极过量的情况下，放电的终止是由于放电产物堵塞空气电极孔道。而在实际应用中，氧由大气环境所提供，因此排除氧气后的能量密度高达 11140W·h/kg，高出现有锂电池体系 1～2 个数量级。

② 环保无污染。锂空气电池作为一种无污染的新型电池体系，摒弃了传统电池中所含

的有毒物质，具有很大的应用潜力。

③ 价格低廉。锂空气电池正极为廉价的空气电极，活性物质为取之不尽的空气。

8.2.6 应用与发展前景

随着电动汽车产业的发展，动力电池受到越来越多的重视，作为一种新型的化学电源体系，基于与传统锂离子电池截然不同的工作原理，锂空气电池具有巨大的能量密度，相对其他化学电源体系更易满足电动汽车的续航里程需求。在过去的二十多年里，锂空气电池的研究一直集中在非水体系上。尽管非水体系也取得了重大进展，但能量密度和功率密度仍处于起步阶段。此外，当前锂空气电池仍然存在诸多问题，如较高的充放电过电势、较差的循环及倍率性能、锂枝晶及腐蚀、电解液及电极的分解等，仍有许多棘手的问题尚待解决。

目前制约其发展和应用的主要因素有以下几个方面。

① 由于锂空气电池是在敞开环境中工作的，通常的有机液体电解液存在容易挥发的问题，从而影响电池的放电容量、使用寿命及电池的安全性。

② 在使用空气的过程中，锂空气电池需要解决如何防止气体进入电池的问题。有机液体电解质容易吸收水分而导致锂负极在空气中腐蚀；水和二氧化碳的存在会使产物锂的氧化物减少，从而使得反应生成碳酸锂。但碳酸锂不具有电化学可逆性，导致锂空气电池的循环性能下降。

③ 没有催化剂存在时，氧气在正极的还原非常缓慢，为降低正极反应过程的电化学极化，必须加入高效的氧还原催化剂，而经典的氧还原催化剂，如铂及其合金昂贵，不利于工业化生产。另外，由于锂空气电池的充电电压很高，一般都在 4.5V 左右或者更高，使用合适的催化剂也有利于降低充电电压。因此，寻找廉价、高效的氧还原催化剂迫在眉睫。

④ 锂空气电池在放电过程中，放电产物只能在有氧负离子或过氧负离子的空气电极上沉积，产物一般沉积在碳材料堆积的孔隙中。在负极过量的情况下，放电的终止是放电产物堵塞空气电极孔道所致，产物的生成十分容易堵塞气体孔道，使放电无法继续进行，因此空气电极孔隙率的优化也是一大关键问题。

如何解决上述问题，成为锂空气电池能否获得成功应用的关键。非水体系需要空气净化系统，以减少水和二氧化碳含量。然而到目前为止，还没有开发出可接受的空气净化系统。Imanishi 等最近提出了一个独特的概念，通过在锂负极上形成薄的碳酸锂/碳层来保护负极，免受空气中的水和二氧化碳的影响。所得电池表现出优异的循环性能，但其电流密度和容量却变得很低。锂负极与正极之间的高锂离子导电固体电解质中间层，可以有效防止锂负极与空气中的水和二氧化碳反应，也可防止氧化还原媒介与锂的穿梭反应[6]。下一步有望开发出一种高锂离子导电或高锂离子和电子混合导电固体薄层的锂或锂合金电极。

固态锂空气电池在安全性和长期稳定性方面具有吸引力。然而，尚未开发出能够稳定锂并不形成锂枝晶的高锂离子导电固体电解质。因此，在锂负极和固体电解质之间需要一个稳定锂的中间层，如液体或聚合物电解质。

目前锂空气电池研究还处于初期阶段，预计需要 10 年甚至更长的时间，才会有真正成本较低的锂空气电池问世。在这期间，一些科学与工程方面的问题亟待解决，包括开发先进的催化剂、高稳定性的电解质和高效稳定的锂金属负极，开发高孔隙率的气体扩散电极，将催化剂沉积到正极的技术，以及开发一种能够防止氧越过而进入锂负极的隔膜。相信不远的将来，锂空气电池极有可能会引发新一代的能源革命。

8.3 钠空气电池

8.3.1 概述

可充电钠空气电池（Na-air batteries）由于其高能量密度和高能量效率，成为储能装置的潜在候选电池。与锂空气电池相比，钠空气电池通常具有更高的能量效率，并且由于钠在地壳中的储量丰富而具有更高的成本效益。相对于其他金属元素，钠空气电池的研究虽然起步较晚，但是随着各项研究的深入开展，越来越多的新型电化学和催化机理被发现而受到广泛关注。将钠应用于二次电池储能技术领域，具有巨大的商业价值和可持续利用的潜力。典型的超氧钠（NaO_2）基钠空气电池经历的是单电子转移反应，在充电反应过程中避免了溶剂在高压下自氧化。钠空气电池一般由空气电极、钠负极和电解液三部分组成。空气电极常见的包括碳电极、金属化合物电极以及一些复合电极，电解液的发展也由最初的碳酸酯类电解液过渡到醚类电解液。

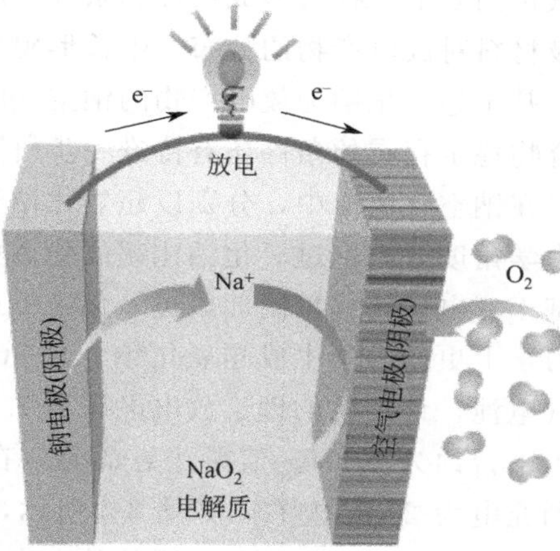

图 8-3 钠空气电池的放电原理示意图

8.3.2 钠空气电池的工作原理

如图 8-3 所示，单电子转移电化学反应：$Na + O_2 \longrightarrow NaO_2$（$E^0 = 2.27V$），使钠空气电池在充放电过程中具有快速的动力学。与 2.27V 的平衡电位相比，放电和充电时过电位均在 0.2V 以内，达到了较高效率。在表面介导的生长机制中，氧首先被还原为超氧化物，然后在碳正极表面与钠离子结合。整个反应过程在电极表面完成。而溶液介导的机制则主要依赖于产物在电解液中的溶解度，其次是底物上的溶液沉淀。这主要取决于电解质或相转移催化剂（如质子）中溶剂的选择。

至于充电过程，与锂空气电池的高极化不同，过电位小于 0.2V 表明超氧化钠的电化学氧化表现出的极化较小。较低的过电位可以避免空气电极上的电解液分解和副反应的发生，使正极体系更稳定。然而，由于处在研究的早期阶段，关于充电过程的文献很少，对充电机制的理解也非常有限。

8.3.3 钠空气电池的优点

在空气电池中使用钠作为负极有以下优点。

① 较高的电极电势（NaO_2：2.27V）和比能量。

$$Na^+ + O_2 + e^- \longrightarrow NaO_2 \tag{8-5}$$

$$2Na^+ + O_2 + 2e^- \longrightarrow Na_2O_2 = (E^\ominus = 2.33V) \tag{8-6}$$

② 形成稳定的超氧化钠和过氧化钠混合物，使它相比于其他金属空气电池具有更加明显的循环稳定性和反应可逆性。

③ 钠资源在地壳中的储量丰富，并且价格低廉。

8.3.4 应用与发展前景

室温钠空气电池体系近年来受到了高度关注，相关研究发展迅速，但由于开发时间相对较晚，因其特殊的电化学过程和复杂的气-液-固三相体系，该电池体系涉及诸多方面的问题。关于钠空气电池的机理认识还存在较大争议，因而对这些规律的深入探索要面临巨大挑战。目前，实验室阶段关于钠空气电池的机理研究还不够充分，距离市场大规模的实用化还有相当大的距离，进一步发展及实用化还有一系列问题需要解决。

① 电池主要放电产物的形成与生长机理。深入理解电池气氛、气体体积、气体压力、氧正极材料和微观结构、电解液类型等因素对电池放电产物形成的影响，特别是超氧化钠与过氧化钠放电产物的形成机理和条件。同时，需要深入研究充放电电压范围、电流密度和氧正极材料对放电产物的分布、生长形貌和尺寸的影响。

基于超氧化钠为放电产物的钠空气电池，具有低过电势和高能量效率等优势，但是超氧化合物稳定存在的条件还有待进一步研究，且在此条件下电解液的稳定兼容性仍需确定。

在钠空气电池中，分别以超氧化钠和过氧化钠为放电产物的反应将相互竞争。虽然从热动力学角度分析，过氧化钠比超氧化钠更容易作为电池充放电过程的中间放电产物，但是相比基于双电子转移机制形成过氧化钠的过程，超氧化钠的电化学反应为单电子转移反应，在动力学上更倾向于生成超氧化钠。Hartmann 等[7] 最早报道了以超氧化钠为放电产物的钠空气电池，该反应的理论放电电压为 2.27V。在电池的充放电测试过程中发现，电池的首圈放电平台约为 2.2V。值得注意的是，在电池的充电过程中并没有出现高极化电压的现象，首圈充电为 2.3V 左右，如图 8-4 所示，表现出优异的能量效率和可逆性能。但是，超氧化钠的形成并不稳定，而且不同的放电产物都被报道，因此以下将根据目前报道的研究结果，主要讨论超氧化钠放电产物稳定形成的可能影响因素。

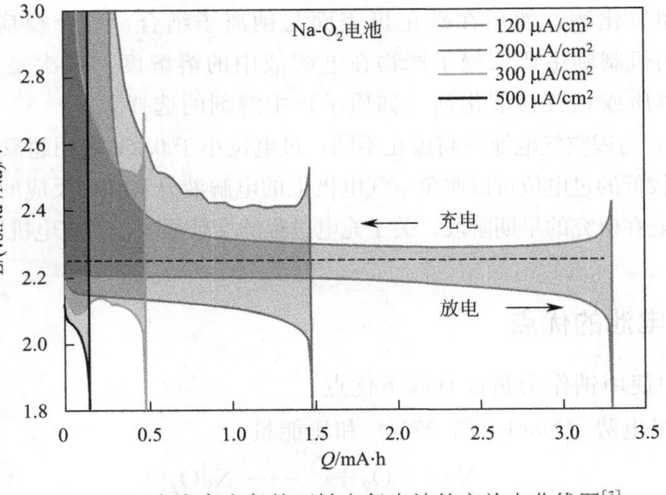

图 8-4 不同电流密度条件下钠空气电池的充放电曲线图[7]

基于过氧化钠为放电产物的钠空气电池与锂空气电池有相似的电化学特征，高极化电压和循环寿命仍然是其主要问题，开发高效的催化剂和电解液添加剂是目前较好的解决办法。

② 开展对空气电极反应机理的研究和电极材料的选择，深入分析电极表面可逆电化学反应机理以及活性物质对于表面电化学反应的催化和促进作用。当前，对金属或者金属化合物催化剂作为空气电极的研究还相对较少。Hu 等研究了钙钛矿型 $CaMnO_3$ 多孔微球材料作为空气电极的催化效果，电池首圈放电比容量达到 9560mA·h/g，这种在电解液中稳定的多孔微球结构有利于放电产物的催化还原。电池虽然获得了良好的循环能力，但充电电压极化较大[8]。

③ 目前，超氧化钠电池普遍采用碳材料作为电池的空气电极材料，还没有报道金属氧化物、贵金属等非碳材料被用来作为基于超氧化钠为放电产物的钠空气电池正极材料。因此，非碳材料的空气电极体系研究仍然处于空白状态，需要进行大量探索和研究。

Bender 等系统研究了不同碳材料作为空气电极对电池电化学过程的影响，虽然基于不同碳材料的钠空气电池的容量和充放电电压平台有一些不同，但是对超氧化钠放电产物的稳定形成并没有明显影响[9]。

④ 发展能对水和二氧化碳进行过滤的高穿透性的氧气选择性空气交换膜，以保证在实用化过程中，电池能够在高氧低水分体系中正常运行。

⑤ 进一步分析电解液的稳定性及其对放电产物生成的影响，寻找和发展更加稳定的电解液；进一步分析不同电解液分解的机理及其对最终放电产物产成的影响。目前，所使用的大部分电解液体系都会发生部分分解且极易挥发，导致电池的循环能力变差。因此，寻找和发展更加稳定和低挥发性的电解液非常重要。

⑥ 设计针对金属钠负极保护的电池装置，开发具有流动性的钠空气电池。通过在电池外储存放电产物，提高电池的实际容量。同时，研究能替代金属钠负极的材料，提高电池的耐用性和安全性，对钠空气电池做好回收和再利用工作。

8.4 钾空气电池

8.4.1 概述

钾空气电池（K-air batteries）从 2013 年发明以来，一直是具有潜力的储能替代品。与锂离子和钠离子相比，较重的钾离子优先形成超氧化钾（KO_2）而不是过氧化钾（K_2O_2）或氧化钾（K_2O），超氧化钾具有无与伦比的稳定性和长保质期。基于超氧化物的钾空气电池具有巨大的应用潜力，可实现高能量密度和低的过电势。锂空气电池和钠空气电池具有电池稳定性差、可逆性差、能效差等缺点。相比于锂空气电池和钠空气电池，钾空气电池具有更强的热稳定性以及商业化可行性。钾空气电池是最有前途的可充电金属空气电池，具有成本低、能源效率高、元素丰富、能量密度高等优点。

8.4.2 钾空气电池的工作原理

钾空气电池的工作原理同其他金属空气电池类似，由金属钾作为负极，空气中所含的氧气作为正极反应原料。一般的钾空气电池使用六氟磷酸钾（KPF_6）/1,2-二甲氧基乙烷（DME）作为电解液。钾空气电池在放电时，负极金属钾失去电子后形成钾离子，钾离子能够通过电解液，在负极与氧气以及电子相结合，生成氧化钾或者过氧化钾。氧化还原是一个单电子过程，具有快速的反应动力学，不需要任何电催化剂。这与水分解电池、锂空气电池和锌空气电池中的多电子传递过程不同，这些多电子传递过程动力学缓慢，需要高效的电催化剂来降低极化。钾空气电池在充电时，导线提供电子，钾离子能够通过电解液到达负极表面，在负极表面发生反应生成金属钾，在正极处生成氧气和电子。在钾空气电池的充放电过程中，负极的金属钾与氧气和水很容易发生反应，形成钾枝晶，造成负极的不断腐蚀，最终导致钾空气电池工作终止。

超氧化钾基钾氧气电池是钾空气电池的一种，它的工作原理较为特殊。该类电池使用金属钾为负极，导电碳纸作为氧扩散正极。电池在放电的时候氧气分子在正极得到电子产生 O_2^-，与钾离子结合形成唯一产物固体超氧化钾。在充电时，超氧化钾被氧化并且失去电子再次释放出氧气，如图 8-5 所示。与传统的钾空气电池不同的是，超氧化钾是唯一产物且动力学和热力学均稳定。基于这个优点，该类钾空气电池为目前研究的重点，本章也主要阐述的是超氧化物钾空气电池。

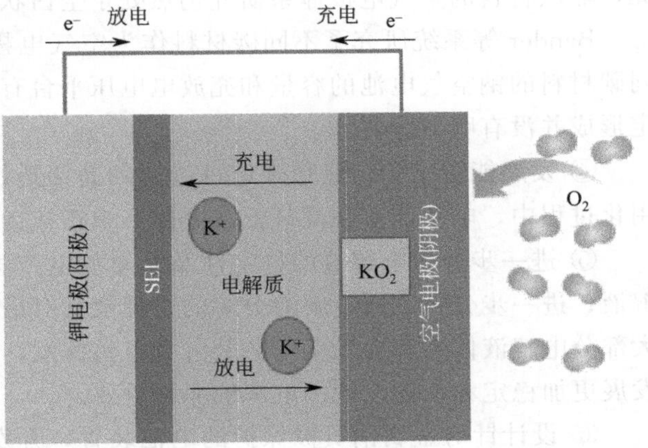

图 8-5 超氧化钾基钾氧气电池的工作原理示意图

8.4.3 钾空气电池的优点

钾空气电池的优点如下。

① 放电的过电压较小。在没有使用双功能电催化剂或氧化还原介质的情况下，过氧化物电池表现出高过电位（锂空气电池和钠空气电池均高于 1.0V）。相比之下，钾空气电池表现出更低的过电位，在中等电流密度下约为 50mV，从而表现出高于 90% 的较高能源效率，并减轻了电极/电解液的分解。值得注意的是，钾空气电池不需要电催化剂。俄亥俄州立大学研究人员研究了在超低电压环境下钾空气电池的充放电情况，实验结果显示：钾空气电池在 0.16mA/cm^2 的电流密度下，其充放电过程中的电压差小于 50mV。由于超氧化钾的导电性较好（室温环境下大于 10S/cm），放电过电压也更小[10]。

② 电池的可逆性较好。金属空气电池在充放电过程中会产生过氧化物，在锂离子和钠离子存在的情况下，过氧化物较为不稳定。因此锂、钠金属空气电池的可逆性不强。而钾离子则可以完美地解决这个问题，在钾离子存在时，还原产物超氧化物可以可逆地再次被氧化，实现电池较好的可逆性，且在热力学和动力学上都是稳定的。

③ 理论容量密度高、元素丰富且成本低。钾空气电池具有较高的理论容量密度。钾空气电池的原料钾源地球储量丰富，成本较低。

④ 超氧化钾基钾空气电池是唯一没有单线态氧生成的碱金属氧气电池系统。

如图 8-6 所示，在锂空气电池充放电过程中所产生的超氧化物，经过歧化反应会生成过氧化物，并且释放出单线态氧。而与它们不同的是，钾氧气电池在室温下的产物超氧化钾动力学和热力学稳定，不会发生歧化反应[12]。

⑤ 超氧化钾基钾氧气电池是唯一可以在干燥的空气气氛下工作的超氧化物电池体系。近期的研究结果表明，超氧化钾在干燥的二氧化碳气氛下相对稳定。可以使用干燥装置降低水含量，空气中的氧气分压降低，氧气穿梭到负极的速率减慢，使得钾空气电池的循环稳定性明显提升[13]。

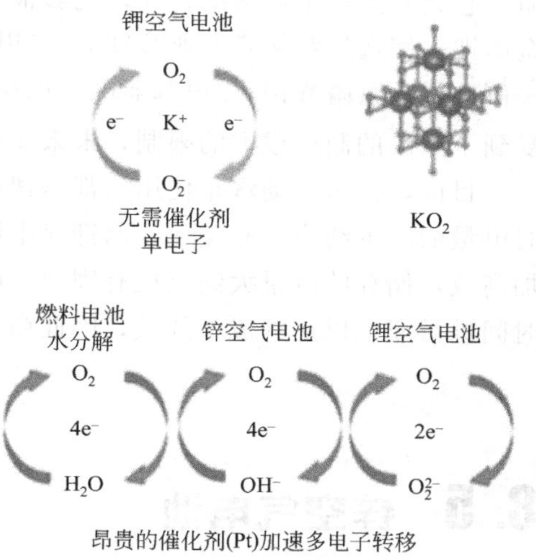

图 8-6 燃料电池水分解，锌空气电池、锂空气电池、钾空气电池的化学原理图[11]

8.4.4 应用与发展前景

钾空气电池普遍存在的问题是电池容量衰减很快，电池的周期较短。原因主要是氧气穿梭到电池的金属钾负极，负极受到损害，电池无法再充电。因此，目前的研究主要基于解决这个问题而展开。

① 使用强电子溶剂。如同硬软酸碱理论所解释的那样，利用强供电子溶剂二甲基亚砜，能够起到稳定钾空气电池中的主反应产物超氧化钾的作用，从而提高 O_2/KO_2 的可逆性和电荷转移动力学。基于这个原理，研究人员采用不同溶剂（二甲基亚砜和二乙二醇二甲醚）溶解氧气。实验结果证明在二甲基亚砜中，钾空气电池表现出比在弱供电性溶剂二乙二醇二甲醚中更快的电极动力学和更高的可逆性[14]。

② 电解液的设计。六氟磷酸钾（KPF_6）-二甲氧乙烷（DME）电解液，由于钾金属表面的固体电解质界面不稳定，易受醚溶剂和氧的交叉影响，导致钾空气电池循环寿命短。虽然双（三氟甲基磺酰）亚胺钾-二甲氧乙烷（KTFSI-DME）电解质构建了一层不渗透层，阻止了溶剂和氧气，但它导致钾离子的离子电导率低，牺牲了钾空气电池的能量效率。目前尚未研究发现单一的液态电解液能够同时满足钾空气电池正负极的所有要求。双氟磺酰亚胺钾盐（KFSI）可以保证金属钾的可逆循环，但其容易受到 KO_2/O_2^- 的亲核进攻而分解。前面所述的二甲基亚砜能够提供更高的正极动力学，但是其遇到金属钾时会发生剧烈反应。为了避免电解液的这种困境，研究人员主要考虑设计人工的固态电解质层[15]。现阶段在电解液方面主要遇到的挑战是如何在金属钾表面形成能够阻隔氧气、材质较为致密稳定，并且具有较高的钾离子电导率的固态电解质层，来保证金属钾的可逆性。同时，在电解液中要保证超氧化钾和超氧根离子能够稳定存在，且在电解液中能够溶解一定量的超氧化钾来促进电池的电化学反应[11]。

③ 隔膜的设计。钾空气电池的金属钾负极遇氧气或水容易发生化学反应，造成负极的腐蚀失效，最终导致钾空气电池放电终止，寿命减短。研究人员考虑从隔膜入手缓解这一问题。他们提出了一种聚苯胺-碳纳米管-氧化锡-聚丙烯腈复合隔膜钾空气电池，该钾空气电池可选择性地渗透电解液中的钾离子，抑制其他离子及水、氧向负极侧渗透，从而减缓负极腐蚀，优化钾空气电池的放电容量与循环性能。

④ 设计钾离子型固态电解质。在钾空气电池中运用固态电解质的理念，可以在一定程度上抑制钾枝晶的形成。与液态电解质不同的是，固态电解质能够阻隔氧气从正极穿梭到负极，从而提高负极的可逆性。目前，钾离子型固态电解质的开发仍处于初级阶段，K/β-Al_2O_3 是现阶段唯一一种已经投入商业化使用，并且成功应用于钾基二次电池的固态电解

质。它具有溶剂不渗透的特性，能够根据阴阳电极的要求选择特定的电解液。例如，在负极金属钾一侧选择双氟磺酰亚胺钾盐/二甲氧乙烷，以形成稳定的固态电解质膜；在正极氧气一侧选择六氟磷酸钾/二甲基亚砜，以稳定超氧化钾。但是，$K/\beta\text{-}Al_2O_3$ 的大规模应用还是受到了高昂的制作成本的限制，未来还是需要研究出高效且成本较低的新材料[11]。

目前，许多电动汽车使用的都是锂离子电池，按照原材料的价格进行计算，提供每千瓦时电量的成本约为 100 美元，而钾氧电池的成本约为 44 美元。钾空气电池比锂空气电池更加高效，储存的电量大约是现有锂离子电池的两倍。但到目前为止，钾氧电池还没有足够的时间进行充电以达到成本效益，因此尚未被广泛用于储能。

8.5 锌空气电池

8.5.1 概述

锌空气电池（Zn-air batteries），是指以空气中的氧气作为正极活性原料，锌作为负极，电解液采用碱性或中性的电解质水溶液的金属空气电池。在金属空气电池中，锌空气电池最早受到关注。金属锌在水性电解液中相对稳定，在使用缓蚀剂的情况下，并不会发生显著腐蚀。一次锌空气电池目前已实现商品化。对于充电式锌空气电池，因锌电极上锌枝晶形成、锌电极变形以及空气电极性能限制，阻碍了可充电锌空气电池的商业化发展。但由于锌空气电池的巨大潜力，人们仍在对其进行不断研究。

8.5.2 锌空气电池的工作原理

锌空气电池既可以做成一次电池，也可以做成二次电池。以氧气为正极活性物质的锌空气电池又称为锌氧电池。利用其具有的吸附气体能力，能够提供电化学反应场所的碳电极吸附氧气作为正极。空气中的氧首先溶解在电解液中扩散，随后吸附在碳电极上，然后再在碳电极与电解液的界面上参加电化学反应而产生电流，氧气被消耗后会不断从空气中吸收氧气，继续产生电流。所以，理论上只要有充分的负极材料锌和电解液存在，一个碳电极就可以不断地进行工作。锌空气电池对负极来说是蓄电池；而对正极来说，实质上起着能量转换器的作用。这是锌空气电池的特别之处。锌空气电池比能量较高，在理论上能够达到 1350W·h/kg。

锌空气电池的工作原理为：放电时，负极金属锌释放电子，同时锌离子与电解液中的氢氧根离子结合产生可溶的锌酸根离子，而后分解为氧化锌（图 8-7）。

$$Zn + OH^- \rightleftharpoons Zn(OH)_4^{2-} + 2e^- \quad (8\text{-}7)$$

$$Zn(OH)_4^{2-} \longrightarrow ZnO + H_2O + 2OH^- \quad (8\text{-}8)$$

空气中的氧气通过气体扩散层渗入电极内部，在催化剂颗粒和电解液的表面（固-液-气三相界面）接受来自外部电路的电子，发生还原反应。

$$O_2 + 4e^- + 2H_2O \rightleftharpoons 4OH^- \quad (8\text{-}9)$$

电池总反应为：

$$2Zn + O_2 \longrightarrow 2ZnO \tag{8-10}$$

充电时的反应为放电时的逆反应。

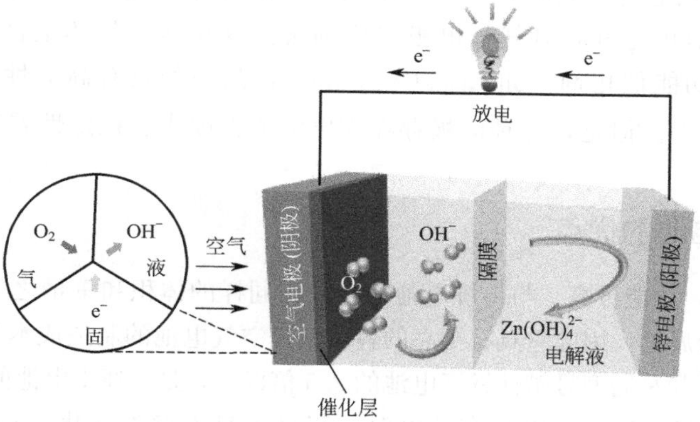

图 8-7 锌空气电池的工作原理示意图

电池正极为聚四氟乙烯型空气电极，负极由汞齐化锌粉压制而成。锌负极外包隔膜材料数层，隔膜材料可选用微孔尼龙纸、石棉纸或水化纤维素膜，电池顶部设气室，顶盖上留透气孔，防止内压过大。锌空气电池的一般特性如表 8-4 所示。

⊡ 表 8-4 锌空气电池的一般特性

开路电压/V	工作电压/V	使用温度/℃	每月自放电率/%	比能量/(W·h/kg)
1.45	0.9～1.30	－20～40	0.2～1.0	150～350

8.5.3 分类

锌空气电池可以按照不同的分类标准进行如下分类。

① 按电池的外观形状可分为方形、纽扣式和圆柱形。纽扣式锌空气电池是较为早期的锌空气电池，兼顾安全性能以及较低的成本，主要用于助听器。由于其较高的能量密度，在便携式电子产品中较为常见。方形电池主要应用于手机。

② 按电解液的酸碱性分类，可分为微酸性电池和碱性电池。前者使用氯化铵溶液作电解液，后者多用氢氧化钾溶液。

③ 按电解液的处理方法，可分为静止式电池和循环式电池。

④ 按空气的供应形式，可分为内氧式电池和外氧式电池。内氧式电池的负极板在正极气体电极两侧或周围，电池有完整的外壳；外氧式电池的负极板在正极气体电极中间，气体电极兼作电池的部分外壳。

⑤ 按负极的充电方式，可分为原电池、机械充电式、外部再充式和电化学再充式。

a. 锌空气原电池，即电池为一次电池，不能再充电循环使用。

b. 机械充电式锌空气电池是将放完电的负极取出，换上新的负极，而正极不需更换，就能恢复其原有的电池容量和性能，减少用户每天充电的烦恼。这种方式操作简单，更换电极需要的时间短，替换下来的锌电极可以通过电解等方式再生。但存在使用完后需要更换负极，密封不严等问题。

c. 外部再充式锌空气电池是将放完电的负极取出来，在电池外另行充电，充足电后再装入继续使用。

d. 电化学再充式电池。充电时必须利用双功能的气体电极，采用第三极时，正极通过第三极进行充电，防止充电时对气体电极造成损害。双功能的气体电极使用了既能将氧还原、又能析氧的双功能催化剂，如 $La_{0.6}Ca_{0.4}CoO_3$，是一种具有高活性和高稳定性的非贵金属双功能催化剂[16]。但是，这种电极存在充电电流密度小、稳定性差等缺点。

8.5.4 锌空气电池的优点

① 电池容量大，比能量高。与传统电池相比，在同样的体积和重量之下，锌空气电池能够填装更多负极材料金属锌，因此它具有更高的容量。锌空气电池的制造成本与同型号碱性锌锰电池大体相同，但容量却是同型号碱性锌锰电池的 2.5 倍以上，是普通干电池的 5～7 倍。

② 工作电压平稳。锌空气电池在放电时，正极本身不发生变化，只是氧气发生还原反应，锌电极的放电电压也很稳定。因此，放电时电池电压变化很小，在 1.3 V 处出现一个较长的平台，电池性能稳定。

③ 安全性好。锌空气电池与燃料电池相比，由于以金属锌替代了燃料电池的氢燃料，无燃烧、爆炸的危险，比燃料电池更安全可靠。

④ 价格低廉。锌空气电池正极活性物质是空气中的氧气，而负极锌的资源丰富，用过的锌可以再回收利用。因此，锌空气电池成本低廉，这也是其他电池体系所无法比拟的。

⑤ 不含有毒物质，对环境无污染。锌空气电池原料和制造过程对环境无污染，摒弃了传统电池中所含的重金属元素。锌电极放电产物氧化锌可以通过电解的方式再生得到金属锌，整个过程为一个绿色的封闭循环，既节约资源，又有利于环境保护。

⑥ 自放电较少，能够储存较长时间。在储存时锌空气电池的入气孔是密封的，空气电极与外界隔绝，避免空气进入锌空气电池，电池容量损失小。

8.5.5 影响锌空气电池使用寿命的因素

自放电和气体转移衰减在一定程度上决定了锌空气电池的使用寿命和性能。而电解液的碳酸化和直接氧化也会对性能造成不利影响。

① 电解液的碳酸化。空气中二氧化碳的浓度约为 0.04%，与碱性溶液（电解液）发生反应形成碱金属碳酸盐和碳酸氢盐。锌空气电池使用碳酸化电解液能够比较理想地放电，但碳酸化太严重会有两个缺点：a. 电解液的气压升高，促使水蒸气在低湿度条件损耗；b. 正极结构里形成的碳酸盐结晶会阻碍空气进入，最后引起正极损坏，导致正极性能下降。碳酸化在大部分应用中必定对电池性能造成危害。

② 直接氧化。锌空气电池的锌负极能溶于电解液，并被电解液扩散的氧直接氧化。直接氧化作用会导致容量降低，主要原因包括电池气孔打开、密封不严。对于低倍率电池而言，由于气体扩散调节受到了严格控制，容量的损失要小一个数量级。

③ 水蒸气转移对使用寿命的影响。有效使用寿命衰减的机理是水蒸气转移。当电解液蒸气压和周围环境之间存在分压差时就会产生水蒸气转移。常规电解液为质量分数为 30% 的氢氧化钾溶液。在室温下，当湿度低于 60%时会损失水分，而在 60%以上的湿度时会增

加水分。水分减少会增大电解液的浓度，电解液不足最后会使电池失效。水分过分增加会稀释电解液，也会降低电导率。此外，空气正极的催化剂在水分持续增加的情况下会淹没，降低电化学活性，最后导致电池失效。

8.5.6 应用与发展前景

锌空气电池具备较多的优点，其应用领域相当广泛，包括手表、助听器、计算器、笔记本电脑、移动电话、江河航标灯、铁路信号灯、军用无线电发报机等。由于其容量大、比能量高、大电流放电性能好、价格低廉等特点，也特别适合于用作电动汽车、摩托车、自行车等的动力电源，以及鱼雷、导弹等大型机械类产品的电源。但是，就整体放充电效率而言，锌空气电池的长期循环性远不如锂离子电池。这些问题主要与锌的不可逆性（与枝晶形成、氧化锌钝化有关）和电化学氧化还原以及高催化活化有关。最成功的可充电锌空气电池采用流动电解液设计，大大提高了锌电极的耐久性。锌空气电池还存在如下问题。

① 空气电极的不可逆性，使得电池充电成为较复杂的问题，急需探索合适的电极与催化剂。Peng 等[17] 将碳纳米管阵列纺丝制成的碳纳米管膜作为载体，涂覆 RuO_2 纳米颗粒，制备 CNT/RuO_2 空气电极，组装得到柔性可拉伸的纤维状锌空气电池。其中，CNT/RuO_2 复合材料集气体扩散层、催化剂层、集流体层于一身。该纤维状锌空气电池在 1A/g 电流密度下的充放电平台过电位为 1V。

② 锌电极存在高倍率放电时的钝化，充电时产生锌枝晶，在碱性电解液中锌反应物的有限溶解性、锌电极被空气中的氧直接氧化等问题。在放电时，金属锌负极不断产生不溶性氧化锌覆盖在锌表面，逐步将锌表面与电解液分离使其钝化，阻碍深入放电。在充电时，由于电流密度的差异以及浓度的不同，负极局部凸起处更容易发生反应并堆积在表面，产生锌枝晶。这些问题都会导致电池容量下降。

③ 在高倍率应用时产生大量热量的问题。

④ 需防止电解液中水分的蒸发或电解液的吸潮。由于空气电极暴露于空气中，必然会发生电解液水分的蒸发和电解液的吸潮问题，这将改变电解液的性能，从而使电池性能下降。

上述问题，使得锌空气电池在应用上受到了很大的限制。经过电池工作者的努力，已经取得以下几方面的进展。

① 价格便宜的气体电极结构和催化剂的开发。目前也有许多研究致力于设计、开发非贵金属系的高效催化剂材料。Lee 等通过多元醇法合成了担载在导电炭黑上的无定形的 MnO_x 纳米线催化剂，并应用在空气电极中，如图 8-8 所示。由该空气电极组装的一次锌空气电池最高功率密度高达 $190mW/cm^3$，放电比容量高达 300mA·h/g，可与商业铂碳催化剂构成的锌空气电池相媲美。然而，过渡金属基催化剂材料导电性较差，尤其是一些过渡金属氧化物，通常需要担载在高导电性的载体上，例如导电炭黑，这使得该类催化剂的制备流程变得比较烦琐，因此未来还需要简化催化剂的制备工艺。

② 设计熔盐电解液。室温碱性水溶液是目前锌空气电池中最常用的电解液，配合非贵金属催化剂一起使用。但是，这类电解液的水性和碱性导致了干馏和不溶性碳酸盐沉淀，促进了锌枝晶生长和析氢，限制锌空气电池的性能。最近已经开始研究基于熔融碳酸盐共晶电解质的高温锌液空气系统。例如，在 550 ℃下，由 $Li_{0.87}Na_{0.63}K_{0.50}CO_3$ 共晶组成的熔融电

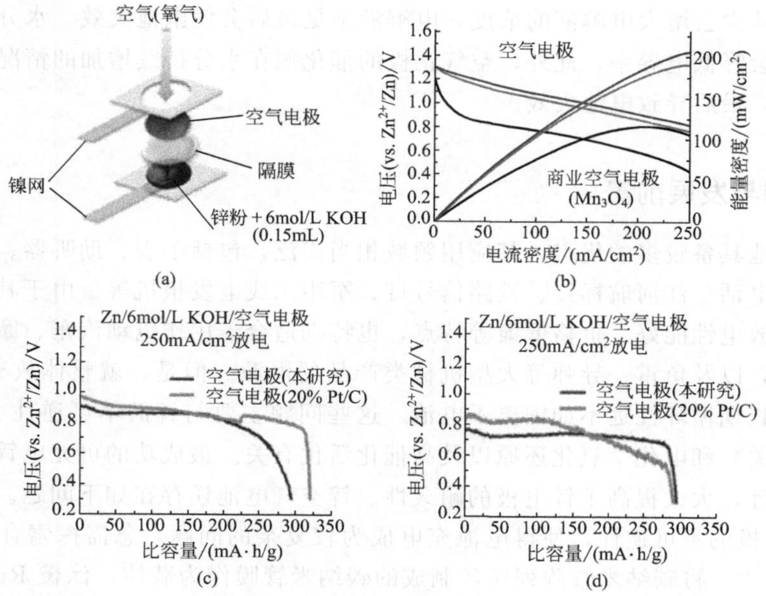

图 8-8 无定形 MnO_x 用于空气电极催化剂的锌空气电池结构示意图（a），不同空气电极的锌空气电池的极化曲线（b），不同空气电极的锌空气全电池在 $200mA/cm^2$、$250mA/cm^2$ 下的放电曲线（c 和 d）[18]

解质具有非常稳定的循环能力，可进行 150 圈充放电循环，库仑效率为 94%，平均放电电压约为 1.08V[19]。

③ 采用电解液的体外循环，使电解液得以体外处理，既解决了锌电极存在的问题，又可以使高倍率放电所产生的热量得以借助电解液带出，从而使电池正常工作，延长使用寿命。

锌空气电池的发展潜力无穷。它将在化学工业和高科技高速发展的推动下得到新的发展、完善；将不断增强其生命力，向无污染动力能源领域进军。

8.6 小结

金属空气电池因其较高的能量密度以及环境友好性等一系列优点，引起了研究人员的广泛关注。然而，相对于如今较为成熟的锂离子电池而言，金属空气电池在充电方面还无法与其媲美。同时，还存在着电池效率较低的弊端。除了已经投入商业化使用的锌空气电池，大部分金属空气电池仍处于实验室研究阶段或商业化的前期。

未来对于金属空气电池的改进，主要在于负极、正极、电解液和隔膜这几方面。负极方面，由于金属易被空气中的氧气腐蚀，且在充电时，容易产生金属枝晶，导致电池的容量下降以及安全问题。现阶段较多的研究大多是从金属负极设计保护层的角度出发；也可以从电解液出发，设计固态电解质，阻隔氧气从正极穿梭到负极，提高负极的可逆性。如何在金属负极表面形成较为致密且能够有效阻隔氧气的固态电解质层，就显得尤为重要。设计合理的隔膜，选择性地透过金属阳离子，抑制其他离子、水、氧气向负极扩散，以减缓负极的腐蚀。在正极方面，需要探索出合理高效的催化剂，加速氧气从空气电极扩散到电池内部的速率。

金属空气电池在储能方面具有巨大潜力，值得研究人员不断探索与优化。金属空气电池的发展十分迅速，在不久的将来，有望实现商业化。

参考文献

[1] Fu J, Cano Z P, Park M G, Yu A, Fowler M, Chen Z. Electrically rechargeable zinc-air batteries: progress, challenges, and perspectives[J]. Adv Mater, 2017, 29 (7): 1604685.

[2] 曹学成，杨瑞枝．锂-空气电池正极催化剂研究进展[J]. 科学通报，2019, 64 (32): 3340.

[3] 肖昂．锂空气电池正极催化剂研究进展[J]. 山东化工，2019, 48 (23): 74.

[4] Zhang Z, Bao J He C, Chen Y, Wei J, Zhou Z. Hierarchical carbon-nitrogen architectures with both mesopores and macrochannels as excellent cathodes for rechargeable Li-O_2batteries[J]. Advanced Functional Materials, 2014, 24 (43): 6826.

[5] Guo Z, Dong X, Yuan S, Wang Y, Xia Y. Humidity effect on electrochemical performance of Li-O_2 batteries[J]. Journal of Power Sources, 2014, 264: 1.

[6] Imanishi N, Yamamoto O. Perspectives and challenges of rechargeable lithium-air batteries[J]. Materials Today Advances 2019, 4: 100031.

[7] Hartmann P, Bender C L, Vracar M, Durr A K, Garsuch A, Janek J, Adelhelm P. A rechargeable room-temperature sodium superoxide (NaO_2) battery[J]. Nat Mater, 2013: 12(3): 228.

[8] Hu Y, Han X, Zhao Q, Du J, Cheng F, Chen J. Porous perovskite calcium-manganese oxide microspheres as an efficient catalyst for rechargeable sodium-oxygen batteries[J]. Journal of Materials Chemistry A, 2015, 3(7): 3320.

[9] Bender C L, Hartmann P, Vračar M, Adelhelm P, Janek J. On the Thermodynamics, the Role of the Carbon Cathode, and the Cycle Life of the Sodium Superoxide (NaO_2) Battery[J]. Advanced Energy Materials, 2014, 4 (12): 1301863.

[10] Ren X, Wu Y. A low-overpotential potassium-oxygen battery based on potassium superoxide[J]. J Am Chem Soc, 2013, 135 (8): 2923.

[11] Qin L, Schkeryantz L, Zheng J, Xiao N, Wu Y Superoxide-Based K-O_2 Batteries: Highly Reversible Oxygen Redox Solves Challenges in Air Electrodes[J]. J Am Chem Soc, 2020, 142(27): 11611-11938.

[12] Houchins G, Pande V, Viswanathan V. Mechanism for Singlet Oxygen Production in Li-Ion and Metal-Air Batteries[J]. ACS Energy Letters, 2020, 5(6): 1893.

[13] Qin L, Xiao N, Zhang S, Chen X, Wu Y. From K-O_2 to K-Air Batteries: Realizing Superoxide Batteries on the Basis of Dry Ambient Air[J]. Angew Chem Int Edit, 2020, 59(26): 10498.

[14] Wang W, Lai N C, Liang Z, Wang Y, Lu Y C. Superoxide Stabilization and a Universal KO_2 Growth Mechanism in Potassium-Oxygen Batteries[J]. Angew Chem Int Edit, 2018, 57(18): 5042.

[15] Xiao N, Gourdin G, Wu Y. Simultaneous Stabilization of Potassium Metal and Superoxide in K-O_2 Batteries on the Basis of Electrolyte Reactivity[J]. Angew Chem Int Edit, 2018, 57 (34): 10864.

[16] Malkhandi S, Yang B, Manohar A K, Manivannan A, Prakash G K, Narayanan S R. Electrocatalytic Properties of Nanocrystalline Calcium-Doped Lanthanum Cobalt Oxide for Bifunctional Oxygen Electrodes[J]. J Phys Chem Lett, 2012, 3 (8): 967.

[17] Xu Y, Zhang Y, Guo Z, Ren J, Wang Y, Peng H. Flexible, Stretchable, and Rechargeable Fiber-Shaped Zinc-Air Battery Based on Cross-Stacked Carbon Nanotube Sheets[J]. Angew Chem Int Edit, 2015, 54 (51): 15390.

[18] Lee J S, Park G S, Lee H I, Kim S T, Cao R, Liu M, Cho J. Ketjenblack carbon supported amorphous manganese oxides nanowires as highly efficient electrocatalyst for oxygen reduction reaction in alkaline solutions[J]. Nano Lett, 2011, 11 (12): 5362.

[19] Liu S, Han W, Cui B, Liu X, Sun H, Zhang J, Lefler M, Licht S. Rechargeable zinc air batteries and highly improved performance through potassium hydroxide addition to the molten carbonate eutectic electrolyte[J]. Journal of The Electrochemical Society, 2018, 165(2): A149.

第9章

碱金属负极

1991年，以石墨为负极，索尼公司第一次实现锂离子电池商业化。在接下来的时间里，锂离子电池在便携式电子产品和电动汽车方面得到了充分应用。随着社会的发展，人们对高能量密度存储体系的要求越来越高。石墨负极能量的存储和释放，是通过 Li^+ 在石墨上的嵌入/脱出来实现的，因此传统锂离子电池的理论能量密度只有约390W·h/kg，不能满足人们在新时期对高能量密度储能装置的需求[1,2]。与传统的锂离子电池相比，碱金属电池是以碱金属为负极，通过碱金属离子在碱金属负极表面不断电镀/剥离，来实现高容量的存储和释放，因此具有超高的理论能量密度。碱金属负极包括锂、钠和钾，它们具有相似的物理和化学性质。由于碱金属电池在储能方面的巨大优势，引起了研究者的极大兴趣。最近十年来与碱金属负极相关的文章发文量逐年增加，2019年的发文量已超过14000篇，充分说明碱金属负极在储能领域的热度持续高涨，如图9-1所示。

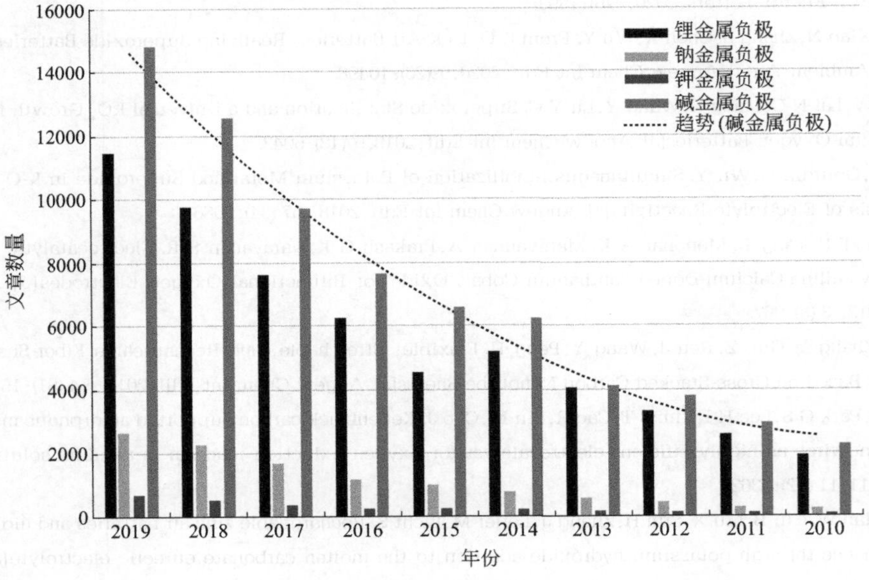

图9-1 近十年来与碱金属负极相关的发文量统计图

9.1 锂金属负极

锂金属负极具有极高的理论比容量（3860mA·h/g）和最低的负电化学势［－3.040V（vs. 标准氢电极）］[3,4]，被认为是众多电极材料中的“圣杯”电极。锂金属电池包括锂硫和锂氧电池，其中锂硫电池的能量密度约为2600W·h/kg，锂氧电池的能量密度约为3500W·h/kg，大约分别是传统锂离子电池能量密度的7倍和10倍。因此，锂金属电池被认为是最有前途的能量存储体系之一，是下一代电池体系的最佳候选者，得到了大量关注。然而，由于锂枝晶问题，早期的锂金属电池只能在一些特殊领域得到应用，锂金属电池的商业化迟迟未能实现。

9.1.1 锂枝晶问题

早在20世纪70年代，可充电锂金属电池就已经出现，并被应用在手表、计算器和可移植医疗设备中。然而，锂金属的一些缺陷，阻碍了锂金属电池的商业化进程。锂位于元素周期表的第一主族，最外层只有一个电子，极容易失去，具有很高的金属活泼性。金属锂很容易和有机电解液反应，在锂金属/液体电解液界面形成一层固态电解质界面层（solid electrolyte interphase，SEI）。这层SEI膜可以将金属锂和电解液隔开，阻止锂金属进一步被电解液侵蚀。然而，由于锂金属的“hostless”（无宿主）缺陷，在电镀/剥离期间，锂金属负极会出现严重的体积膨胀现象。体积的变化会使SEI膜破裂，新鲜的锂会重新暴露在电解液中，形成新的SEI膜。破裂SEI膜处的离子流会促使锂金属优先电镀在裂缝处，导致锂枝晶的出现。锂枝晶的繁殖和生长会刺穿隔膜，使电池短路，瞬间释放大量的热，甚至出现电池的燃烧和爆炸现象[5]，如图9-2所示。安全问题严重地限制了锂金属电池的商业化应用。锂枝晶的形成大大增加了锂金属的比表面积，使金属锂和电解液的接触更加充分，导致更多的副反应发生。这些副反应不可逆地消耗电极材料和电解液，导致电极比容量降低，使库仑效率大大减小。在电池长时间充电/放电循环期间，大量的锂枝晶会被重新生成的SEI膜覆盖，使其不能接近集流体和电子；同时，这些枝晶在靠近基底的部位会快速溶解，使得锂枝晶脱离基底，失去电子接触。这些锂枝晶会逐渐变成电化学惰性的“死”锂，大大地降低了库仑效率[6,7]。

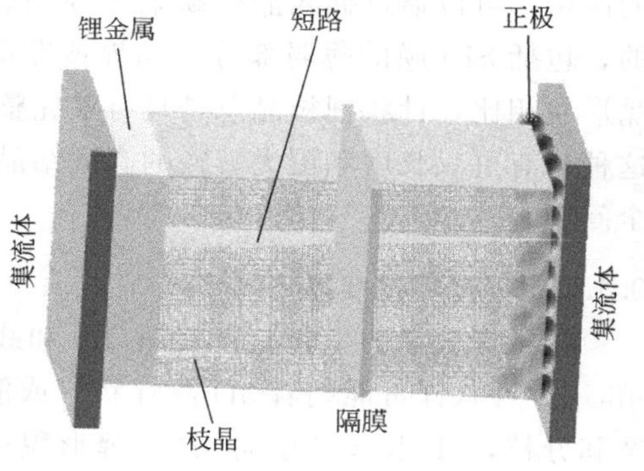

图9-2 锂金属电池中枝晶问题示意图

锂枝晶具有各种各样的形貌。根据主要结构、沉积机理和对电池性能造成的影响不同，锂枝晶有三种形貌：针状、树状和苔藓状，如图9-3所示。针状枝晶在长度和直径方向同时生长，没有分枝出现，具有很高的长径比。因此，针状枝晶是锂金属电池短路的主要原因。苔藓状枝晶的直径很小，具有很高的比表面积，很容易消耗更多的金属锂而形成SEI膜。

在锂剥离过程中，苔藓状锂枝晶容易断裂，形成“死”锂。树状枝晶在树突模拟中被广泛研究，它们可以沿着任意方向生长。树状枝晶不仅会造成锂容量损失，还会造成电池短路[8]。充分了解这三种形貌的锂枝晶，对于锂枝晶产生机理的研究是十分有必要的。

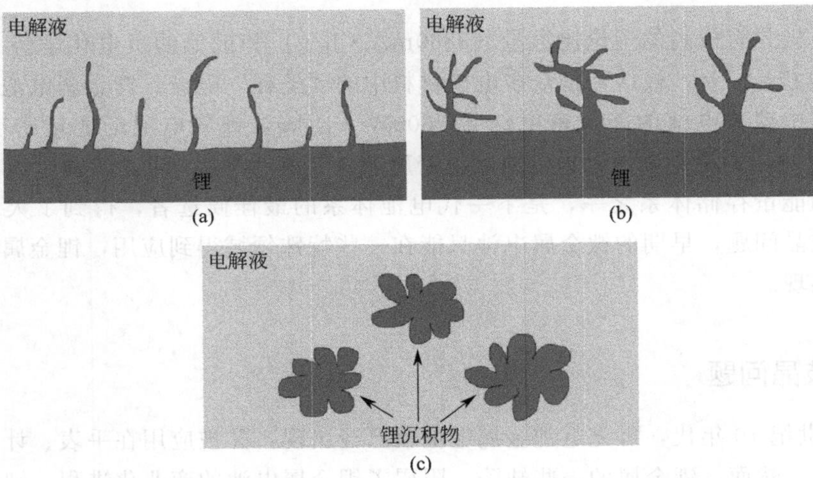

图 9-3　不同形貌锂枝晶的示意图

(a) 针状；(b) 树状；(c) 苔藓状

9.1.1.1　针状锂枝晶

针状锂枝晶是一种分枝较少的锂沉积物，具有一维结构。Steiger 等[9] 观察了电沉积锂纤维的生长和溶解。锂枝晶可以从先前锂成核的所有位点生长，例如尖端、基底和扭结之间的区域，可以通过插入晶格缺陷来控制。这些锂枝晶的生长位点通常被认为是受缺陷控制的，包括 SEI 膜的薄弱部分、晶界或非晶区，以及先前锂沉积物的不均匀部位。与其他枝晶形貌相比，针状锂枝晶总是具有最完整和最大的金属锂晶体；一些针状枝晶长几十微米。这种具有更长长度和更大直径的高度结晶针状枝晶很容易穿透隔膜，导致电池短路，引起安全问题。

9.1.1.2　苔藓状枝晶

针状锂枝晶的生长是一种准 1D 和线性伸长模式。在某些条件下，包括分支和缺陷增殖，1D 针状锂可能朝着 3D 苔藓状（或灌木状）锂方向生长。在长纤维生长期间，通过变宽和分枝，1D 长丝开始向 3D 苔藓形貌过渡。可以用葡萄干面包膨胀模型来描述苔藓锂的生长。在该模型中，没有优先的方向，并且面包中的每个葡萄干之间的距离随着面包膨胀而增加。葡萄干面包的生长没有生长中心，但由于其基底的原因，局部的运动受到限制。以苔藓锂的生长为例，金属基底固定灌木的底部。锂原子插入灌木的几个点上，这些点是分散在整个结构上的。在苔藓锂生长期间，树枝状尖端在某些情况下生长和变宽。然而，苔藓生长并不一定发生在尖端。相反，苔藓生长经常发生在分布于整个苔藓中的生长点上。晶界是相关生长点，锂被插入，与苔藓的金属骨架相接触。

在锂金属电池中，应该避免苔藓状枝晶的出现，以最小化界面，减少电解液的分解消耗。在电池长时间循环过程中，大部分苔藓状锂会从集流体上被孤立出来，形成“死”锂，造成活性材料的损失。即使材料仍附着在其基底上的原始位点，这种现象也是会发生的，因为电子接触位点被绝缘的 SEI 膜取代。

9.1.1.3 树状锂枝晶

树状枝晶可以沿着各个方向生长，包括长度、直径和分枝。分枝总是有规律的，并具有一个规整的多层次结构。它们是建模和模拟中最基本的电沉积模型，但是在锂金属电池实验中却没有针状和苔藓状枝晶常见。造成这种现象的原因很有可能是在大多数实验条件下，金属锂枝晶不能以适当的速率在所有方向上生长，并且具有稳定的分支结构，因为电镀过程主要受电解液中锂离子的传质控制。所以，枝晶可以长成针状（主要是长度和直径增长）或苔藓状（长度增长和不规则分枝）。

锂枝晶的出现极大地降低了电池的库仑效率和循环寿命，甚至会使电池出现燃烧或爆炸。因此，必须采取有效的措施来抑制锂枝晶的生成。为了较好地调控锂的电镀行为和有效地抑制枝晶生长，必须对锂枝晶的形成过程有一个清晰的了解和认识。

9.1.2 锂枝晶的形成机理

20 世纪 70 年代研究人员对金属锂的沉积进行了细致观察和研究。锂枝晶的生长机理涉及电化学、晶体学、动力学和热力学能领域，十分错综复杂，所以至今没有一种普遍适用的枝晶生长理论。在电镀领域，金属枝晶是一种比较常见的现象。在给定的电沉积条件下，许多金属，例如锌、铜、银、锡等，都会表现出分枝状形貌。在电镀期间，电解液中存在一个阳离子浓度梯度。受限于阳离子的扩散速度，当电流密度达到一个特定值时，电流只能维持一段时间，称之为“Sand’ s time”。之后阳离子在靠近沉积电极一侧的电解液中消耗殆尽，这样就会打破沉积电极表面的电中性平衡，形成一个局部空间电荷，从而导致电镀时产生枝晶[10]。锂金属电池中的枝晶问题和电镀工业类似，因此可以借鉴电镀过程中积累的经验来理解锂枝晶的生长机理。

在电沉积过程中，锂的成核位点是一个至关重要的问题，它决定了树状分枝的生长方向。为了探索枝晶生长机理，人们提出了很多合理的观点，例如尖端诱导成核、底部诱导成核和多方向诱导成核。这些观点被广泛应用于锂金属电池中。

9.1.2.1 尖端诱导成核

在稀释溶液中，广泛采用“Sand’ s time” τ_s 来表示枝晶生长的初始时间，如式（9-1）所示[11]：

$$\tau_s = \pi D\left(\frac{c_0 e}{2J}\right)^2 \times \left(\frac{\mu_a + \mu_c}{\mu_a}\right)^2 \tag{9-1}$$

式中，e 为基本电荷单位；c_0 为初始离子浓度；D 为离子扩散常数；J 为电流密度；μ_a 为阴离子浓度；μ_c 为阳离子浓度。

根据式（9-1），可以明显地观察到“Sand’ s time”预示着枝晶生长的开始，并且与 J^{-2} 成正比。在 Monroe 和 Newman 模型[12] 中，液体电解质中枝晶的尖端生长速率 v_{tip} 也与电流密度有关。

$$v_{tip} = \frac{J_n V}{F} \tag{9-2}$$

式中，J_n 通常是到枝晶尖端的有效电流密度；F 是法拉第常数；V 是锂的摩尔体积。

结合式（9-1）和式（9-2），负极的高电流密度不仅会缩短枝晶生成的时间，而且会增加它的生长速度。因此，在高电流密度下会出现更不稳定的 SEI 膜，负极的体积变化也会更加明显。

锂金属负极表面凹凸不平，存在许多凸起。在电沉积过程中，这些凸起通常被认为是活性位点。假设这些凸起是一个静态半球，电荷倾向于积聚在尖端上，导致球形尖端的电场增强。由于充满电荷，锂离子更容易沉积在尖端上。这些凸起可以决定枝晶的初始形成，而生长速率与尖端半径有关。相对于浓度过电位在平面上引起电沉积的事实，尖端上的电化学沉积主要受激活控制。一旦被沉积激活，无论离子浓度如何，枝晶生长都会继续。

锂金属负极表面的凸起会导致这些尖端的电场和离子场强度增强，锂离子倾向于沉积在这些活性位点上，导致不均匀的沉积。

9.1.2.2 底部诱导成核

一般来说，锂枝晶都是从尖端开始生长的。然而，通过大量观察结果惊奇地发现，枝晶尖端在沉积过程中并没有改变，这与理论计算结果是不同的。在连续的充电/放电循环过程中，一些锂沉积物表面的 SEI 膜上会出现缺陷。这些缺陷成为新的锂沉积位点，导致锂的不均匀沉积[13]。尖端诱导成核是由增强的离子场和电场造成的，而从底部开始的枝晶生长是因为锂沉积物上 SEI 膜的缺陷。

9.1.2.3 多方向诱导成核

除了一些特殊设计的电池外，还可以在电池的许多区域中检测到枝晶的生长，这些枝晶的生长方向是不固定和多方向的。通过扫描电子显微镜观察锂/聚合物电池上的枝晶生长，发现了横向生长和底部生长的枝晶。在水氧值较低的环境中，使用光学显微镜观察锂晶须发现，枝晶分枝可以从底部、尖端和扭结之间开始，其中从底部生长是最常见的。尖端的形状没有发生改变，而且在生长过程中，晶须的直径保持不变。但是，电极上晶须生长的区域不是固定的，并且在不时地移动。Steiger 等用光学显微镜原位观察锂枝晶生长，他们发现锂枝晶在锂/基底界面、扭结或尖端同时生长，并且枝晶的生长几乎不受尖端处的电场强度和浓度梯度的影响。这与之前的枝晶生长机制是不一致的，因此一种新的缺陷插入机制被提出。枝晶生长可以被晶体缺陷控制，包括 SEI 膜上的薄弱部位、位错、晶界，甚至是污染物[14,15]。

9.1.3 成核后枝晶生长速率的影响因素

锂离子的迁移方向和速率决定了锂枝晶的生长速率，而电解液中的电场强度和浓度梯度决定了锂离子的迁移方向和速率。这些因素主要由外部施加的充电条件决定，例如充电时间、电流密度等。此外，不仅电解液的黏度、离子迁移率等因素会影响锂离子的迁移，而且 SEI 膜的电子和离子电导率也对锂离子迁移起着显著的作用[8]。

9.1.3.1 电场强度

在锂枝晶生长过程中，电场强度是一个非常重要的驱动力。可以通过一些模型来描述电场对锂枝晶生长的影响。由于有限的离子扩散速率，Chazalviel 发现稀盐溶液中负极附近的阴离子消耗殆尽时，电中性平衡被打破，空间电荷产生。出现的空间电荷是枝状金属电沉积物生长的主要驱动力。然而，Chazalviel 发现的模型必须进行改进，因为它没有考虑参数的变化，例如与离子浓度相关的扩散参数。Brissot 等观察到个别枝晶具有不同的生长速率。然而，这些速率与 Chazalviel 模型预测的速率相差不大，并且它们似乎与电流密度成比例[16]。枝晶的前端以速度 $v_i=-\mu_i E_0$ 进行生长，该速度是由迁移率 μ_i 和电解液中性区域处的电场 E_0 决定的。电池经过几次极化之后，在给定的一个负电极距离条件下，枝晶似乎不能越过一个“屏障”。该距离约为第一极化期间枝晶所达到的尺寸。

这些模型的建立主要是以电场为基础，电场作为枝晶生长的驱动力。在电镀是由电场控制的条件下，应分析一些影响枝晶生长的因素。然而，实际情况是非常复杂的，许多因素共同起作用。

9.1.3.2 浓度梯度

锂电镀过程的起始阶段，Li^+ 迁移的主要推动力是电场，随后扩散控制起主要作用。因此，精准模型的建立必须考虑电场和浓度梯度对枝晶生长的影响。

在锂表面附近的电沉积以及平面和枝晶尖端的电化学反应期间，Akolkar[17] 开发了一个数学模型来描述枝晶生长过程。该模型考虑了扩散界面层的锂离子瞬态扩散传输。通常，施加的电流密度会强烈影响锂枝晶的生长。当电池在有限的电流密度下运行时，具有相对低的枝晶生长速率的枝晶可以被观察到。根据 Akolkar 提出的数值扩散反应模型，在 $10mA/cm^2$ 的电流密度下，枝晶生长速率为 0.02mm/s。该结果与 Nishikawa 等的枝晶繁殖速率实验结果非常相似。

9.1.4 枝晶生长的外部影响因素

除了电解液、电极材料和 SEI 膜对枝晶生长造成的基本影响外，一些外部条件，例如充电电流密度、充电容量、工作温度和锂金属电池的内部压力，也会对生长速率和生长模式产生显著影响。

9.1.4.1 电流密度和充电容量

一般认为，大电流密度和长时间持续充电将导致严重的枝晶生长[18]。然而，当锂沉积受电荷转移控制且电流相对较小时，沉积物可以在增加的电流密度下很好地分布。电荷量和电流密度对锂粉末电极表面形貌的影响是系统的。通过经验公式（9-3）或简化公式（9-4）和相应的曲线，能够清楚展示锂枝晶生长与电流密度/电荷量之间的关系。

$$Q=\frac{5.58133}{1-1.0286J+0.4957J^2} \tag{9-3}$$

$$\{(J-1)^2+1\}\sim 11 \tag{9-4}$$

式中，J 是电流密度；Q 是总的电荷量。

根据式（9-3）和式（9-4）的预测结果，随着电流密度的增加，为了确保无枝晶的生成，所需的电荷量要先上升然后下降。当电荷量超过 $12C/cm^2$（$3.3mA\cdot h/cm^2$）时，不能完全抑制锂枝晶生长。当电流密度小于约 $1.0mA/cm^2$ 并且延长沉积时间时，枝晶形成的趋势会降低。

9.1.4.2 温度

温度不仅会影响电解液的黏度和离子缔合，而且会影响表面 SEI 膜的厚度。因此，锂离子的扩散和表面反应为强烈依赖于温度的过程。为了从理论上探讨温度对锂离子扩散和表面成膜的影响，Akolkar[19] 提出了一个分析模型。采用稳态扩散反应模型预测低温下金属锂电沉积过程中的枝晶生长速率，进而研究枝晶生长过程对温度的依赖性。该模型预测了临界温度，低于该临界温度，在给定的电流密度下，不可控的枝晶形貌开始出现。在对称锂/锂电池中，采用原位法来研究室温和低温（−10℃、5℃和20℃）下的锂成核数、枝晶初始持续时间和生长速率。与在−10℃和20℃条件下运行的电池相比，电池在5℃下失效最快。枝晶开始最早发生在−10℃和5℃，而在20℃下获得更长的起始时间。电沉积物的形貌随着形成温度的变化而变化，其中低温下形成蘑菇状沉积物，而锂针状沉积物分别在5℃和20℃转变成圆球状和颗粒状。

9.1.4.3 压力

当对工作电池中的锂电极施加物理压力时，可以部分地抑制锂枝晶沉积。压力广泛存在于电池中，它们可以通过电池组装、膜和SEI挤压以及锂沉积来产生。然而，由于在实际操作中改变压力是十分困难的，难以明显地研究压力对电池的影响。Monroe和Newman[12] 从理论上分析了机械力如何影响锂枝晶的成核和生长。对锂电极施加压力，他们认为表面张力会妨碍界面粗糙度的演变。通过采用具有比锂金属大至少2倍的高剪切模量电解液，枝晶生长可以通过机械应力的方法被抑制。

9.1.5 抑制锂枝晶的策略

自从锂金属电池被开发以来，人们就一直致力于锂金属电池安全问题的研究。虽然到目前为止，锂枝晶问题没有被完全解决，但是已经开发出很多能够有效地抑制枝晶生长的策略，包括电解液添加剂、固态电解质、人造SEI膜、隔膜修饰和集流体设计[20]。

9.1.5.1 电解液改性

由于液体电解液的电导率高和较好的可湿性，目前的锂离子电池和锂金属电池中普遍使用的是液体有机电解液。锂金属电池中的锂金属负极还原电势比较低，液体有机电解液很容易被化学和电化学还原。液体有机电解液分解产生的不溶物质沉积在锂金属负极表面，原位形成SEI膜。然而这些SEI膜总是易碎的，并且它的组成和结构是不均一的，因此很容易导致锂离子的不均匀沉积，形成锂枝晶。经过几十年的发展，人们在电解液改性提高锂金属电池安全性方面做出了很多努力，例如电解液添加剂、固态电解质、聚合物电解液等，可以较好地抑制严重的枝晶生长。

(1) 电解液添加剂　液体电解液的组成，例如溶剂、锂盐和添加剂，对于均匀SEI膜的形成是非常重要的，因此可以通过添加剂来对电解液进行改性。添加剂是电解液中非常重要的组成，对于原位形成的SEI膜的均一性和稳定性的增强，有着至关重要的作用。添加剂在电解液中的含量非常少，一般低于5%（质量分数或体积分数）。

一般来说，良好的添加剂应该具有较低的最低未占分子轨道（lowest unoccupied molecular orbital，LUMO），可以优于溶剂和锂盐与锂金属反应，形成具有可控组成和循环稳定性的致密SEI膜。氟代碳酸乙烯酯（fluroethylene carbonate，FEC）是锂金属电池中一种常用的电解液添加剂[21]。它不仅具有非常低的LUMO值（−0.87eV），而且具有和碳酸酯溶剂相似的结构，很容易被还原形成LiF，被包含在锂金属负极表面原位形成的SEI膜中。这种富含LiF的SEI膜可以引导锂离子均匀沉积，抑制锂枝晶生长并提高库仑效率。以此类推，凡是可以提供氟原子，像 LiF 一样提高 SEI 膜力学和电化学性能的物质，都可以作为电解液的添加剂。通过改变电解液中无机成分的含量和种类，均匀的锂离子流可以被调控。在锂硫电池中，$LiNO_3$ 是一种被广泛采用的添加剂，可以有效地阻止多硫化物中间产物的有害穿梭效应，并且使锂金属负极表面钝化，避免锂金属被进一步侵蚀。$LiNO_3$ 直接被还原形成 Li_xNO_y 类物质，而硫类物质被氧化形成各种 Li_xSO_y。这两种过程有助于 SEI 膜性能的提升，并且抑制枝晶生长。通过选择锂多硫化物的种类和调节锂多硫化物与 $LiNO_3$ 的浓度，锂多硫化物和 $LiNO_3$ 的协同效应可以实现最大化。

虽然 $LiNO_3$ 作为锂硫电池添加剂表现出优异的性能，但是在高电压电池体系的碳酸酯类电解液中，$LiNO_3$ 被认为是不可用的。$LiNO_3$ 在碳酸酯类电解液中的溶解性是非常差的，例如碳酸乙烯酯（ethylene carbonate，EC）和碳酸二乙酯（diethyl carbonate，DEC）。为解决这个问题，Yan 等[22] 在传统的碳酸酯类电解液（EC/DEC）中，引入微量的 CuF_2，作为促溶剂。因此，1.0%（质量分数）$LiNO_3$ 可以被溶解在 EC/DEC 电解液中（E-$LiNO_3$）。这种混合电解液有利于均匀 SEI 膜的形成，使所形成的 SEI 膜中含有氮锂化合物。所以，这种 E-$LiNO_3$ 电解液可以使 EC/DEC 电解液中出现的针状锂枝晶被很好地抑制，形成球形锂沉积物，并表现出良好的循环性能。

（2）固态电解质　与传统的液体有机电解液相比，固态电解质具有更高的机械强度、较低的可燃性和不易渗漏的特性，可以较好地抑制枝晶生长，并避免电池燃烧或爆炸，有望从根本上解决锂金属电池的安全性问题。理想的固态电解质不仅应考虑离子电导率、化学稳定性、电化学窗口和机械强度等关键因素，还应该关注它的成本和对环境是否友好。到目前为止，已经对各种各样的固态电解质进行了充分研究，包括氧化物、硫化物和聚合物型固态电解质。与硫化物型固态电解质相比，氧化物型具有更大的电化学窗口和较好的化学抗水稳定性。氧化物电解液包括 LIPON（例如 $Li_{2.9}PO_{3.3}N_{0.46}$）[7]、NASICON［例如 $LiM_2(PO_4)_3$，M＝Ti/Zr］[23]、石榴石（例如 $Li_7La_3Zr_2O_{12}$）[24] 和钙钛矿（例如 $Li_{0.33}La_{0.55}TiO_3$）[25] 结构。石榴石结构电解质在化学上对锂金属更稳定，而含有 Ti^{4+} 的氧化物、Ta^{5+} 的钙钛矿和 NASICON 结构中的 $(PO_4)^{3-}$ 聚阴离子，在与金属锂接触时更容易被还原。当 $Li_7La_3Zr_2O_{12}$ 与金属锂负极接触时，石榴石 $Li_7La_3Zr_2O_{12}$ 的表面会形成一层钝化层。然而固态电解质与锂金属表面通常是点对点的物理接触，不能像液体电解液一样充分润湿，导致界面较差的 Li^+ 传输，界面阻抗迅速增加。因此，研究人员采取了大量措施来提高锂金属负极和固态电解质的整体性[26]。

以石榴石型电解质为例，通过对石榴石型固态电解质表面进行抛光，然后高压处理和对锂金属进行加热，锂金属负极和石榴石型固态电解质的接触性能得到了明显提升。为了进一步降低界面阻抗，可以在石榴石型固态电解质表面引入缓冲层，包括 Si、Al、Ge 等。Luo 等[27] 通过电镀的方法在石榴石型电解质上沉积一层薄 Ge 层，约 20nm。新形成的界面层与锂金属表面的接触得到了显著提高，这是因为缓冲层 Ge 可以和锂金属反应，经历了合金化过程。新形成的 Li-Ge 合金层可以用作锂金属和石榴石电解质之间的 Li^+ 导体，提高 Li^+ 传输速率，使界面阻抗降低到约 $115\Omega \cdot cm^2$，如图 9-4 所示；同时，也提高了锂电镀/剥离的循环稳定性。

硫化物型固态电解质（Li_2S-P_2S_5 和其衍生物）也得到了研究人员的重点关注，原因在于其优异的力学性能和高的离子电导率。硫化物型固态电解质与锂金属负极形成的 SEI 膜，主要由 Li_3P、Li_2S 和其他含锂化合物组成。枝晶生长会经过 SEI 膜，因此 SEI 膜的组成对枝晶形成有着非常重要的作用。Han 等[28] 将 LiI 掺杂到 $Li_2S-P_2S_5$ 型固态电解质中，开发出一种能较好地抑制枝晶生长的改进型硫化物固态电解质。引入 LiI 后，所形成 SEI 膜的离子电导率有了很大提升，提高了界面处锂原子的迁移率，抑制了枝晶生长，但 SEI 膜是电子绝缘的。因此，硫化物型固态电解质的离子电导率和电化学稳定性都可以得到显著提高。

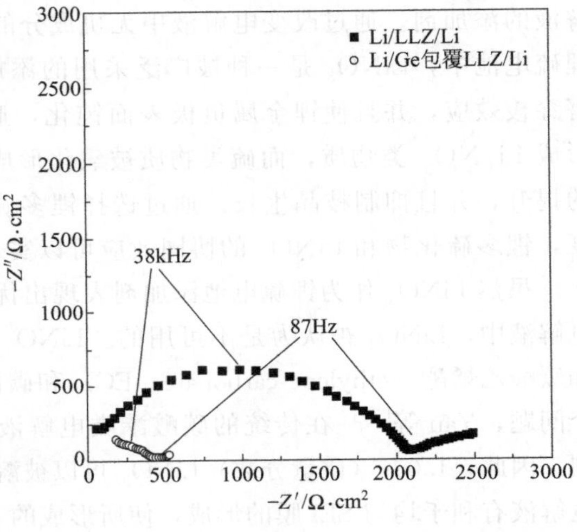

图 9-4 室温条件下使用不同电解质的对称电池的阻抗谱图[27]

与无机固态电解质相比，固态聚合物电解质的柔韧性更好，有利于与锂金属负极接触，并且容易大规模制备，被认为是固态锂金属电池最有希望的电解液之一。然而固态聚合物电解质过于柔软，因此锂枝晶很容易刺穿电解液而造成短路现象。为了更好地利用固态聚合物电解质的优势，可以在电解液中加入一些锂盐、多官能团聚合物和陶瓷纳米填充物。Xia[29] 等将石榴石型 Ga 掺杂 $Li_7La_3Zr_2O_{12}$（LLZGO）纳米粒子和脂肪酸基自我修复聚合物（self-healing polymer，SHP）合并，并引入液体电解液，设计出一种性能优异的固态聚合物电解质。LLZGO 纳米粒子是一种良好的 Li^+ 导体，具有一定的刚性，体积不易变形，同时对锂金属稳定。SHP 常作为 Si 负极的黏结剂，具有很好的自愈功能和黏附性。由于协同效应，所设计出的电解质既可以与锂金属负极有良好的接触，又可以提高 Li^+ 传输速率，引导 Li^+ 均匀分散，使锂均匀沉积。在电流密度为 20 mA/cm^2 的测试条件下，与通常使用多孔隔膜的电池相比，使用这种电解质的电池表现出超长的循环寿命（1500 圈）和最小的极化电势（图 9-5）。

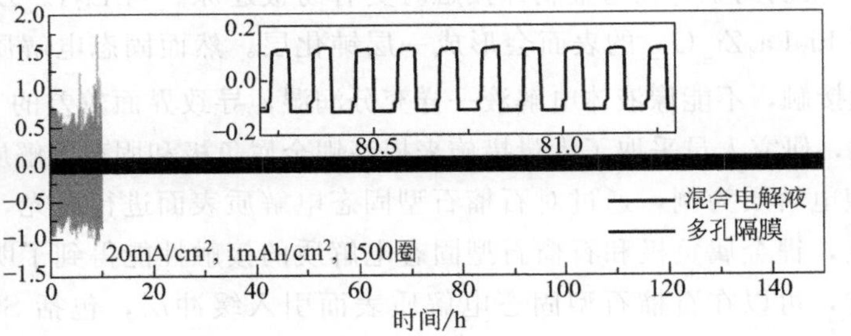

图 9-5 在 $20mA/cm^2$ 和 $1mA\cdot h/cm^2$ 的条件下，对称电池的电压-时间曲线图[29]

9.1.5.2 人造 SEI 膜

原位形成的 SEI 膜是复杂的，受很多因素的影响，例如有机溶剂、添加剂和电极的表面化学，因此它的主要成分和如何影响电池的性能并不十分清楚。电极表面形成的原位 SEI 膜在一定程度上可以保护锂金属负极，但它不足以抵抗充/放电期间的机械形变。人造 SEI 膜可以有效地调控锂金属和电解液之间的副反应，进而提高库仑效率，并引导 Li^+ 均匀分散，抑制枝晶生长[30,31]。因此，它受到了很多关注。碳是一种常用的保护锂金属负极的材料。Wang 等[32] 以自制的堆叠石墨烯为基础材料，采用 LiF 粒子修饰，合成出一种无黏结剂的人造 SEI 膜。在初始电镀锂的过程中，由于 LiF 粒子的修饰，堆叠石墨烯的空位缺陷处会形成特殊的 C-F_x 表面成分，这有助于 Li^+ 的扩散和电子的抑制。因此，Li^+ 优先迁移穿过这样的人造 SEI 膜，并且在表面体积限域的作用下实现与电解液的接触最小化，可以在保护结构下均匀地沉积锂，进而使锂金属负极在高电流密度下稳定循环。

根据上述实验结果，是否可以直接采用一种具有多孔的超薄结构作为人造 SEI 膜，来保护锂金属负极。Zhao[33] 等直接将具有微孔结构的碳纸作为界面层来抑制枝晶生长，并研究了碳纸抑制枝晶的机理和碳纸层数对电池电化学性能的影响。碳纸的引入使局部电流均匀分散，引导 Li^+ 均匀沉积，抑制枝晶生长。碳纸的多孔结构不仅为液体电解液提供传输路径，而且为锂的电镀/剥离提供缓冲空间。虽然碳纸对电极保护有着明显的有益作用，但是碳纸的层数不是越多越好，层数较多会导致较大的电池阻抗。因此，5 层碳纸是最合适的选择。

一般来说，人造 SEI 膜是通过非原位结合涂覆技术制备的。这种技术会导致 SEI 膜中的有机和无机成分不能均匀分布，并且 SEI 膜也不能很好地和锂金属负极接触，导致较大的界面阻抗。通过界面反应形成的原位 SEI 膜可以较好地解决上述问题。可向传统的液体电解液中加入特定的反应物，使其和金属锂在电极表面发生化学反应，形成一层人造 SEI 膜。这层 SEI 膜具有特定的成分和组成，具有较好的离子电导率和柔韧性，并且与锂金属负极紧密接触，能够明显地改善锂金属电池的电化学性能。

9.1.5.3 集流体设计

集流体是锂离子电池的重要组成部分之一，它常用在正极和负极上，支撑活性材料。在电池正常工作期间，集流体不仅要在活性材料和外部电路之间传递电子，而且要在扩散电池内部产生热量。在锂金属电池中，由于锂金属的“hostless”（无宿主）属性，在电池循环期间锂金属负极会出现严重的体积膨胀现象，导致 SEI 膜较差的机械稳定性、低的库仑效率和差的循环寿命。因此，合适的集流体对于锂金属电池的商业化应用至关重要。理想的集流体应该具有如下特点：a. 独立性；b. 机械强度；c. 柔韧性；d. 导电性和传热性；e. 电化学惰性；f. 重量轻；g. 价格低廉。在传统的锂离子电池中，平面型铜箔是常用的负极集流体，易导致严重的枝晶现象。由于 3D 集流体的多孔性、低成本、良好的电子导电性和限域能力，研究人员逐渐将目光转移到 3D 集流体上[34]。3D 集流体可最大限度地缩短离子和电子的传输路径。根据 Fick 定律，离子扩散时间 $\tau=L^2/(2D)$，其中 D 是扩散系数[35]，L 是扩散长度[36]。当在电极中使用 3D 集流体时，相同负载量的电化学活性材料将分布在更大的表面积上，从而减小活性材料的厚度和离子/电子扩散时间。此外，较薄的电极膜可以减轻锂化/脱锂过程中的体积膨胀引起的机械裂缝。这对于锂金属电池性能的提高是非常重要的。

采用简单的方法修饰铜集流体，使其成为 3D 结构，可以获得预期的效果。Zhang 等[37] 通过一种简单的方法在平面铜箔上生长垂直排列的 CuO 纳米片，合成出性能优异的 3D 集流体。亲锂性的 CuO 层不仅有利于 Li^+ 的快速传输和均匀分散，而且提高了集流体和金属锂的接触性，实现了锂的稳定成核和电镀。一些 3D 金属结构，例如泡沫铜、泡沫镍和泡沫铝，具有良好的电子导电性和高的比表面积。然而，锂在 3D 金属结构上沉积的成核过电势比较大，引发零星的成核，导致不均匀的锂沉积。因此，这些3D结构需要进行修饰，才能达到预期的效果。将石墨C_3N_4均匀包覆在泡沫镍上，可以获得无枝晶锂金属负极[38]。石墨C_3N_4诱导产生的环形微电场，不仅使石墨C_3N_4具有更好的亲锂性，还可以显著降低锂成核过电势。

虽然3D金属结构在锂金属负极集流体应用上表现出优异的性能，但是它的密度大，且太过刚硬，不利于电池组装。而碳材料重量轻、价格低、易于获得，同时还具有良好的电化学性能。因此，研究人员逐渐将目光转移到一些具有3D结构的碳材料上。碳布不仅具有三维形貌，而且密度小，具有良好的机械性能、电子导电性和热稳定性。所以。碳布是集流体的有力竞争者之一。Go[39]等通过简单的热处理，引入纳米缝隙，将原本亲锂性很差的碳布转变成性能优异的锂沉积骨架。碳布的表面很粗糙，比表面积大，有利于降低局部电流密度，降低锂/钠成核电势。使用这种集流体的电池表现出较长的循环寿命，同时枝晶生长得到了很好的抑制。

9.1.5.4 隔膜修饰

在传统的锂离子电池中，隔膜将正极和负极隔离开来，避免电子接触造成短路。因此，隔膜需要具有高的离子电导率、良好的热传导性以及优异的机械柔韧性和热稳定性。隔膜对电解液中Li^+的扩散和最终枝晶生长到正极有非常重要的影响，因此它在枝晶生长和后生长检测阶段具有显著的作用，而不是初始成核阶段。所以对于锂金属电池来说，隔膜是一个非常重要的部分。在众多提高锂金属电池性能的策略中，对标准聚丙烯隔膜的改性可以容易地改善锂金属电池的循环性能和库仑效率，因此是一种解决锂金属负极系统性问题的理想方法[40]。功能性隔膜既可以通过将功能性材料的悬浮液真空过滤到商业隔膜上获得，也可以通过将功能性材料泥浆涂覆在商业隔膜上制备。真空过滤可以获得密实的结构，但其不易控制膜的厚度和均匀性，同时它的过程是复杂的，不适宜商业化应用。涂覆法虽然可以大规模应用，但涂覆层比较疏松，不能和隔膜紧密接触。鉴于这两种方法的缺陷，通过各种相互作用将互补组分交替吸附到表面上的层层自组装法应运而生。层层自组装法不仅可以精确控制膜的厚度和结构，而且方法简单，价格低廉。Wu等[41]设计了一种层层自组装MoS_2-聚合物修饰的隔膜。这种隔膜不仅可以有效地削减多硫化物的穿梭效应，而且能抑制枝晶生长。随后研究人员采用磁控溅射的方法对隔膜进行修饰，也获得了良好的效果。Lee等[42]通过直流磁控溅射将超薄铜薄膜包覆在商业聚乙烯隔膜的某一面上。铜涂层不仅不会渗透到隔膜的另一面，而且不会阻塞隔膜的内部孔道。由于隔膜表面涂层相互连接的网络结构，修饰后的隔膜具有电子导电性。因此，它可以用作锂金属的上层集流体，允许电子朝向锂金属负极的顶表面传输而不损害离子传输。这种隔膜不仅可以通过扩大锂沉积的表面积来降低局部电流密度，而且可以给“死”锂颗粒提供简易的电子传输，并更大程度地利用它们的容量。

9.1.6 锂金属负极在全电池中的应用

迄今为止，已经开发出许多抑制锂枝晶生长的策略。虽然枝晶问题不能被完全解决，商业化的锂金属电池也鲜有报道，但是已经在理论上构建了一些概念锂金属电池。这说明了锂金属电池具有潜在的实际应用。在各种锂金属电池中，以硫为正极的锂硫电池和以氧气为正极的锂氧电池，得到了大量关注，是两种潜在的全电池，可应用于商业市场。

9.1.6.1 锂硫电池

锂硫电池具有极高的能量密度（2600W·h/kg），被公认为下一代电池储能系统非常有希望的候选者。更重要的是，自然界中单质硫的储量十分丰富，并且对环境友好，这使得锂硫电池的优势更加明显[43]。因此，锂硫电池在过去几年中一直受到全世界关注。

锂硫电池充/放电过程中产生的锂多硫化物中间产物，溶解在电解液中，并穿梭到负极。因此在锂多硫化物中间产物存在的情况下，锂枝晶的抑制就会变得更加复杂，尤其是当硫正极负载量较高时。多硫化物能够穿透 SEI 膜并腐蚀表面层下面的新鲜锂金属，导致容量损失。因此，当锂硫电池运行时，阻止锂多硫化物穿梭不仅对于提高正极容量是必要的，而且对于 SEI 膜的稳定和无枝晶负极的获得也是至关重要的。经过不断的努力，人们已经开发出许多方法，包括正极限域和吸附、电解液修饰和隔膜设计[44]。但是，这些方法似乎更多关注的是锂多硫化物穿梭的抑制和提高硫正极的利用率，并没有直接抑制锂金属负极中的枝晶生长。锂硫电池的性能取决于锂金属负极保护。通过各种抑制枝晶生长方法的协同效应，可加块锂硫电池的实际应用进程。

9.1.6.2 锂氧电池

与锂硫电池类似，锂氧电池是以空气中的氧气为正极的一类电池，有时也称为锂空气电池。锂氧电池的理论能量密度高达 3456W·h/kg，远远超过商用锂离子电池。因此，锂氧电池成为电储能领域的革命性进步，受到全世界的关注，被认为是下一代储能体系中的强有力竞争者[45-47]。

与锂多硫化物中间体类似，从锂氧电池正极到锂金属负极的氧气交叉可使得锂金属表面逐渐降解，导致充电过程中电解液的分解和 LiOH 与 Li_2CO_3 的形成。因此，开发出了一些策略来抑制氧气交叉。除了正极问题之外，枝晶生长引起的锂耗尽和钝化膜的形成严重阻碍了可充电锂氧电池中锂金属的使用。上述抑制锂枝晶生长的策略在锂氧电池上也是适用的。通过电解液添加剂、隔膜修饰和负极设计，可以显著地提高锂氧电池的性能。

9.1.6.3 锂碘电池

单质碘毒性小，对人体的危害也较小。因此，自从 1970 年首次报道至今，锂碘电池在生物医学领域有着重要应用。锂碘电池是以锂金属作为负极，I_2 与 P2VP（poly-2-viny pyridine）复合组成的 I_2-P2VP 复合物作为正极，其中 P2VP 对碘起束缚作用，使碘表现出导电性。在 I_2-P2VP 复合物中，碘与 P2VP 的质量比通常为 10∶1 到 50∶1 之间。锂碘电池具有能量密度高、可靠性佳、低自放电、使用寿命长和密封性好的优点。因此，锂碘电池长期为心脏起搏器提供能源[48]。

9.1.6.4 锂硒电池

硒与硫位于同一主族，具有和硫类似的电子结构和化学性质，因此是一种很有潜力的新型电极材料。将单质硒作为正极材料的二次可充电电池称为锂硒电池。硒正极的理论比容量为 675mA·h/g，虽低于硫，但是硒的高密度使其具有和硫相当的高体积比容量（3253 mA·h/cm^3），这对于目前对电池体积限制严格的移动设备和混合动力汽车的发展需求来讲，具有重要意义。由于现阶段锂硒电池的研究处于起步阶段，其充放电过程中发生的化学反应较为复杂，还不能完全被理解。但锂硒电池性能的改善可以借鉴锂硫电池，从电极材料设计、组装工艺调整、电解液改性、负极保护等几个角度进一步提升锂硒电池的性能。锂硒电池在下一代能量储能体系中也一定会占有一席之地。

9.2 钠金属负极

在过去几十年中，锂离子电池一直在便携式电子设备和电动汽车领域占据着主导地位。然而锂在地壳中的储量是非常低的（约0.01%），并且分布不均匀，这会导致锂价格的上升，严重阻碍了锂电池的大规模应用[49]。鉴于锂资源有限的问题，开发可替代充电电池体系至关重要。

钠和锂离子电池几乎是同时进行研究的[50]。然而在能量密度方面，锂离子电池具有更大的优势，因此钠离子电池的研究进程变得缓慢。随着人们对大规模能源存储体系的需求越来越大，由于锂储量不足的缺陷，锂离子电池已逐渐不能满足人们的需求。钠在地壳中的储量非常丰富，是第四含量高的元素，并且分布均匀，利于开采，这有助于大大降低原材料的成本[51,52]。基于钠储量丰富和价格低廉的优势，钠离子电池又重新引起了研究人员的注意。

早期关于钠金属电池的研究是以Na-S电池开始的，操作温度为300℃，其中液态钠作为负极，液态硫作为正极，具有高离子电导率（0.1S/cm）的固态β-氧化铝作为电解质[53]。然而，较高的操作温度和侵蚀问题限制了高温Na-S电池的进一步发展。研究人员逐渐将目光转移到钠离子电池，因为钠离子电池表现出与锂离子电池相似的电化学性质。目前一系列插入型正极材料被开发出来，例如过渡金属氧化物和聚阴离子化合物[54,55]。同时，在负极方面也取得了很大发展，硬碳作为负极材料的第一种碳基材料也被开发出来。在常温下，钠离子嵌入/脱出硬碳是电化学可逆的，表现出较好的电化学性质[56,57]。为了获得更高能量密度的储能体系，一系列纳米结构的钠合金型负极材料被制备出来，例如钠-锡、钠-锑、钠-磷[58,59]。然而，这些负极材料的比容量和循环性能仍然是不能令人满意的。和锂金属负极类似，金属钠也被认为是钠金属电池最合适的负极材料。钠金属具有高达1166mA·h/g的比容量和较低的电化学电势［－2.71V（vs.标准氢电极）］，这和锂金属负极是非常相似的[2]。金属钠负极和一些高容量正极材料组装成的电池具有较高的理论能量密度，优于最先进的锂离子电池[60,61]。因此，钠金属电池迅速得到了大量关注，并取得了重大发展。

9.2.1 钠金属负极的挑战

与金属锂相比，金属钠的原子半径更大，最外层电子更容易失去，具有更高的活性。钠金属负极的超高活性，使其可以和液体有机电解液发生不可控的副反应，形成一层SEI膜。与锂金属负极表面的SEI膜类似，它也是不稳定的，在钠电镀/剥离过程中，易发生破裂和重生。这种现象会导致电解液的最终耗尽和钠离子在电极表面的不均匀沉积，导致大量钠枝晶的繁殖。枝晶的生长会加速电解液的耗尽，降低库仑效率，甚至会刺穿隔膜，导致电池短路，引发安全问题。与此同时，由于钠金属负极的“hostless”（无宿主）特性，钠金属负极在电池循环过程中，会出现巨大的体积膨胀现象。因此，如图9-6所示，钠金属负极的挑战可以归纳为三类：①不稳定的SEI膜；②钠枝晶的生成；③相对大的体积膨胀[62]。

9.2.1.1 不稳定的SEI膜

钠金属负极表面的SEI膜是通过“表面生长机理”形成的。SEI膜主要是由电解液和金

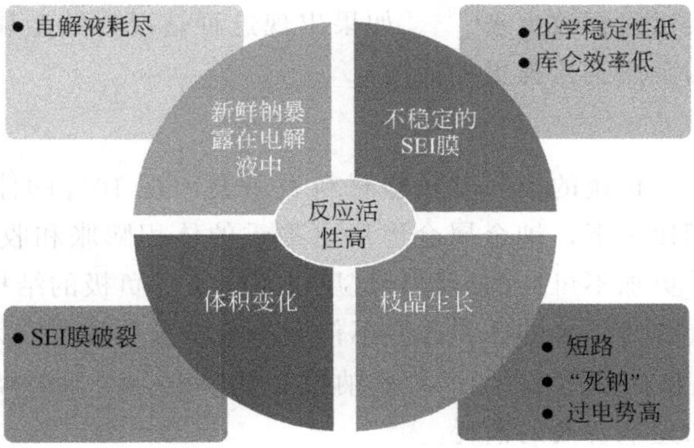

图 9-6 钠金属负极目前遭遇的挑战示意图

属钠反应的不溶副产物构成的，同时还有电解液分解的不溶有机物，例如 Na_2CO_3、NaF、$ROCO_2Na$ 等。当 SEI 膜足够厚，并且可以阻碍电解液分解的时候，SEI 膜的生长就停止[63]。与锂金属负极表面的 SEI 膜功能类似，理想的钠金属负极表面 SEI 膜应该有高的 Na^+ 电导率，同时也可以作为钝化层，阻碍电极和电解液进一步反应。SEI 膜还要有一定的机械强度，可以缓解循环过程中电极体积膨胀的应力，阻挡枝晶的刺穿。然而，由于金属钠的高活性，SEI 膜的形成是不可控的，其离子电导率存在空间变化，导致 Na^+ 流的不均匀传输[64]。进一步地，上述形成的 SEI 膜具有高的表面能，作为钠沉积的活性位点，促进钠枝晶的生长。在某些位点上，钠的反复优先电镀，导致不稳定的 SEI 膜。一些不稳定的枝晶会从钠金属表面剥落，形成“死”钠。这些新暴露出来的钠表面会加速枝晶的生长，最终会耗尽有用的离子、有机溶剂和钠金属。持续的电解液分解和钠金属剥离，会导致 SEI 膜变厚和阻抗增加。这些问题使钠金属电池的库仑效率降低，严重减弱了电化学循环性能[65]。

9.2.1.2 钠枝晶的生长和相关问题

与锂金属电池一样，钠枝晶生长也被认为是钠金属电池安全和稳定操作的巨大瓶颈[66]。在电镀过程中，电解液里有限的离子扩散容易导致枝晶的生成。一般认为，树状枝晶是与“Sand’s time”模型直接相关的。然而，这种解释并不完全适用于钠-金属体系。“Sand’s time”模型可以准确地描述一系列电镀/剥离系统的高电流密度行为。但是，通过对钠金属文献的回顾，发现树状枝晶可以在多种电流下形成，包括中等电流甚至是低电流[16,67]。当金属钠表面不均匀的时候，这些不均匀的表面和有机电解液接触，沿着这些表面，不均匀的 SEI 膜就会自发形成。在初始的电镀过程中，不均匀的 SEI 膜会导致不均匀的钠沉积。然后，这些离子流会在凸起处更加集中，最终导致枝晶的生成[68]。

SEI 膜本质上是不均一的，由多种有机相和无机相组成，这些相会随着时间和循环发生变化。在某些位点上，SEI 膜的物理和化学异质性应该会促进钠金属的优先生长，即使它起初是完全各向同性的。在不均匀 SEI 膜存在的条件下，钠金属不均匀生长，这不需要增强的离子流来保持增长。如果局部的 SEI 膜是弹性柔软的，含有裂缝和孔，或者含有优先沉积的成核位点（Na_2O、NaF 纳米粒子），那么这样的 SEI 膜结构会促进枝晶优先生长。一些截面较薄的 SEI 膜也起到相同的作用，因为它可以缩短 Na^+ 的扩散距离[62]。

钠枝晶的生成会对电池造成很严重的后果。如果钠枝晶刺穿隔膜，到达正极，会造成电池短路，大量的热量会迅速释放出来[69]。如果出现这种情况，钠金属电池的后果只会比锂金属电池更严重，因为金属钠比锂更加活泼。

9.2.1.3 体积膨胀

在电池循环过程中，传统的插入型负极材料石墨会出现10%的体积膨胀现象，以便在特定位置容纳离子。相比之下，钠金属会经历更严重的体积膨胀和收缩现象，因为Na^+在负极表面的沉积是一种更加不可控的过程，这反过来会破坏负极的结构。因此，钠金属负极的体积改变是相当巨大的。巨大的体积改变不仅会使负极遭受较大应力，同时也会使形成的SEI膜更加易碎，加速枝晶的生成[65]。大量钠枝晶的繁殖会增加电极的比表面积，进一步加速副反应的发生，加速电解液的消耗。

9.2.2 抑制钠枝晶的策略

与抑制锂枝晶的策略类似，抑制钠枝晶生长的策略可以归纳为：电解液改性、固态电解质、人造SEI膜和集流体设计[20,70]。

9.2.2.1 电解液改性

钠金属负极表面的SEI膜是导致苔藓状钠枝晶生长和低库仑效率的主要原因。因为SEI膜的形成是通过电解液的分解实现的，所以可以通过电解液的设计来获得。在电池的初始循环阶段，电解液添加剂对于更稳定SEI膜的形成是非常重要的。常用的电解液添加剂有FEC[71,72]、碳酸亚乙烯酯（vinylene carbonate，VC）[73]、硫化乙烯（ethylene sulfide，ES）[74]等。这些添加剂对于增强电极和电解液的界面稳定是非常有帮助的。一般来说，FEC是钠离子电池中常用的添加剂。Komaba等发现FEC的添加可以抑制硬碳表面副反应的发生，例如碳酸丙钠的生成[75,76]。通过形成富含NaF的不溶SEI膜，FEC可以降低有机物和盐阴离子还原产物的量，有利于提高电池的循环性能。

9.2.2.2 固态电解质

与传统的液态有机电解液相比，固态电解质具有更高的机械强度，热稳定性好，不易燃烧及无渗漏和不易挥发。因此从理论上讲，固态电解质为钠金属电池性能的提高具有巨大作用。在固态电池中，固态电解质既可以充当离子导体，又可以作为电极之间的隔膜。因此最初认为，固态电解质可以从本质上抵抗枝晶生长，然而事实并非如此。理想的固态电解质应该具有四个鲜明的特征：①至少大于10^{-2}S/cm的离子电导率；②足够高的机械强度以阻挡枝晶生长；③高的化学和电化学稳定性；④与不同正极材料的相容性好[77]。

固态电解质主要分为固态聚合物电解质和无机固态电解质两大类，有时也会将无机固态电解质再分为无机陶瓷和无机硫化物两类。无机固态电解质具有很高的热稳定性和离子电导率，因此首先获得大量关注，也获得了众多的研究成果。虽然从原理上讲，无机固态电解质可以提供比液体电解液更宽的电压窗口，但是正负极界面寄生反应产物仍然是不可避免的。无机固态电解质中的离子传输是受高通量流的固态扩散控制的，它可能发生在体积内部、表面或者晶界，取决于其可用性[78]。然而，无机固态电解质是易碎的，生产困难。更严重的是，它们缺乏柔性，与电极接触性差，大大增加了钠金属电池的阻抗[79]。

为了克服传统无机固态电解质的本征缺陷，研究人员通过对其改性，开发出了另一种固态电解质，即固态聚合物电解质。含有 Na^+ 的固态聚合物一般由聚合物宿主和相应的钠盐构成。通常的聚合物宿主包括聚环氧乙烷（PEO）[80]、聚丙烯腈（PAN）、聚甲基丙烯酸甲酯（PMMA）和聚偏二氟乙烯（PVDF）[81]。在室温条件下，聚合物分子片段运动缓慢，大多数聚合物电解质的离子电导率比较低，通常为 10^{-4}S/cm，或者更低。这些缺陷阻碍了聚合物电解质在钠金属电池上的直接应用。通过增加这些宿主材料的无定形含量和提高电离 Na^+ 的浓度，固态聚合物电解质的 Na^+ 电导率可以获得显著提高。通常采用的方法是：向这些聚合物材料宿主中加入陶瓷纳米粒子，或者是共聚合。Zheng 等通过 octa-POSS［octakis（3-glycidyloxypropyldimethylsiloxy）octasilsesquioxane］和 PEG（amine-terminated polyethylene glycol）的共聚合，制备出一种具有较好柔韧性的宿主材料，在聚合的同时加入无机盐 $NaClO_4$，可以提高固态聚合物电解质的 Na^+ 电导率。这种固态聚合物电解质展示出优异的电化学稳定性，在电流密度为 0.1mA/cm^2 和 0.5mA/cm^2 的条件下，钠金属对称电池可以分别稳定运行 5150h 和 3550h[79]。

9.2.2.3 人造 SEI 膜

对于钠金属电池来说，一个强健和稳定的 SEI 膜是至关重要的。在所需的电压范围内，SEI 膜应该是电子绝缘的，电化学和化学稳定性良好。因此，对于钠金属电池来说，理想的 SEI 膜应该有较高和均匀的 Na^+ 传输性，即使在较宽的温度范围、充电倍率和电压条件下。SEI 膜必须有较好的机械韧性（强度和延展性的结合），以便能够承受电镀和剥离带来的体积变化。在标准电解液中，钠金属负极表面生成的原始 SEI 膜往往不能满足上述要求，因为总有枝晶形成。因此，有目的地调控金属-电解液界面，在钠金属负极表面制备一层保护膜，作为人造 SEI 膜可以显著地提高钠金属电池的电化学性能[82]。

Kim[83] 和他的合作者在液体电解液溶胀的聚偏氟乙烯-六氟丙烯（PVDF-HFP）聚合物中加入刚性的 Al_2O_3 粒子，制备出复合保护膜，作为人造 SEI 膜，用在钠金属电池中。这种保护膜可以直接压在钠金属表面，以物理方式阻碍枝晶生长，并增强电化学稳定性。这种复合保护膜具有很高的剪切模量，对于枝晶的抑制非常有用，同时 Al_2O_3 的加入可以显著提高 SEI 膜的力学性能。

9.2.2.4 集流体设计

根据已有文献可知，降低有效电流密度，枝晶的生长速率会明显减小[34,84]。在低电流密度下，电镀的速率降低，高比表面积的树状枝晶量也会减少。高比表面积的导电性集流体可达到上述效果，因为它的比表面积比平面集流体大几个数量级。根据“Sand’s model”浓度极化会促生枝晶，因此，需要通过合理的电极设计来降低这种极化。多孔骨架具有大的比表面积，能够降低浓度极化，提高金属负极的电化学性能[85]。在钠金属负极中引入多孔骨架，合理设计电极，枝晶生长就会得到明显限制[86]。Chi 等[2] 使用一种重量轻、体积大，并且非常稳定的碳毡作为宿主材料，然后通过熔融浸渍将钠金属预存储在其中，制备出 Na/C 复合负极。在电极制备过程中，碳毡不仅可以提供内部自由空间来存储金属钠，而且在随后的循环过程中也可以沉积钠。碳毡中的碳纤维可以引导 Na^+ 均匀分散，有效地降低电极电流密度，限制钠枝晶的生长，同时缓解电镀/剥离过程中钠金属的体积变化。

集流体作为钠离子电池中 Na^+ 的电镀基底，对于钠的电镀有着非常显著的影响。因此对集流体的合理设计，也可以作为提高钠金属电池性能的策略之一。钠不会和铝形成合金，因此铝箔可以作为钠离子电池正负极的集流体。Liu 等[87] 采用一种多孔铝箔，作为钠电镀的基底，应用于钠金属电池中。平面集流体表面会不可避免地存在一些亚微米级别的凸起和凹坑。因此，当其带电时，电子会随着集流体表面形貌分布，导致粗糙位点的电场强度高于平坦部位，Na^+流会在此部位聚集成核。随后钠在这些部位优先沉积，最终导致枝晶的生成。采用多孔集流体后，这些孔使其比表面积增大，大大降低了局部电流密度，并增加了钠成核位点，钠在集流体上均匀沉积。

9.2.3 钠金属负极在全电池中的应用

在钠金属电池体系中，金属钠直接用作负极，高容量的材料用作正极，可组装出高容量的电池。常用的高能量密度正极材料有 O_2（有时也用空气）、CO_2、SO_2 和单质 S。根据正极材料的不同，钠金属电池被划分为四类：Na-O_2，Na-CO_2，Na-SO_2 和 Na-S（室温）电池（图 9-7）。从技术上讲，这些正极材料只有在被安置在导电的正极宿主里时，才表现出高电化学活性，而这些宿主材料不参与电化学反应，仅仅是作为电荷传输媒介和活性材料的容器。这些钠金属电池不仅具有超高的理论比能量，而且价格低廉，因此受到了极大关注。由于使用纯的金属钠和液体电解液，在循环过程中它们出现了反应动力学低、过电势高、循环性能差、反应机理复杂和安全性差的问题。因此，它们仍处于起步阶段，还有很多工作要做[88]。

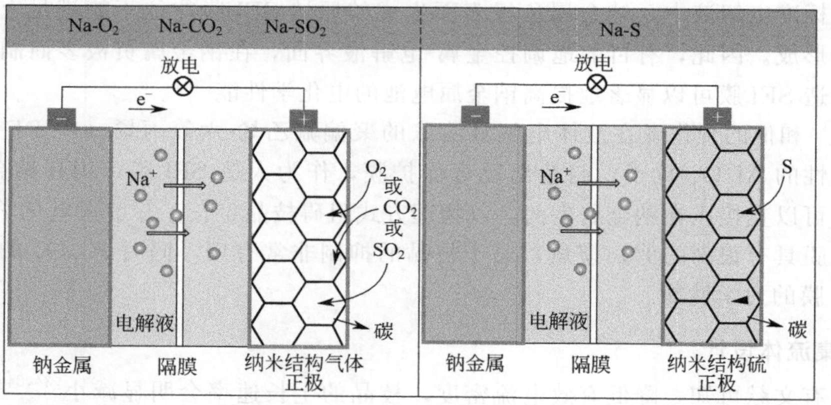

图 9-7 几种典型的钠金属电池示意图

9.2.3.1 Na-O_2 电池

在 Na-O_2 电池中，主要发生的化学反应为 $Na+O_2 \rightleftharpoons NaO_2$，具有 1108W·h/kg 的能量密度。根据 Na-O_2 电池中发生的化学反应可知，超氧化物 NaO_2 是它的放电产物，并且与过氧化物 Na_2O_2 竞争。基于单电子转移，NaO_2 的形成在热力学和动力学上都是优选的[89]。但是 NaO_2 和 Na_2O_2 都有可能是 Na-O_2 电池的放电产品。然而直到现在，仍然不清楚如何确定关键的实验参数来控制反应路径。

9.2.3.2 Na-CO_2 电池

CO_2 是一种温室气体，是全球气候变暖的主要因素。CO_2 的捕获和收集是一个非常有意义的领域，可以减少大气中 CO_2 浓度的增加，并改善全球气候。在此背景下，Na-CO_2

电池是一个令人惊喜的概念，其化学反应式为 $4Na+3CO_2 \rightleftharpoons 2Na_2CO_3+C$。它以 CO_2 为正极材料，通过先进的电池系统，将 CO_2 转化为电能，具有高达 1876W·h/kg 的能量密度。该电池系统不仅减少了 CO_2 排放，而且也可以将其用作可再生能源载体。Na-CO_2 电池最初是由 Archer 小组在 CO_2-O_2 混合物中实现的[90]。他们在碳酸亚丙酯基电解液中添加 10%离子液体束缚的二氧化硅纳米粒子，制备出一种稳定的电解液。使用此电解液，Na-CO_2 电池具有 20 圈稳定的循环性能。

9.2.3.3 Na-SO_2 电池

与 Na-CO_2 电池一样，Na-SO_2 电池（$2Na+2SO_2 \rightleftharpoons Na_2S_2O_4$），也是一种令人惊喜的储能装置。众所周知，$SO_2$ 是酸雨的罪魁祸首之一，如何减少或者捕获大气中的 SO_2，一直是一个重大挑战。因此，Na-SO_2 电池引起了更多关注，同时它还具有较高的理论能量密度（863W·h/kg）。Kim 等[91] 首先提出了可再充电 Na-SO_2 电池，并认为这也可能是下一代储能系统候选者的强有力竞争者之一。然而，Na-SO_2 电池的研究仍旧处在初级阶段，并面临着很多问题。

9.2.3.4 Na-S 电池

与 Li-S 电池相似，Na-S 电池的化学过程也遵循二电子转移反应。在放电过程中，S_8 被 Na 还原的反应可以分为四个步骤。第一步（2.2V），S_8 转换成可溶性长链 NaPS（$S_8+2Na^++2e^- \rightleftharpoons Na_2S_8$）。第二步，形成一个 2.2～1.65V 的倾斜区域，这是由于 Na_2S_8 被还原为 Na_2S_4（$Na_2S_8+2Na^++2e^- \rightleftharpoons 2Na_2S_4$）。第三步（1.65V）较为平缓，对应于从 Na_2S_4 到 Na_2S_3 或 Na_2S_2 的复杂过渡。在 1.65～1.20V 范围内的第二个倾斜区域（第四步）对应于从低电导率 Na_2S_2 到 Na_2S 的缓慢动力学[88,92]。根据反应方程式 $2Na+S \rightleftharpoons Na_2S$，Na-S 电池可提供 1230W·h/kg 的高理论能量密度。

9.3 钾金属负极

碱金属负极基充电电池一直被认为是解决下一代高能量储能体系问题的最佳方案。虽然钠和钾是碱金属系列中与锂相邻的单质，但是锂获得了更多关注，因为它有最高的理论比容量。正如前面章节所介绍的，由于有限的锂资源问题，人们对钠和钾基电池的兴趣越来越浓厚。在过去几年中，关于钠基电池的文献有很多，而钾基电池却鲜有报道。直到相关的实验结果证明 K^+ 可以从石墨层电化学嵌入和脱出，人们才致力于研究钾基电池在材料学和能源领域的可行性[93,94]。钾基电池有很多显著特点，例如钾电解液的电导率、电压平台、能量密度更高，并且有可能利用某些已验证过的电极材料（例如石墨）[95]。这些优势使得钾基电池在下一代能源存储体系的竞争中更有优势。

在钾基电池体系中，与锂离子电池一样钾离子电池也是“摇椅”式储能机理，正负极材料均通过插层化学来存储能量。K^+ 像梭一样在正极和负极之间循环移动。在充电过程中，K^+ 从正极脱嵌，穿过电解液，最终插入负极。放电时，上述过程逆向进行，同时电子在外电路传输，提供电能。

为了获得更高能量密度的储能装置，与锂离子电池一样，对于钾基电池来说，众多负极材料中钾金属是最终的选择。和其他负极材料相比，例如碳基材料、合金和插入型化合物，钾金属负极具有较低的电势［－2.93V（vs. 标准氢电极）］和高的理论比容量（687mA·h/g），因而获得了特殊的关注。钾在地壳中的含量也是非常高的，在所有元素中排名第七，因此它的价格也是比较低的。使用钾金属负极还可以避免辅助集流体的使用，因此大大增加了电池的能量密度。虽然钾金属电池具有巨大的应用前景，但是有很多问题亟待解决。

对于钾金属电池的研究还处于起步阶段，关于钾沉积动力学的基本问题仍未得到解答。关于钾的 SEI 膜的结构、化学组成、力学性能的认识还非常粗浅。因此，此处只能根据有限的认识来简单总结一下钾金属电池。

9.3.1 钾金属负极面临的问题

与金属锂和钠一样，钾金属也是非常活泼的，会自发与溶剂和盐阴离子反应，在钾金属负极表面形成一层 SEI 膜。然而这层 SEI 膜也是易碎和不稳定的，在电镀/剥离过程中，不能承受体积变化，导致自身不可恢复的破裂。SEI 膜破裂处的钾金属会暴露出来，重新和电解液反应，生成 SEI 膜，如此往复，直至电解液或者活性材料耗尽。同时由于 SEI 膜的不均一性，K^+ 流不能均匀通过 SEI 膜，导致钾不均匀沉积，形成枝晶[96]。如何调控钾金属和有机电解液的界面反应，是稳定金属负极的关键性问题。关于钾金属负极稳定的研究有很多，相关报道也很多，然而对于钾金属负极稳定的研究仍然处于初级阶段。这些缺陷严重限制了钾金属电池的商业化应用。

根据锂和钠金属电池中抑制枝晶生长的经验，电解液改性、固态电解质、人造 SEI 膜和集流体设计同样可以适用于钾枝晶的抑制[97]。然而钾沉积物和基底之间微弱的连接使得接触位点的电子富集，直接影响枝晶生长。钾会优先电镀在钾金属上，而不是基底，因此钾沉积物和支撑材料之间具有较少的连接。这些较少的接触几乎不能承受作用在钾金属和基底上的外部应力，导致钾沉积物很容易从基底表面脱落，形成“死”钾。更重要的是，接触位点是电子传输的桥梁，较少的接触意味着更高的电子浓度，这会直接影响钾金属表面电子的扩散。因此，目前对钾金属负极稳定的研究，主要集中在复合负极和界面调控。Qin[98] 等通过熔融法，将金属钾注入导电碳纳米管阵列（aligned carbon nanotube membrane，ACM）宿主材料中，制备出复合负极 K-ACM。这种 ACM 骨架具有很大的自由空间来存储钾，同时它的有效构造为电子和离子的传输提供了足够多的传输路径，极大地降低了局部电流密度，引导 K^+ 均匀沉积，可以有效地抑制枝晶生长。使用这种复合电极组装的对称电池表现出平坦的电镀/剥离曲线、较低的极化和超高的循环稳定性。

9.3.2 钾金属负极在全电池中的应用

与 Li-S 和 Li-O_2 电池一样，单质硫和氧也可以作为钾基电池的正极材料，组装成高能量密度电池，即 K-S 电池和 K-O_2 电池[99]。与 Li-S 电池和 Li-O_2 电池相似，K-S 电池和 K-O_2 电池会经历转换反应，容纳更多的离子和电子，提供高比容量。但是，K-S 电池和 K-O_2 电池体系的储钾机制仍存在争议。虽然对 K-S 电池和 K-O_2 电池的研究是有限的，但对该领域的研究仍引起了科学界的极大兴趣。

9.4 小结

由于碱金属超高的理论比容量，碱金属负极被认为是最理想的负极材料之一。碱金属电池包括锂金属电池、钠金属电池和钾金属电池，被认为是未来高能量密度储能体系最强有力的竞争者之一。位于元素周期表第一主族的碱金属具有较高的金属活性，这也给碱金属电池带来了极大的安全隐患，为它们的实用化和商业化带来了极大挑战。在充/放电过程中，碱金属负极表面极容易出现枝晶生长，并由此造成碱金属电池库仑效率降低、循环寿命短、电池体积膨胀等一系列缺陷，更有甚者会造成电池短路，引发爆炸等严重的安全事故。

自从碱金属电池被开发出来以后，研究人员一直致力于解决碱金属负极的枝晶生长问题。首先为了能采取较为有效的抑制枝晶生长的策略，必须对枝晶的形成机理有清晰的认识。经过研究人员长期的努力，在连续电镀/剥离过程中，枝晶形成的机制已逐渐显露出来。在电镀过程中由于“Sand’s time”效应，碱金属负极表面会形成局部空间电荷，导致枝晶形成。同时，碱金属电极表面的凹凸不平点也会成为不均一的成核位点，导致枝晶形成。枝晶形成后，电解液中的离子浓度梯度和电场强度会对枝晶的生长产生影响。碱金属表面的不稳定 SEI 膜会加速副反应发生，这不仅会加剧枝晶的繁殖，还会改变电极的体积。同时一些外部因素，例如充电电流密度、工作温度、电池的内部压力等，也会对枝晶的生长速率和生长模式产生显著影响。根据影响枝晶形成和生长的因素，可以采取不同的策略来抑制枝晶生长，改善碱金属电池的电化学性能。根据研究人员在碱金属电池方面取得的成果，可以将抑制枝晶生长的策略归纳为电解液添加剂、固态电解质、人造 SEI 膜、隔膜修饰和集流体设计。这些方案虽然在一定程度上对抑制枝晶生长有较好效果，但不能从根本上解决枝晶问题。因此，未来更安全、更稳定的碱金属电池，一定是这几种策略综合起来协同达到的。

随着科学技术的发展，更多表征枝晶的设备会不断涌现，表征手段也会更加丰富。枝晶生长过程会更加清晰地展现在人们面前。在这些高效表征技术的支持下，人们对碱金属枝晶认识的步伐会逐渐加快，知识储备也会快速增加，其“迷雾重重”的形成和生长机理也会最终被人们掌握。碱金属电池的商业化一定会实现，也一定会更好地为社会的发展做出贡献，给人类的生活带来更多便利。

参考文献

[1] Adair K R, Iqbal M, Wang C, et al. Towards high performance Li metal batteries: Nanoscale surface modification of 3D metal hosts for pre-stored Li metal anodes[J]. Nano Energy, 2018, 54: 375-382.

[2] Chi S S, Qi X G, Hu Y S, et al. 3D Flexible carbon felt host for highly stable sodium metal anodes[J]. Advanced Energy Materials, 2018, 8 (15): 1702764.

[3] Goodenough J B. Electrochemical energy storage in a sustainable modern society[J]. Energy & Environmental Science, 2014, 7 (1): 14-18.

[4] 刘雯，郭瑞，解晶莹．金属锂负极改性研究现状[J]. 电源技术，2012，36（08）：1232-1244.

[5] 崔志仙，王青松，孙金华．锂枝晶导致的锂离子电池内短路模拟研究[J]. 火灾科学，2019，28（02）：101-112.

[6] 高鹏，韩家军，朱永明，等．金属锂二次电池锂负极改性[J]. 化学进展，2009，21（Z2）：1678-1686.

[7] 丁飞，刘兴江，张晶，等．LiPON 固体电解质膜对金属锂电极的保护作用[J]. 稀有金属材料与工程，2010，39（09）：

1664-1667.

[8] 程新兵，张强．金属锂枝晶生长机制及抑制方法[J]. 化学进展，2018，30（01）:51-72.

[9] Steiger J，Kramer D，Mönig R. Mechanisms of dendritic growth investigated by in situ light microscopy during electrodeposition and dissolution of lithium[J]. Journal of Power Sources，2014，261:112-119.

[10] 朱佳佳．抑制锂枝晶及改善锂负极循环稳定性的研究[D]. 杭州:浙江大学，2019.

[11] Zhang C，Wang A，Zhang J，et al. 2D Materials for lithium/sodium metal anodes[J]. Advanced Energy Materials，2018，8（34）:1802833.

[12] Monroe C，Newman J. Dendrite growth in lithium/polymer systems——A propagation model for liquid electrolytes under galvanostatic conditions[J]. Journal of the Electrochemical Society，2003，150（10）:A1377-A1384.

[13] 沈馨，张睿，程新兵，等．锂枝晶的原位观测及生长机制研究进展[J]. 储能科学与技术，2017，6（03）:418-432.

[14] 李风雷，刘伟，汪浩，等．不同电解质体系中锂枝晶的生长研究进展[J]. 电池，2018，48（02）:126-129.

[15] 梁杰铭．不锈钢网集流体的表面亲锂改性及抑制锂金属枝晶生长的研究[D]. 广州:华南理工大学，2019.

[16] Brissot C，Rosso M，Chazalviel J N，et al. In situ study of dendritic growth in lithium/PEO-salt/lithium cells[J]. Electrochimica Acta，1998，43（10-11）:1569-1574.

[17] Akolkar R. Mathematical model of the dendritic growth during lithium electrodeposition[J]. Journal of Power Sources，2013，232:23-28.

[18] 陈志辉．锂金属负极表面电沉积及枝晶生长抑制研究[D]. 南京:南京航空航天大学，2019.

[19] Akolkar R. Modeling dendrite growth during lithium electrodeposition at sub-ambient temperature[J]. Journal of Power Sources，2014，246:84-89.

[20] 周子健．对于锂金属电池负极的枝晶抑制方法分析[J]. 中国金属通报，2019，（03）:126，128.

[21] Zhang X Q，Cheng X B，Chen X，et al. Fluoroethylene carbonate additives to render uniform Li deposits in lithium metal batteries[J]. Advanced Functional Materials，2017，27（10）:1605989.

[22] Yan C，Yao Y X，Chen X，et al. Lithium nitrate solvation chemistry in carbonate electrolyte sustains high-voltage lithium metal batteries[J]. Angewandte Chemie International Edition，2018，57（43）:14055-14059.

[23] Zhou W D，Wang S F，Li Y T，et al. Plating a dendrite-free lithium anode with a polymer/ceramic/polymer sandwich electrolyte[J]. Journal of the American Chemical Society，2016，138（30）:9385-9388.

[24] Bernuy-Lopez C，Manalastas W，del Amo J M L，et al. Atmosphere controlled processing of Ga-substituted garnets for high Li-ion conductivity ceramics[J]. Chemistry of Materials，2014，26（12）:3610-3617.

[25] Alonso J A，Sanz J，Santamaría J，et al. On the location of Li^+ cations in the fast Li-cation conductor $La_{0.5}Li_{0.5}TiO_3$ perovskite[J]. Angewandte Chemie International Edition，2000，39（3）:619-621.

[26] 马嘉林，王红春，龚正良，等．石榴石型固态电解质/铝锂合金界面构筑及电化学性能[J]. 电化学，2020，26（02）:262-269.

[27] Luo W，Gong Y，Zhu Y，et al. Reducing interfacial resistance between garnet-structured solid-state electrolyte and Li-metal anode by a germanium layer[J]. Advanced Materials，2017，29（22）:1606042.

[28] Han F D，Yue J，Zhu X Y，et al. Suppressing Li dendrite formation in Li_2S-P_2S_5 solid electrolyte by LiI incorporation[J]. Advanced Energy Materials，2018，8（18）:1703644.

[29] Xia S，Lopez J，Liang C，et al. High-rate and large-capacity lithium metal anode enabled by volume conformal and self-healable composite polymer electrolyte[J]. Advance Science，2019，6（9）:1802353.

[30] 程琦，邓鹤鸣，兰倩，等．高能电池金属锂负极改性策略的研究进展[J]. 江汉大学学报（自然科学版），2018，46（03）:197-203.

[31] 曹六阳，潘继民．可充电电池锂金属负极的研究进展[J]. 山东工业技术，2019，（12）:151.

[32] Wang M，Peng Z，Luo W，et al. Tailoring lithium deposition via an SEI - functionalized membrane derived from LiF decorated layered carbon structure[J]. Advanced Energy Materials，2019，9（12）:1802912.

[33] Zhao Y，Sun Q，Li X，et al. Carbon paper interlayers: A universal and effective approach for highly stable Li metal anodes[J]. Nano Energy，2018，43:368-375.

[34] 肖菊兰，陈涛，陈英，等．一种新型锂金属电池阳极 3D 碳纤维集流体[J]. 电源技术，2020，44（01）:21-23.

[35] Billaud J，Eames C，Tapia-Ruiz N，et al. Evidence of enhanced ion transport in Li-rich silicate intercalation ma-

terials[J]. Advanced Energy Materials, 2017, 7 (11) : 1601043.
[36] Guo Y G, Hu J S, Wan L J. Nanostructured materials for electrochemical energy conversion and storage devices [J]. Advanced Materials, 2008, 20 (15) : 2878-2887.
[37] Zhang C, Lv W, Zhou G, et al. Vertically aligned lithiophilic CuO nanosheets on a Cu collector to stabilize lithium deposition for lithium metal batteries[J]. Advanced Energy Materials, 2018, 8 (21) : 1703404.
[38] Lu Z, Liang Q, Wang B, et al. Graphitic carbon nitride induced micro-electric field for dendrite-free lithium metal anodes[J]. Advanced Energy Materials, 2019, 9 (7) : 1803186.
[39] Go W, Kim M H, Park J, et al. Nanocrevasse-rich carbon fibers for stable lithium and sodium metal anodes[J]. Nano Letters, 2019, 19 (3) : 1504-1511.
[40] 李志虎，鞠兰，徐艳辉，等．可充锂电池的锂金属电极枝晶的抑制[J]. 稀有金属材料与工程，2011，40 (S2) : 503-506.
[41] Wu J, Zeng H, Li X, et al. Ultralight layer-by-layer self-assembled MoS_2-polymer modified separator for simultaneously trapping polysulfides and suppressing lithium dendrites [J]. Advanced Energy Materials, 2018, 8 (35) : 1802430.
[42] Lee J S, Kim H, Jo C, et al. Superstructures: Enzyme-driven hasselback-like DNA-based inorganic superstructures[J]. Advanced Functional Materials, 2017, 27 (45) : 1704213.
[43] 杨凯，章胜男，韩东梅，等．多功能锂硫电池隔膜[J]. 化学进展，2018，30 (12) : 1942-1959.
[44] 高天骥，许德平，黄正宏，等．锂硫电池中抑制穿梭效应和锂枝晶的近期进展[J]. 能源与环境化工，2018，35 (04) : 66-74.
[45] 陈建中，舒朝著，龙剑平，等．柔性锂氧电池的发展现状[J]. 电子元件与材料，2018，37 (01) : 1-6.
[46] 付承华，费新坤．锂空（氧）气电池的研究概况及发展前景[J]. 船电技术，2011，31 (08) : 23-26，32.
[47] 张涛，张晓平，温兆银．固态锂空气电池研究进展[J]. 储能科学与技术，2016，5 (05) : 702-712.
[48] 刘方超．基于阴离子传导的全固态二次锂碘电池研究[D]. 上海:复旦大学，2011.
[49] Li Y, Zhang L, Liu S, et al. Original growth mechanism for ultra-stable dendrite-free potassium metal electrode [J]. Nano Energy, 2019, 62: 367-375.
[50] Zhang H, Hasa I, Passerini S. Beyond insertion for Na-ion batteries: nanostructured alloying and conversion anode materials[J]. Advanced Energy Materials, 2018, 8 (17) : 1702582.
[51] Xu Z L, Yoon G, Park K Y, et al. Tailoring sodium intercalation in graphite for high energy and power sodium ion batteries[J]. Nature Communications, 2019, 10 (1) : 2598.
[52] 轩中．钠电池会取代锂电池吗? [J]. 互联网周刊，2019，(02) : 22-23.
[53] Kim H, Jeong G, Kim Y U, et al. Metallic anodes for next generation secondary batteries[J]. Chemical Society Reviews, 2013, 42 (23) : 9011-9034.
[54] Kim S W, Seo D H, Ma X, et al. Electrode materials for rechargeable sodium-ion batteries: Potential alternatives to current lithium-ion batteries[J]. Advanced Energy Materials, 2012, 2 (7) : 710-721.
[55] Li Q, Liu Z, Zheng F, et al. Identifying the structural evolution of the sodium ion battery Na_2FePO_4F cathode [J].Angewandte Chemie International Edition, 2018, 57 (37) : 11918-11923.
[56] Gomez-Martin A, Martinez-Fernandez J, Ruttert M, et al. Correlation of structure and performance of hard carbons as anodes for sodium ion batteries[J]. Chemistry of Materials, 2019, 31 (18) : 7288-7299.
[57] Xie F, Xu Z, Jensen A C S, et al. Hard-soft carbon composite anodes with synergistic sodium storage performance[J]. Advanced Functional Materials, 2019, 29 (24) : 1901072.
[58] Kim H, Kim H, Ding Z, et al. Recent progress in electrode materials for sodium-ion batteries[J]. Advanced Energy Materials, 2016, 6 (19) : 1600943.
[59] Xiao Y H, Su D C, Wang X Z, et al. CuS Microspheres with tunable interlayer space and micropore as a high-rate and long-life anode for sodium-ion batteries[J]. Advanced Energy Materials, 2018, 8 (22) : 1800930.
[60] Yadegari H, Sun Q, Sun X L. Sodium-oxygen batteries: A comparative review from chemical and electrochemical fundamentals to future perspective[J]. Advanced Materials, 2016, 28 (33) : 7065-7093.
[61] Wang A X, Hu X F, Tang H Q, et al. Processable and moldable sodium-metal anodes[J]. Angewandte Chemie-

International Edition, 2017, 56 (39) : 11921-11926.

[62] Lee B, Paek E, Mitlin D, et al. Sodium metal anodes: Emerging solutions to dendrite growth[J]. Chemical Reviews, 2019, 119 (8) : 5416-5460.

[63] Ushirogata K, Sodeyama K, Futera Z, et al. Near-shore aggregation mechanism of electrolyte decomposition products to explain solid electrolyte interphase formation[J]. Journal of the Electrochemical Society, 2015, 162 (14) : A2670-A2678.

[64] Cheng X B, Zhang Q. Dendrite-free lithium metal anodes: stable solid electrolyte interphases for high-efficiency batteries[J]. Journal of Materials Chemistry A, 2015, 3 (14) : 7207-7209.

[65] Matios E, Wang H, Wang C L, et al. Enabling safe sodium metal batteries by solid electrolyte interphase engineering: A review[J]. Industrial & Engineering Chemistry Research, 2019, 58 (23) : 9758-9780.

[66] Braga M H, Grundish N S, Murchison A J, et al. Alternative strategy for a safe rechargeable battery[J]. Energy & Environmental Science, 2017, 10 (1) : 331-336.

[67] Seong I W, Hong C H, Kim B K, et al. The effects of current density and amount of discharge on dendrite formation in the lithium powder anode electrode[J]. Journal of Power Sources, 2008, 178 (2) : 769-773.

[68] Wei S Y, Choudhury S, Xu J, et al. Highly stable sodium batteries enabled by functional ionic polymer membranes[J]. Advanced Materials, 2017, 29 (12) : 1605512.

[69] Wang Q S, Ping P, Zhao X J, et al. Thermal runaway caused fire and explosion of lithium ion battery[J].Journal of Power Sources, 2012, 208: 210-224.

[70] 葛武杰，高乾森，马先果，等．二次电池金属锂负极的研究进展[J]. 电子元件与材料，2020，39 (01) : 1-9.

[71] Zhang X Q, Cheng X B, Chen X, et al. Fluoroethylene carbonate additives to render uniform Li deposits in lithium metal batteries[J]. Advanced Functional Materials, 2017, 27 (10) : 1605989.

[72] 王曾，沈康，侯广亚，等．金属电池负极枝晶的研究进展[J]. 电池，2019，49 (06) : 524-527.

[73] Aurbach D, Gamolsky K, Markovsky B, et al. On the use of vinylene carbonate (VC) electrolyte solutions for Li-ion as an additive to batteries[J]. Electrochimica Acta, 2002, 47 (9) : 1423-1439.

[74] Wrodnigg G H, Besenhard J O, Winter M. Ethylene sulfite as electrolyte additive for lithium-ion cells with graphitic anodes[J]. Journal of the Electrochemical Society, 1999, 146 (2) : 470-472.

[75] Komaba S, Ishikawa T, Yabuuchi N, et al. Fluorinated ethylene carbonate as electrolyte additive for rechargeable Na batteries[J]. ACS Applied Materials & Interfaces, 2011, 3 (11) : 4165-4168.

[76] Dugas R, Ponrouch A, Gachot G, et al. Na Reactivity toward carbonate-based electrolytes: The effect of FEC as additive[J]. Journal of the Electrochemical Society, 2016, 163 (10) : A2333-A2339.

[77] 胡晨晨，罗巍．固态锂电池中金属锂负极与固体电解质界面的关键挑战[J]．分析科学学报，2019，35 (06) : 771-774.

[78] Fan L, Wei S Y, Li S Y, et al. Recent progress of the solid-state electrolytes for high-energy metal-based batteries[J]. Advanced Energy Materials, 2018, 8 (11) : 1702657.

[79] Zheng Y W, Pan Q W, Clites M, et al. High-capacity all-solid-state sodium metal battery with hybrid polymer electrolytes[J]. Advanced Energy Materials, 2018, 8 (27) : 1801885.

[80] Wan Z, Lei D, Yang W, et al. Low resistance-integrated all-solid-state battery achieved by $Li_7La_3Zr_2O_{12}$ nanowire upgrading polyethylene oxide (PEO) composite electrolyte and PEO cathode binder[J]. Advanced Functional Materials, 2019, 29 (1) : 1805301.

[81] Luo J, Fang C C, Wu N L. High polarity poly (vinylidene difluoride) thin coating for dendrite-free and high-performance lithium metal anodes[J]. Advanced Energy Materials, 2018, 8 (2) : 1701482.

[82] 陈昱锜，赵强，冯玉川，等．原位生成醋酸锂改性金属锂负极及其稳定性[J]. 硅酸盐学报，2020，48 (7) : 1-7.

[83] Kim Y J, Lee H, Noh H, et al. Enhancing the cycling stability of sodium metal electrodes by building an inorganic-organic composite protective layer[J]. ACS Applied Materials & Interfaces, 2017, 9 (7) : 6000-6006.

[84] Zhang C, Lyu R, Lv W, et al. A lightweight 3D Cu nanowire network with phosphidation gradient as current collector for high-density nucleation and stable deposition of lithium [J]. Advanced Materials, 2019, 31 (48) : e1904991.

[85] 陈筱蕎，张睿，程新兵，等．柔性锂金属电池用无枝晶生长的碳基复合锂电极[J]. 新型碳材料，2017，32（06）:600-604.

[86] 邓伟．三维结构石墨烯材料的构筑及其在锂金属电池中的应用研究[D]. 宁波:中国科学院大学（中国科学院宁波材料技术与工程研究所），2018.

[87] Liu S，Tang S，Zhang X，et al. Porous Al current collector for dendrite-free Na metal anodes[J]. Nano Letters，2017，17（9）:5862-5868.

[88] Wang Y X，Wang Y X，Wang Y X，et al. Developments and perspectives on emerging high-energy-density sodium-metal batteries[J]. Chem，2019，5（10）:2547-2570.

[89] Lin X，Sun Q，Yadegari H，et al. On the cycling performance of Na-O_2 cells:Revealing the impact of the superoxide crossover toward the metallic Na electrode[J]. Advanced Functional Materials，2018，28（35）:1801904.

[90] Xu S M，Lu Y Y，Wang H S，et al. A rechargeable Na-CO_2/O_2 battery enabled by stable nanoparticle hybrid electrolytes[J]. Journal of Materials Chemistry A，2014，2（42）:17723-17729.

[91] Jeong G，Kim H，Lee H S，et al. A room-temperature sodium rechargeable battery using an SO_2-based nonflammable inorganic liquid catholyte[J]. Scientific Reports，2015，5（1）:12827.

[92] 胡英瑛，温兆银，芮琨，等．钠电池的研究与开发现状[J]. 储能科学与技术，2013，2（02）:81-90.

[93] Jian Z，Luo W，Ji X. Carbon electrodes for K-ion batteries[J]. Journal of the American Chemical Society，2015，137（36）:11566-11569.

[94] Share K，Cohn A P，Carter R，et al. Role of Nitrogen-doped graphene for improved high-capacity potassium ion battery anodes[J]. ACS Nano，2016，10（10）:9738-9744.

[95] Wu X，Chen Y L，Xing Z，et al. Advanced carbon-based anodes for potassium-ion batteries[J]. Advanced Energy Materials，2019，9（21）:1900343.

[96] 梁杰铬，罗政，闫钰，等．面向可充电电池的锂金属负极的枝晶生长:理论基础、影响因素和抑制方法[J]. 材料导报，2018，32（11）:1779-1786.

[97] 胡九林．g-C_3N_4 和氟基固态电解质用于抑制锂枝晶及实现全固态锂金属电池[D]. 上海:中国科学院大学（中国科学院上海硅酸盐研究所），2019.

[98] Qin L，Lei Y，Wang H，et al. Capillary encapsulation of metallic potassium in aligned carbon nanotubes for use as stable potassium metal anodes[J]. Advanced Energy Materials，2019，9（29）:1901427.

[99] Tang X，Zhou D，Li P，et al. MXene-based dendrite-free potassium metal batteries[J]. Advanced Materials，2020，32（4）:1906739.

第10章 其他新型二次电池

10.1 钾离子电池

10.1.1 概述

锂离子电池作为主流可充电电池，广泛应用于工业生产和生活中。然而，有限的全球锂资源日益枯竭限制了未来锂离子电池技术的可用性。由于锂的资源缺乏和分布不均，锂离子电池的成本日益增加。相比之下，地壳中钾含量丰富（2.59%），并且钾是钠之后最接近锂性质的碱性元素。现有研究表明，钾离子电池可能是锂离子电池有希望的替代品。钾的标准电极电势是−2.93V，接近于锂的−3.04V，这使得钾离子电池具有较高的工作电压和能量密度。碱金属离子当中钾离子的路易斯酸性最弱，这使得钾离子在电解液中以及电极与电解液表面有很大的迁移数和迁移率，在电解液（溶剂化离子）中钾离子的斯托克斯半径较小，所以钾离子电池中钾离子的化学扩散系数高于锂离子在锂离子电池中的化学扩散系数。

钾离子电池与锂离子电池的构造及工作原理相似，钾离子在正极和负极之间可逆地嵌脱引起电极电势的变化而实现电池的充放电，也是典型的“摇椅式”储能机理。电池的正负极分别由两种不同的能够可逆嵌脱钾离子的材料构成。充电时，钾离子从正极脱出，进入电解液中，通过外在电场力的作用迁移到负极，同时电子通过导通的外电路由正极流向负极，从而保证正负极的电荷平衡；放电过程则与之相反。

以下内容将详细介绍适用于钾离子电池的正极材料，并简要概括适用的负极材料。

10.1.2 正极材料

相比于钠离子（1.02Å）和锂离子（0.76Å），钾离子（1.38Å）的离子尺寸更大，这导致钾离子不容易通过层状材料。因此，与锂离子电池和钠离子电池相比，很难找到适用于钾离子电池的正极材料。因为在钾离子电池中，主要反应是通过嵌入进行的，所以大通道对于接受钾离子进入正极材料的晶体结构是必不可少的，并且刚性结构很可能有利于保证材料高容量的长期循环性能。到目前为止，正极材料的设计策略主要包括过渡金属与O、P（S）-

O（F）和 CN 等相连接。图 10-1（a）总结了常见的钾离子电池正极材料，包括普鲁士蓝类似物、层状过渡金属氧化物、聚阴离子化合物、有机化合物等[1-3]。

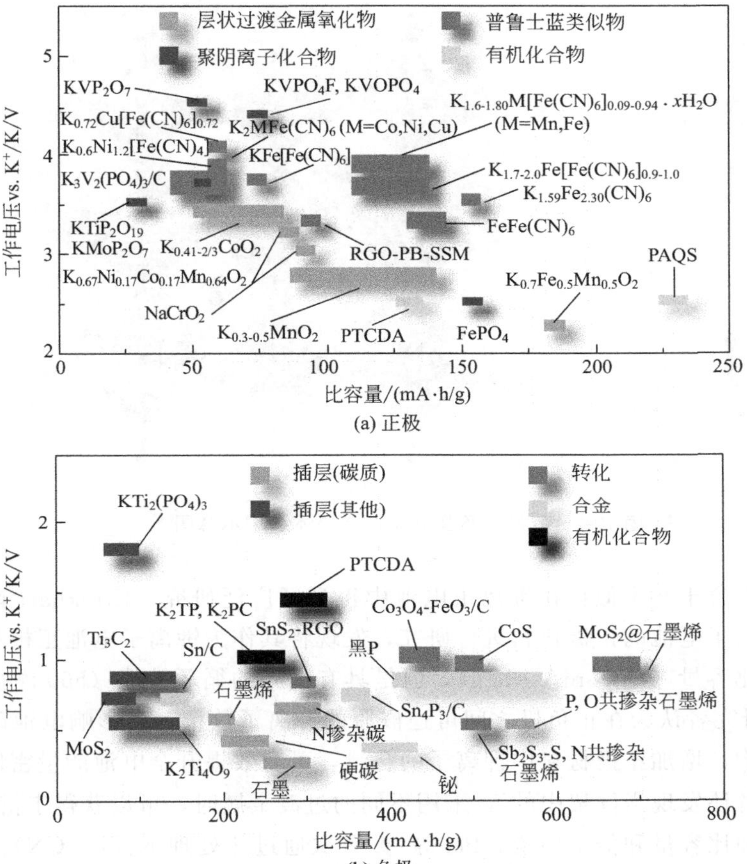

图 10-1 钾离子电池电极材料[2]

10.1.2.1 普鲁士蓝类似物

普鲁士蓝及其类似物的刚性开放框架结构具有大的间隙，为离子半径较大的钾离子的可逆嵌脱提供了丰富的活性位点和传输通道。普鲁士蓝类化合物的通式为 $K_xM[M'(CN)_6]_{1-y}\cdot\square_y\cdot mH_2O$（M 是铁、钴、锰、镍、铜、锌等一种或其中几种的组合；M′一般是铁；$0\leqslant x\leqslant 2$，$y<1$），其结构为面心立方结构，具体的晶体结构如图 10-2 所示。普鲁士蓝类正极材料具有钙钛矿结构，晶格中过渡金属 M 与亚铁氰根按照 Fe-C≡N-M 排列形成三维骨架结构，铁离子与 M 离子按照立方体状排列，C≡N 位于立方体的棱上。当掺杂的过渡金属元素 M（铁、锰）具有电化学活性时，其晶格中可以包含两个不同的氧化还原活性位点，然而与此同时，两电子转移的特性也使得该材料的结构不稳定，易发生不可逆的转变；当掺杂的过渡金属 M（镍、铜、锌）是电化学惰性时，

该类材料只能实现一个电子的转移，但也正是这些过渡金属元素的电化学惰性，使得它们起到支撑开放结构框架的作用，所以含有此类过渡金属元素的材料表现出了良好的循环性能和优异的库仑效率，且成本低廉、制备简单、环境友好等特性，使得普鲁士蓝类正极材料在大规模储能方面具有广阔的应用前景。

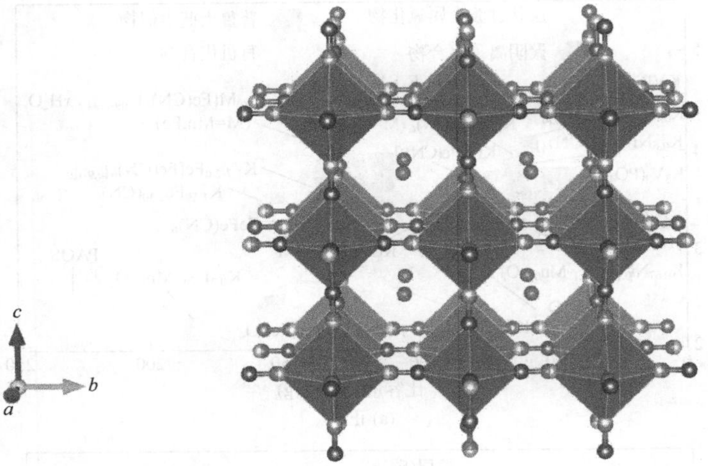

图 10-2 普鲁士蓝及其类似物晶体结构示意图[4]

至今，各种普鲁士蓝类似物在钾离子电池中得到了广泛研究。Eftekhari 首次将普鲁士蓝作为非水系钾离子电池的正极材料进行研究，发现将其作为钾离子电池正极材料时，虽然具有较低的放电比容量（约 78mA·h/g），但是具有优异的循环性能（500 圈循环后容量保持率为 88%）。研究者认为在正负极之间可逆嵌脱的钾离子数量，会影响电池的电化学性能和材料的晶型结构，增加正极材料中钾离子的含量，可有效提升全电池能量密度和可逆比容量。此外，研究者还发现当框架中的 M 采用不同的过渡金属时，可以获得丰富的结构体系，表现出不同的储钾比容量和倍率性能。Pei 等[5] 首次通过热处理 $K_4Fe(CN)_6 \cdot 3H_2O$，并对其进行导电炭黑的包覆，最终得到 $K_4Fe(CN)_6/C$ 复合物，循环 500 圈后可以提供 65.5mA·h/g 的放电比容量。

研究者通过不同的方法改善了传统普鲁士蓝类似物结构缺陷多、结晶水含量大等突出问题，进一步提高了材料稳定性，增加了初始充放电容量。但是，普鲁士蓝类正极材料依然面临着高倍率下性能匮乏、长循环下容量衰减快等诸多挑战。因此，制备出低缺陷、含水量少的普鲁士蓝类似物，是显著提高该类材料电化学性能的关键。

10.1.2.2 层状过渡金属氧化物

在过去的几十年里，层状过渡金属氧化物作为二次电池储能系统的正极材料，得到了广泛研究。近年来，研究者开始探索层状过渡金属氧化物在钾离子电池中的应用。层状过渡金属氧化物具有高的理论能量密度、良好的结构稳定性、低廉的制备成本以及环境友好的特点，因此成为钾离子电池正极材料的合理选择。重要的是层状过渡金属氧化物具有致密的层状结构，这为其提供了相对较高的理论容量。层状过渡金属氧化物的通式为 A_xMO_2（A 代表碱金属离子；M 代表一种或多种不同价态的过渡金属阳离子）。$(MO_2)_n$ 层状结构是由共

边的 MO_6 八面体组成的。同时，不同堆积形式的 $(MO_2)_n$ 对碱金属离子的配位环境也不同，这可能会影响材料的电化学性能。根据钾离子在层状过渡金属层间排列方式的不同，钾基层状氧化物可分为：O3 型（ABCABC 堆叠）、P2 型（ABBA 堆叠）和 P3 型（ABBCCA 堆叠）三类。其中，P、O 表示不同密堆积方式中钾离子处在不同的配位环境（P 为棱形，O 为八面体）；2、3 表示过渡金属离子占据不同位置的数目，是由氧离子堆积方式决定的。

到目前为止，适用于钾离子电池正极材料的层状过渡金属氧化物主要有钴基氧化物、锰基氧化物以及铬基氧化物等，下面介绍一些近年来研究者开发的典型的层状过渡金属氧化物。2017 年，Komaba 等[6] 首次研究了 P2-和 P3-K_xCoO_2 电极在非水钾离子电池中的可逆性和拓扑钾插层，在 3.9～2.0V 的电压范围内有多个电压平台出现，可以提供 60mA・h/g 的可逆比容量，并且具有良好的循环稳定性和倍率性能。为了解释正极材料嵌脱钾的机理，研究者利用原位 XRD 技术，阐明了材料是通过高度可逆的拓扑定向反应来储存钾离子的。Ceder 等[7] 和 Wang 等[8] 均报道了 P2-$K_{0.6}CoO_2$ 作为钾离子电池正极材料的合成及应用。前者通过一种简便的固态方法，合成了具有层状结构的 P2-$K_{0.6}CoO_2$ 材料，将其作为钾离子电池正极材料；当 K_xCoO_2 中钾离子含量在 0.33～0.68 之间改变时，表现出 80mA・h/g (2mA/g) 的可逆比容量。在电流密度 100mA/g 下循环 120 圈后，容量保持率为 60%，并且在每个倍率下都表现出优异的循环稳定性。后者利用两步自模板法制备出由初级纳米片聚集的 P2-$K_{0.6}CoO_2$ 微球。得益于其独特的分级结构，该材料具有较高的比容量和出色的循环性能，在 10mA/g 电流密度下具有 82mA・h/g 的可逆比容量，在 40mA/g 电流密度下循环 300 圈后容量保持率为 87%，每圈只有 0.04%的容量衰减。

近年来锰基氧化物因锰资源储量丰富，并且锰价格低廉、无毒，而成为电极材料中的研究热点。Passerini 等[9] 报道了将具有层状结构的 $K_{0.3}MnO_2$ 用于钾离子正极材料，在 3.5～1.5V 的电压区间内具有良好的循环稳定性，可逆比容量约为 65mA・h/g。但当截止电压提高到 4.0V 时，其结构稳定性变差，导致容量的不可逆衰减。Ceder 等[10] 研究了不同放电电位窗口下 P3-$K_{0.5}MnO_2$ 的电化学性能。在电压范围为 1.5～3.9V 的 CV 曲线中，存在对应的氧化还原峰；当截止电压增加为 4.2V 时，CV 曲线中 3.7V 和 4.1V 处出现氧化峰，却没有相应的还原峰。随后，他们又对材料进行原位 XRD 测试，结果证明其结构在高电压范围内发生了 P3 到 O3 的不可逆相变，这与低电压范围内 P3 $\rightleftharpoons$ O3 $\rightleftharpoons$ X 的可逆转变不同。研究者认为向锰基氧化物中掺杂镍、钴、铁等过渡金属元素，可以有效抑制复杂的相变，增强结构的稳定性能，获得更好的电化学可逆性。Mai 等[11] 通过静电纺丝技术得到了 $K_{0.7}Fe_{0.5}Mn_{0.5}O_2$ 纳米线。原位 XRD 结果显示，该材料在钾离子嵌脱的整个过程中始终保持稳定的层状框架结构。由于具有快速的钾离子扩散通道和三维电子传导网络，$K_{0.7}Fe_{0.5}Mn_{0.5}O_2$ 作为正极材料与软碳负极材料组装成钾离子全电池时，在 20mA/g 的电流密度下可以获得 119mA・h/g 的比容量，并且在 100mA/g 的电流密度下，循环 250 圈后容量保持率约为 76%。

另外，铬基氧化物在用于钾离子电池正极材料的研究中，也表现出较为优异的电化学性能。Sun 等[12] 采用电化学离子交换法从 O3-$NaCrO_2$ 中成功地合成了纯相 P3-$K_{0.69}CrO_2$。该材料在 0.1*C* 倍率下显示出 100mA・h/g 的高可逆比容量，即使在 1*C* 倍率下循环 1000 圈后仍能保持 65%的初始容量。

层状过渡金属氧化物以其较高的理论容量和较低的成本，成为潜在的钾离子电池正极材料。然而，钾离子的体积很大，这使得在充放电过程中恢复层状氧化物的结构变得更加困难，还会导致更快的容量衰减和更复杂的相变。另外，从以上研究可以看出，材料结构的变化对电化学性能的影响较大，增强结构的稳定性可以获得性能更好的钾离子电池。

10.1.2.3 聚阴离子化合物

近年来，研究者对聚阴离子化合物作为钾离子电池正极材料的研究也越来越广泛。聚阴离子化合物具有优良的结构稳定性和热稳定性，并且该材料的微孔或介孔结构可以容纳大尺寸、低电荷的钾离子，并且能有效地屏蔽钾离子之间的相互排斥。这种具有开放性的三维框架结构、强诱导效应和 X—O 强共价键等的化合物，作为钾离子电池正极材料具有离子传输快、工作电压高、结构稳定等优点。聚阴离子型化合物的通式为 $K_xM(XO_4)_3$（M 是钒、钛、铝、铌等一种或其中几种的组合；X 是磷或硫；$0\leqslant x\leqslant 4$）。M 多面体与 X 多面体通过共边或者共点连接而形成多面体框架，而钾离子位于框架间隙中。由于 XO_4^{3-} 四面体的诱导效应，该类材料中的过渡金属 M^{n+} 具有较高的电对电压。这种结构使该材料具有作为钾离子电池正极材料的巨大潜力。

聚阴离子化合物最早被用作锂离子电池正极材料，如磷酸铁锂。由于磷酸铁锂在锂离子电池中的优异性能，研究者尝试在钾离子电池中使用橄榄石相磷酸铁钾。虽然有报道称少量的钾可以占据锂位点，但大尺寸钾离子的嵌入/脱嵌，会对其晶体结构造成不可逆转的破坏，从而导致电化学性能的恶化，并且制备纯橄榄石相磷酸铁钾仍然是一个巨大的挑战。近年来，研究者尝试了各种方法来解决这个问题。Yakubovich 等采用水热合成法合成了 K［Fe（PO_4）］，XRD 图谱表明 K［Fe（PO_4）］具有 $P2_{1/n}$ 空间群。如图 10-3 所示，这种类型的 K［Fe（PO_4）］有一种特殊的微孔三维骨架来容纳钾离子，因而是一种有潜力的储钾材料。Mathew 等[14] 提出将无定形磷酸铁作为钾离子电池正极材料，无定形磷酸铁具有的短程有序结构可以促进客体钾离子的嵌入。电化学测试表明，在 3.5～1.5V 电压范围内，每个磷酸铁单元可以容纳 0.89 个钾离子，这相当于 156mA・h/g 的高放电比容量。非原位 XRD 结果显示，非晶相磷酸铁材料在充放电过程中发生了从无定形到结晶相的可逆转变。这项研究工作为开发类似的过渡金属磷酸盐电极材料提供了可能。

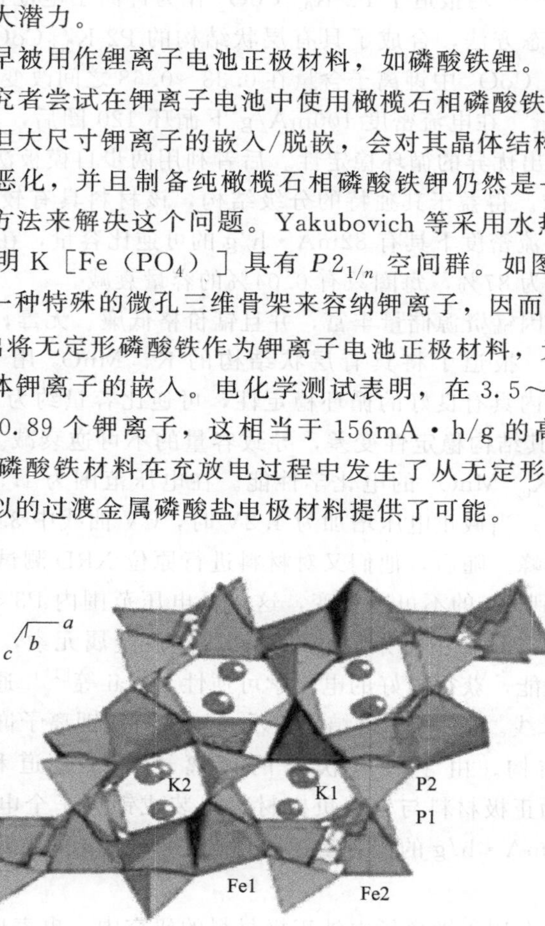

图 10-3 K［Fe（PO_4）］的微孔晶体结构[13]

近年来，锂钒和钠钒基聚阴离子化合物在离子电池领域的成功应用，加速了钒基聚阴离子化合物向钾离子电池体系转变。Mai 等[15] 合成了碳涂层 $K_3V_2(PO_4)_3$ 纳米线，并测试了其应用于钠离子电池正极材料的可能性。结果表明，该材料在钠离子电池中表现出了良好的电极性能。因此，这项工作促进了该材料在钾离子电池中的应用。Xu 等[16] 首次提出将快离子导体钠超离子导体型的 $K_3V_2(PO_4)_3/C$ 复合物作为钾离子电池正极材料。在 4.3～2.5V 电压窗口内该材料可以提供 54mA·h/g 的可逆比容量，其放电平台在 3.9～3.6V 内，在 20mA/g 的电流密度下循环 100 圈后能保持初始容量的 80%。此外，他们将纳米 $K_3V_2(PO_4)_3/C$ 复合材料与块状 $K_3V_2(PO_4)_3$ 相比较，发现 $K_3V_2(PO_4)_3/C$ 复合物具有更有利的储钾主体结构。其三维多孔的结构有利于钾离子的扩散，原位碳涂层保证了反复的充放电过程中结构的稳定性，并且促进了固体电解质界面膜的形成。此外，纳米级 $K_3V_2(PO_4)_3$ 颗粒更容易与电解液充分接触，从而使得活性物质积极参与到电化学反应中。

研究表明，通过减小材料尺寸、表面碳包覆和元素掺杂等方式，可以有效提升钾离子电池聚阴离子型正极材料的电化学性能。Komaba 等[17] 在聚阴离子型框架结构中引入强电负性的氟和氧，制备出具有 4V 工作电压平台的 $KVPO_4F$ 和 $KVOPO_4$ 正极材料。在 5.0～2.0V 的电压窗口内，前者由于结构中的 V（Ⅲ）O_4F_2 八面体存在 V^{3+}/V^{4+} 氧化还原电对，在 4.13V 的工作电压平台下可以提供 92mA·h/g 放电比容量；后者的 V（Ⅳ）O_6 八面体表现出中心离子 V^{4+}/V^{5+} 的氧化还原反应，在 4.0V 的工作电压平台下放电比容量可达 84mA·h/g。通过在结构中引入强吸电子基团，可提高材料的工作电压平台，从而使材料的能量密度得以提升。

10.1.2.4 有机化合物

有机化合物类正极材料结构设计灵活、理论容量高、环境友好、价格低廉，是一类具有广阔应用前景的储钾材料。此外，有机分子还可以容纳大离子和大分子，并且它们的柔性结构有利于大离子的嵌入。到目前为止，研究者们已经开发出了许多电化学性能良好的有机化合物作为钾离子电池正极材料。如苝四甲酸二酐作为非水性钾离子电池正极材料，在 3.5～1.5V 的电压窗口内可以表现出 131mA·h/g 的比容量[18]。1，4-苯醌聚合物作为钾离子电池正极材料，可以提供 200mA·h/g 的可逆比容量[19]。

对于正极材料来说，普鲁士蓝类似物具有优异的电化学性能，展现出广阔的应用前景；层状过渡金属氧化物虽然表现出了最高的理论比容量，但是在长期循环过程中容量衰减严重，通过电化学惰性阳离子的取代可以增强此类材料的结构稳定性；聚阴离子化合物具有电压平台高和循环稳定性好的特性，但是该类材料导电性较差；有机化合物可以通过分子工程自由设计分子结构，具有较高的比容量，并且因其柔性结构，适用于可折叠电子设备。

10.1.3 负极材料

金属钾直接作为钾离子电池负极材料的实际应用效果得不到保证，因为它与水分和电解质成分易反应，导致循环效率低，以至于存在严重的安全问题。目前，对于钾离子电池潜在负极材料的研究主要集中在嵌入类、合金类以及转化类三大类材料。如图 10-1（b）所示，嵌入类负极材料循环性能较好，但是通常表现出较低的可逆容量，可以通过微观结构调控和元素掺杂等方法来提高此类材料的可逆容量；合金类和转化类负极材料可提供较高的理论容量，然而在充放电过程中体积膨胀较为严重，可以采用纳米化、掺杂、包覆等手段来缓冲钾离子嵌脱过程中的体积变化。

对于钾离子电池负极材料，在本书中不再作过多陈述。它与锂离子电池负极材料的研究并无太大区别，这些适用于锂离子电池负极的 MOFs、COFs、金属氧化物和过渡金属单质等同样可以适用于钾离子电池负极。

10.1.4 小结

近年来，为应对环境危机和能源危机，新能源领域的发展如火如荼。其中，钾离子电池得益于钾元素储量丰富、成本低廉，并且物理化学性质与锂离子相似，在离子电池领域中具有广阔的应用前景。目前，正极材料的研究主要集中于普鲁士蓝类似物，但对于具有较高理论比容量的层状过渡金属氧化物、兼具高电压和稳定性的聚阴离子化合物以及具有柔性结构的有机化合物也有一定程度的研究。负极材料的研究则主要集中在嵌入型、合金型以及转化型材料，虽然各自具有一定程度的缺陷，但是经过掺杂、包覆、纳米化等手段改性后，具有较为优异的电化学性能。越来越多的研究证明，钾离子电池具有成为新型储能系统的巨大潜力。

10.2 镁离子电池

10.2.1 概述

镁是一种活泼金属，地壳中镁的含量居于第 5 位（约 4%），密度为 1.74g/cm^3，具有良好的导热导电性能。在元素周期表中，镁与锂处于对角线位置，具有相似的化学性质。镁的活泼性比锂差，易操作，安全性能好，价格低廉（仅是锂的 1/24），环境友好。使用纯镁或镁合金作为镁离子电池负极材料具有诸多优点，如不产生枝晶，Mg^{2+}/Mg 的电极电势较低[−2.37V(vs. SHE)]，其理论体积能量密度（3833mA·h/cm^3）远高于锂（2046mA·h/cm^3）。不仅如此，我国镁储量居世界首位，拥有开发镁离子电池的独特优势。因此，镁离子电池具有十分巨大的应用潜力，但是目前仍有很大的问题需要改善。比如，由于镁离子为二价，其在固态正极材料中的扩散比锂离子等一价阳离子的扩散要慢得多，这导致大多数材料存在较大的电压滞后。

镁离子电池的工作原理与锂、钠、钾等离子电池相似。但是，仍然存在一些技术问题阻碍了它的商业应用。镁离子具有较高的电荷密度和较小的离子半径（0.072nm），溶剂化作用强，很难像锂离子一样容易嵌入基质中，使得正极材料的选择较为困难。另外，在大多数溶液中，金属镁负极表面会生成一层致密的钝化膜，导致其难以沉积/溶解，进而限制了镁的电化学活性。因此，选择合适的镁离子电池电极材料至关重要。

10.2.2 正极材料

正极材料是镁离子电池的关键材料之一，直接影响电池的工作电压和充放电比容量。理想的镁离子电池正极材料需要具备能量密度高、循环性能好等特点，现阶段研究中所涉及的正极材料主要有过渡金属氧化物、切弗里相、硫化物、聚阴离子化合物和其他正极材料[20,21]。图 10-4 展示了常见的镁离子电池电极材料比容量与电压的关系。

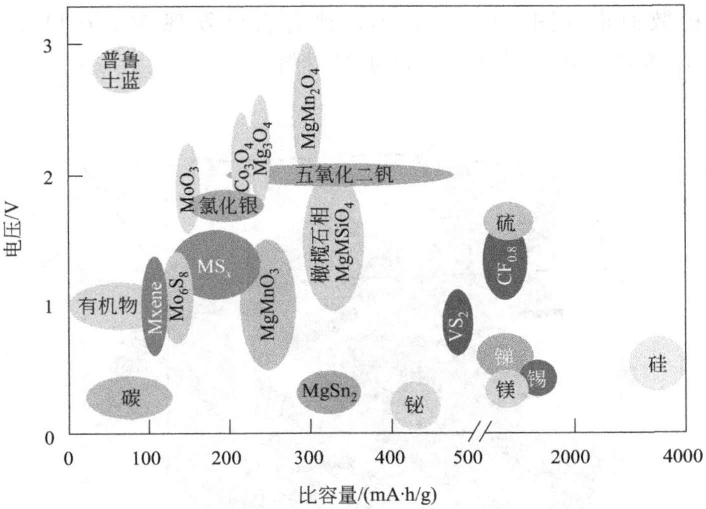

图 10-4 镁离子电池电极材料比容量与电压的关系

10.2.2.1 过渡金属氧化物

层间的弱范德瓦耳斯力使得过渡金属氧化物有可能成为有希望的插层化合物，它们的电压比较高，这使得它们在能量密度方面更具吸引力。此外，过渡金属氧化物还具有易制备、成本低、稳定性好、负极氧化电位高等优点。目前研究较多的有钒基氧化物、锰基氧化物、钼基氧化物以及 AB_2O_4 尖晶石结构化合物等。

在可用于镁离子电池的所有过渡金属氧化物中，五氧化二钒（V_2O_5）是最受关注的正极材料。其作为最具代表性的钒基氧化物，具有层状斜方晶体结构，镁离子可嵌入层间空位，1mol 五氧化二钒可嵌入 2mol 镁离子。五氧化二钒作为镁离子电池正极材料，理论上其开路电压可达 3.06V，并且在镁离子的可逆嵌脱过程中发生 α 相与 ε 相间的转变，但较差的本征电导率制约了其实际容量。可以通过制备不同纳米结构的五氧化二钒正极材料，来改善其储镁性能。除了以五氧化二钒为基材的镁离子电池正极材料外，研究者还发现一些含钒的化合物也拥有优异的储镁性能，如 $H_2V_3O_8$ 纳米线[22]、二维 $VOPO_4$ 纳米片[23] 和 $NH_4V_4O_{10}$[24] 等。

以二氧化锰（MnO_2）为代表的锰基氧化物得益于其成本低、含量丰富以及环境友好等特点，作为镁离子电池正极材料得到了广泛研究。纳米二氧化锰能够减少离子扩散路径，促进镁离子的嵌脱。纳米级隧道结构的 α-MnO_2 正极材料具有较好的储镁性能，可逆比容量超过 240mA·h/g。层状结构的水钠锰矿-MnO_2、隧道结构的锰钡矿-MnO_2 以及氧化锰八面体分子筛（OMS-5MnO_2）对镁离子的嵌入均有明显提升。

另外，四氧化三钴（Co_3O_4）和二氧化钌（RuO_2）均可作为镁离子电池正极材料，实现镁离子嵌入最大化（$Mg_{0.33}RuO_2$ 和 $Mg_{0.25}RuO_2$）。此外，锐钛矿型二氧化钛是一种典型的锂离子嵌入电极，具有良好的结构稳定性和较小的体积变化，是一种优异的储镁正极材料。

尖晶石结构的氧化物具有工作电压高、三维离子迁移骨架稳定等优点，应用前景广泛。

尖晶石化合物属于空间群 $Fd3m$，其化学通式为 MgT_2X_4，阴离子 X 是氧、硫或硒，阳离子 T（T＝钛、钒、铬、锰、铁、钴、镍）与 X 八面体配位，这些共享边的八面体在空间中延伸并形成三维扩散通道（图 10-5）。目前，研究者已发现 $MgCo_2O_4$、$MgMn_2O_4$、$MgFe_2O_4$ 和 $MgCr_2O_4$ 等均可作为镁离子电池正极材料。

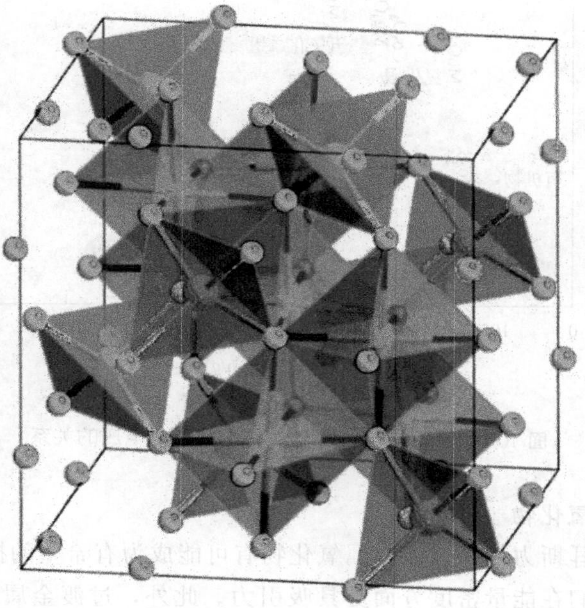

图 10-5 尖晶石 MgT_2X_4 的晶体结构示意图（镁原子位于四面体内，T 原子位于八面体内）

10.2.2.2 切弗里相

切弗里相是最常见的镁离子电池正极材料，其化学通式可表示为 $M_xMo_6T_8$（M＝金属元素；T＝硫、硒、碲），其晶体结构如图 10-6 所示，镁离子可嵌入 1 号和 2 号空位，镁和钼之间存在强烈的静电斥力，因此镁离子不能直接嵌入 3 号空位。

Mo_6S_8 是第一个表现出可逆储镁能力的插层正极材料。它具有独特的准立方结构，是一个开放性的三维框架结构，其中 6 个钼原子位于立方体的表面形成一个八面体（Mo_6），8 个硫阴离子（S_8）占据立方体的顶点。镁离子携带的电荷主要由硫原子平衡，形成可以有效屏蔽镁离子电荷的屏蔽云，高度离域的轨道和屏蔽云有利于室温下镁离子的快速扩散。另外，镁离子在 Mo_6S_8 中的反应机理可表示为：

$$Mo_6S_8+2Mg^{2+}+4e^- \rightleftharpoons Mg_2Mo_6S_8 \qquad (10\text{-}1)$$

10.2.2.3 硫化物

硫化物相对较低的电离度，能够减弱镁离子与负电荷之间的静电相互作用，从而促进镁离子的迁移。近年来，金属硫化物（MoS_2、TiS_3、TiS_2、VS_4、NiS_x、CuS、CoS）和硒化物（Cu_2Se、WSe_2）由于其较高的理论容量受到人们的广泛关注。其中，二硫化钼是最为典型的一种适用于镁离子电池正极材料的硫化物。

Arsentev 等[26] 通过第一性原理探究了三硫化钛的储镁机制。结果表明，镁离子的嵌

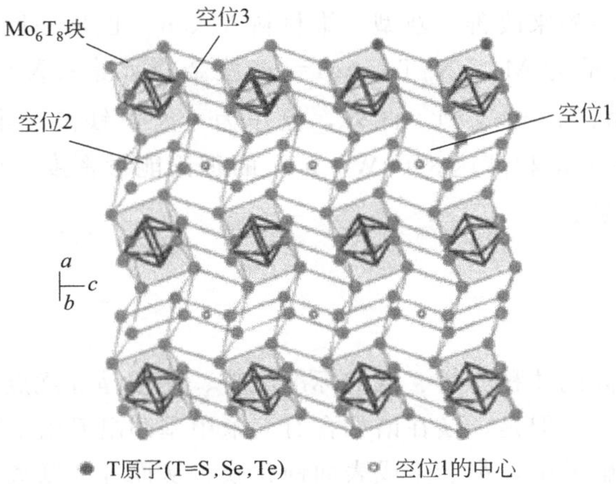

图 10-6　切弗里相的晶体结构[25]

入会引起放热和相转变，当嵌入三硫化钛中的镁离子的物质的量大于 0.5mol 时，S—S 键被破坏并形成硫化镁和二硫化钛。二硫化钛具有层状和尖晶石 2 种结构，提供四面体和八面体空位的镁离子嵌入位点，镁离子优先嵌入二硫化钛的八面体位点，并且具有较高的迁移能垒。利用原子替代法可以达到提升储镁性能的目的。硒与硫位于同一主族，化学性质相似，硒取代硫形成 Ti—Se 键，由于键长变长，镁离子与正极材料间相互作用减弱，从而增大了镁离子的扩散通道，减小了镁离子的扩散能垒。

10.2.2.4　聚阴离子化合物

聚阴离子化合物是建立在过渡金属和聚阴离子上的强共价键连接成的三维网络结构。该类材料种类丰富、电压高、结构稳定、聚阴离子间诱导效应强，因而成为潜在的镁离子电池正极材料。目前研究的聚阴离子化合物主要包括橄榄石结构的硅酸盐和钠超离子导体结构的磷酸盐。

橄榄石结构的硅酸盐化学通式为 $MgMSiO_4$（M 代表锰、钴、铁等过渡金属元素），这种材料能量密度高，在镁离子的可逆脱嵌过程中，多价过渡金属的存在能够减弱对其结构的破坏。目前，研究者已经开发了一系列拥有较短固相扩散距离的纳米 $MgMnSiO_4$ 颗粒、$Mg_{1.03}Mn_{0.97}SiO_4$ 与 $MgFeSiO_4$ 晶体微粒和三维异质多孔 $MgCoSiO_4$ 作为储镁正极材料。

具有钠超离子导体结构的磷酸盐，化学通式可表示为 $Mg_xM_2(PO_4)_3$（M 是过渡金属元素）。Makino 等[27] 通过溶胶-凝胶法制备了 $Mg_{0.5}Ti_2(PO_4)_3$，镁离子在该材料中可以进行可逆嵌脱，但可逆性受限于镁离子较慢的扩散动力学。碳材料、铁或铬元素的掺杂能够增强电导率，促进镁离子在其内部的扩散速率。

10.2.2.5　其他正极材料

普鲁士蓝化合物的化学通式为 $A_xMA[MB(CN)_6]\cdot zH_2O$（A 为锂、钠、钾、镁等碱金属元素；MA 和 MB 为铁、镍、铜、钴等过渡金属元素），这种材料具有开放的立方框架和良好的间隙位点，碱金属离子能够在其中进行可逆嵌脱。有机材料也是一种潜在的镁离子电池正极材料（如聚蒽醌、3，4，9，10-苝四甲酸二酐），但其存在倍率性能较差、电极易溶解、循环过程中容量衰减较快等缺点。但是，这些问题可以通过离子掺杂、有机物聚合以及合理优化电解液等措施来改善。新型二维材料 MXenes 也是一种性能良好的镁离子正极材料，其化学通式可表示为 $M_{n+1}X_nTx$（M＝过渡金属元素；X＝碳或氮；Tx＝OH^-、O^{2-}、F^- 等表面官能团；$n=1\sim3$）。此外，硫作为可充电镁离子电池正极材料时，拥有 1675mA·h/g 的理论比容量和高达 3200W·h/L 的理论能量密度。因此，这种镁硫电池体系也具有较好的应用前景。

10.2.3 负极材料

由于金属镁具有极高的体积容量、低的标准电势、无枝晶等优点，是可充电镁离子电池最具前景的负极材料之一。但是，镁在诸如含有三氟甲基磺酰基酰亚胺镁、$MgClO_4$ 等常用盐的质子惰性溶剂的电解液中，都会生成表面钝化膜，从而导致镁离子不能很好地在其表面进行可逆沉积。同时，镁离子极化大，溶剂化作用强，嵌入基质困难，从而导致差的倍率和循环性能。另外，锡、锑和铋等金属与镁进行合金化反应所形成的金属间化合物，具有较高体积容量，也是一类潜在的镁离子电池负极材料。

到目前为止，关于镁离子电池负极材料的研究还不是很多，但是大部分负极材料的性能都比较突出。镁离子电池负极材料在本书中不再作详细介绍，它与其他金属离子电池的负极材料基本上可以通用，比如碳基材料等。

10.2.4 小结

与锂离子电池的大规模应用相比，可充电镁离子电池的发展仍处于初级阶段，但镁离子电池目前已经成为新型储能研究领域崛起的一颗新星。正负极材料的好坏直接影响镁离子电池性能的优劣。正极材料种类繁多，性能差异较大。硫化物理论容量高，而且大多数硫化物对镁离子的储存只是进行简单的吸脱附，在充放电过程中并没有发生相转化，因此研究较为广泛，但其充放电电压有待提高；聚阴离子化合物具有较高的电压和良好的结构稳定性，镁离子能够在其三维网络中实现可逆嵌脱，但导电性能较差。此外，氧化物、普鲁士蓝化合物、MXenes 以及有机类正极材料均具有一定的储镁性能。负极材料主要以金属镁和合金化合物为主。金属镁耐腐蚀性较差，表面生成的钝化膜使镁离子难以通过，从而限制了其电化学活性；合金化合物具有较高的比容量和较低的过电势，有一定的应用前景，但也存在充放电过程中体积变化较大而导致循环性能差的问题。虽然目前对于镁离子电池电极材料的研究不是很多，但是随着研究者的逐步探索与开发，镁离子电池的未来发展绝对是有潜力的。

10.3 铝离子电池

10.3.1 概述

铝在电化学充放电过程中可以交换 3 个电子，因此金属铝具有极高的理论质量比容量

(2980mA·h/g) 和体积比容量 (8046mA·h/cm^3)。虽然铝的氧化还原电位 [−1.76V (vs. 标准氢电极)] 高于其他金属，但铝离子电池更高的体积比容量和质量比容量无疑接近甚至高于使用其他金属离子的电池体系。此外，铝是地壳中含量最高的金属，成本低、易获得，并且铝离子电池安全性高，这为铝离子电池大规模应用提供了更好的机会，因此铝离子电池具有极好的应用前景。

尽管基于水系的铝离子电池成本低、操作简单、减少了环境问题，但其存在的诸如钝化氧化膜的形成、析氢副反应、负极腐蚀等缺点，阻碍了水系铝离子电池的大规模应用。相比之下，用于铝离子电池的非水系电解质，特别是室温离子液体，其低的蒸气压和宽的电化学窗口，使铝的剥离/电镀效率高度可逆，因而受到越来越多的关注。因此，非水系铝离子电池应用于二次电池的研究受到广泛关注。但是，非水系铝离子电池的发展仍受到各种技术的限制，从而阻碍了非水系铝离子电池的高容量和长循环寿命。本章重点介绍了非水系铝离子电池的电化学机理及其面临的挑战，同时展望了铝离子电池未来的研究方向和前景。

10.3.2 非水系铝离子电池

非水系铝离子电池通常以铝为负极，以氯铝酸盐基离子液体为电解液。非水系比水系更适合于铝离子电池，这是因为铝的标准电极电位相对较低，水系电池在还原过程中，在铝被沉积之前会产生固有的氢，从而降低了负极的效率。

10.3.2.1 电化学机理

目前研究最深入的电解质体系是三氯化铝，其中离子液体由含有不同烷基侧链的咪唑氯盐组成，包括氯化 1-乙基-3-甲基咪唑 (EMIC) 和氯化 1-丁基-3-甲基咪唑 (BMIC)。这类体系的路易斯酸性可以通过改变三氯化铝与离子液体的摩尔比来调节。在酸性情况下（三氯化铝摩尔数>离子液体的摩尔数），主要为 $Al_2Cl_7^-$；在中性情况下（三氯化铝摩尔数=离子液体摩尔数），唯一的阴离子是 $AlCl_4^-$；在碱性情况下（三氯化铝摩尔数<离子液体摩尔数），$AlCl_4^-$ 和氯离子物质共存[28]。铝的沉积/剥离只能在基于以下可逆反应的酸性条件下发生。

$$4Al_2Cl_7^- + 3e^- \rightleftharpoons Al + 7AlCl_4^- \tag{10-2}$$

非水系铝离子电池有两种可逆的储能机制：插层反应和转化反应；已知的转化型正极比插层型正极少。

非水系铝离子电池的插层反应机理是指可移动的客体离子（含铝的阳离子或阴离子）可逆地嵌入层状主体晶格中。根据插层材料的几何构造，插层反应是通过结构柔性和自由调整主体晶格的层间距进行的。因此，在充放电过程中，这种类型的反应伴随着主体晶格中一系列可逆的结构变化。由于氯铝酸盐离子液体的特殊性，铝离子和 $AlCl_4^-$ 都可以成为插层中的客体离子。

非水系铝离子电池的转化反应机理涉及含多价元素物质的可逆转化，描述如下：

$$mnAl^{3+} + M_nX_m + 3mne^- \rightleftharpoons mAl_nX + nM^0 \tag{10-3}$$

式中，M 表示过渡金属阳离子或其他高价阳离子（M=Fe^{3+}、Cu^{2+}、V^{3+}、Ni^{2+} 等）；X 表示某些阴离子（X=Cl^-、S^{2-} 等）。由于这些多电子氧化还原反应，基于转化反应机理的非水系铝离子电池有望获得高容量。

10.3.2.2 面临的挑战

尽管铝离子电池系统性能获得了巨大进展，但是仍有几个关键挑战需要解决，以提高性能和实现未来的商业化。

（1）寻找合适正极材料的障碍　迄今为止，仅发现了少数可以可逆嵌脱铝离子的正极材料。理论上，由于铝离子的离子半径很小（0.39Åvs.0.59Å 锂离子），能嵌入锂离子的材料也应该能够嵌入铝离子。但是，由于铝离子与主体晶格的强静电相互作用和极高的电荷密度，铝离子很难从正极中脱嵌出来，从而阻碍了合适的铝离子电池的制造。此外，所研究的正极不能提供其理论电压和容量，这表明铝离子的插入动力学非常复杂。

虽然已经开发了少数非水系铝离子电池正极材料，但仍然存在各种因素导致材料的电化学性能较差，从而阻碍了高能量密度铝离子电池的商业化，比如没有稳定的放电电压平台，低放电电压，低放电容量，可逆性较差，未知复合离子的嵌入引起的结构崩塌和体积膨胀等。

（2）离子液体电解质的局限性　室温离子液体电解质确实为非水系铝离子电池提供了新的可能性，但使用离子液体作为电解质仍然存在一些缺点，主要有以下几个方面：正极材料在氯铝酸盐基离子液体中的分解和溶解；氯铝酸盐极强的腐蚀性；氯铝酸盐基离子液体在充放电过程中很容易发生副反应；聚合物黏结剂（如聚偏二氟乙烯）与氯铝酸盐基离子液体不相容；氯铝酸盐基离子液体具有高吸湿性、黏性和价格高等，这些缺点直接影响了高性能非水系铝离子电池的设计和商业应用。

（3）铝负极氧化层钝化　铝离子电池最主要的吸引力是使用铝作为负极，并充分利用其优越的化学性能。在室温环境中，纯铝本身受到约 5nm 厚的氧化铝钝化膜保护，该钝化膜限制了表面活性物质的暴露。该氧化膜会对前几圈充放电循环的性能产生不利影响，如将正极的放电电压降低到理论值以下时，还会导致铝离子电池的运行大大延迟或完全停止。但是，有研究者认为氧化膜可以有效地抑制铝离子电池中的枝晶生长。因此，在铝负极和离子液体电解液之间建立电化学活性界面时，应该考虑如何处理氧化膜。

（4）铝枝晶的生长　铝枝晶的生长也是必须考虑的问题。特别是在高电流密度下，在玻璃纤维隔膜上明显地沉积了致密的铝枝晶。为设计更安全和更稳定的非水系铝离子电池，需要深入了解铝再沉积本身的电化学性质。这有助于寻找合理的方法防止枝晶生长，从而增强负极-电解质界面的安全性和稳定性。

10.3.3 水系铝离子电池

水系铝离子电池是一类新型的多电子反应化学电源，已经受到越来越多研究者的关注。金属铝负极表面存在的氧化铝钝化膜使其不易受到电解液的腐蚀，同时也限制了金属铝负极与电解液的接触，通过对金属铝负极进行预处理可以有效解决这一问题。铝离子只能在 pH 值<2.6 的酸性水溶液中稳定存在，因此水系铝离子电池的电解液主要为强酸性铝盐的水溶液。此外，有研究者在电解液中引入了功能性添加剂，来提高水系铝离子电池的电化学性能，设计了凝胶聚合物电解质用于柔性水系铝离子电池。目前，一些普鲁士蓝类似物、石墨材料、过渡金属氧化物、钠超离子导体型 $Na_3V_2(PO_4)_3$ 等[29,30] 电极材料能够在水系电解液中可逆地嵌入/脱嵌铝离子，并且展现出了一定的容量。

水系铝离子电池的发展还处于初级阶段，面临着许多问题，本书中不作详细介绍。

10.3.4 小结

迄今为止，大多数非水系铝离子电池表现出低输出电压和低容量，导致低的实际能量密度，使其至今还未能超越锂离子电池。因此，铝离子电池在商业化之前还有相当大的发展空间。为了促进非水系铝离子电池的商业应用，研究者需要针对非水系铝离子电池面临的障碍深入探讨，不仅要重视正极材料的开发，还要改进电解液的设计。尽管在过去几年中非水性铝离子电池得到了进一步发展，但对非水性铝离子电池的研究尚处于起步阶段，仍有很大的改进空间，必须总结和解决各种常见的问题和挑战，使得铝离子电池成为锂离子电池有希望的替代品。

10.4 锌离子电池

10.4.1 概述

由于金属锌负极无毒、比容量高（820mA·h/g）、氧化还原电位相对较低［−0.76V（vs. 标准氢电极）］、安全性高、成本低等优点，被认为是一次电池和二次电池的理想负极材料。因此，金属锌已被广泛应用于各种电池。锌离子电池作为一种新的、最有发展前景的替代储能技术，与目前流行但不安全、昂贵的锂离子电池相比，具有资源丰富、安全可靠、价格低廉等优点，近年来深受关注。锌离子电池与锂离子电池的结构以及工作原理非常相似，在充放电过程中，锌离子在正极和负极之间移动。到目前为止，可充电锌离子电池已经取得了相当大的研究成果，尤其是水系锌离子电池，其与水系电解液具有良好的相容性，因此水系锌离子电池比非水系受到了更广泛的研究。

目前关于锌离子电池正极材料的研究远多于负极材料，关于提高金属锌负极电化学性能的研究仍处于初级阶段。锌负极当前面临的挑战主要是其循环能力较差和库仑效率较低，这是由严重的枝晶生长、自腐蚀和不可逆的副产物形成引起的。为了改善金属锌负极在水系电解液中的固有缺点，研究者已经开发了一些有效的策略，包括负极与电解质之间的界面改性，锌负极的结构设计，采用新型的隔膜以及设计新型电解质。在不久的将来，还可以用更成熟的技术设计出电化学性能足够好的锌负极，促进锌离子电池的商业化，使其成为逐步向锂离子电池靠拢的可充电电池。

10.4.2 水系锌离子电池典型正极材料

水系锌离子电池具有高安全性、低成本和环境友好等优点。此外，与有机电解质相比，由于离子在水系环境中较高的迁移率，水系电解质可以提供有机电解质两倍的离子电导率（约为 1S/cm）。此外，由于双电子参与氧化还原反应，采用二价离子的锌离子电池可以提供比一价离子更高的比容量和能量密度。正负极材料的优劣直接影响锌离子电池性能的好坏。近年来，锌离子电池正极材料，特别是锰基氧化物、钒基氧化物、聚阴离子化合物、可持续醌类化合物、普鲁士蓝类化合物等都成为研究热点（图 10-7）[31]，以下概述了用于高性能水系锌离子电池的正极材料，但是负极材料在这里不作讨论。

锰基氧化物显示出较高的工作电压和较好的倍率性能。然而，锌离子嵌入相变过程中的Jahn-Teller效应，导致Mn^{2+}在循环过程中溶解，因此锰基氧化物正极的循环寿命有限。电解液中的Mn^{2+}添加剂可以抑制MnO_2电极的溶解，但还需要确定适当的浓度，以平衡Mn^{2+}的溶解和再氧化。

钒基氧化物正极中稳定的层状骨架和结构水分子，有利于锌离子的快速扩散，使其具有高倍率性能和长循环寿命。然而，钒基氧化物在水系锌离子电池中的平均工作电压仅为0.8V左右，严重限制了其实际应用。引入聚阴离子或氟离子可以提高钒基氧化物的放电电位，但这些附加基团导致分子量增加，比容量降低。

普鲁士蓝类化合物可以提供高达1.5V的平均工作电压，但比容量较低（50～80mA·h/g)，循环寿命有限（约200圈循环）。普鲁士蓝类化合物随机分布的Fe（CN)$_6$空位，破坏了Fe—CN—M键之间的电子传导，从而导致了较差的倍率性能。因此，减少晶格缺陷对提高体系性能具有重要意义。

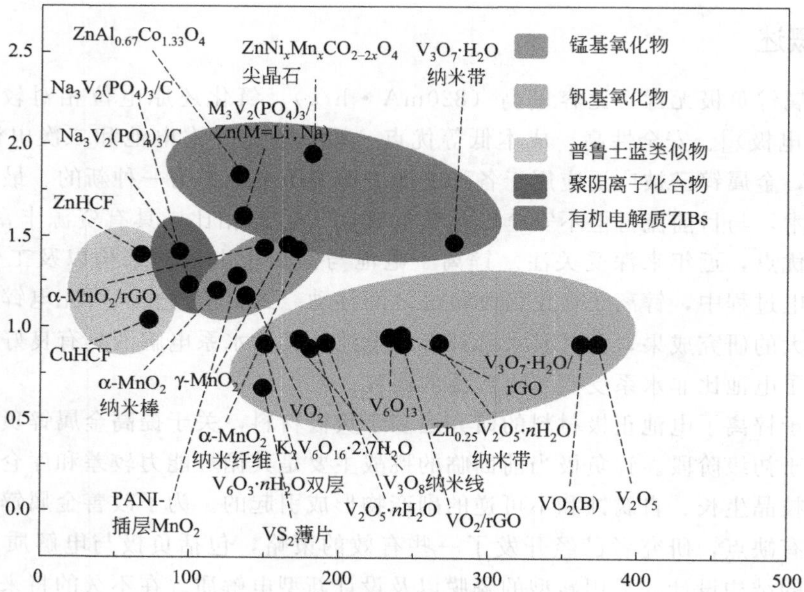

图10-7 锌离子电池正极材料比容量与放电电位的关系[31]

10.4.3 非水系锌离子电池

电解液中的阴离子和溶剂对电荷载流子的扩散和电极材料的稳定具有重要意义。硫酸锌和三氟甲烷磺酸锌溶液具有优异的电化学性能，是水系锌离子电池中常用的电解质。然而，酸性条件会破坏锌电极的长期循环稳定性。

与水系锌离子电池相比，使用有机电解质的非水系锌离子电池具有更高的工作电压和中等的放电容量，但其显示出较差的倍率性能和有限的循环寿命，这可能归因于更低的离子扩散速率和更低的金属沉积/溶解可逆性。在水基溶液中，水分子的共插层能有效地促进锌离子的嵌入。但是，由于溶剂化分子半径较大，在非水系溶液中很难实现与锌离子的共插层，因此，由非水系电解质组成的锌离子电池动力学较差。

10.4.4 固态锌离子电池

固态锌离子电池作为一种新型的储能系统，具有安全性高、无电解液泄漏、灵活性好、成本低等显著优点。由于缺乏高锌离子传导性的固态电解质，固态锌离子电池的研究仍然受到限制。

10.4.5 小结

总体而言，环境友好、高安全性、高能量密度和长循环寿命等优点，使锌离子电池有望成为未来储能设备。但是，锌离子电池仍然存在一些挑战影响其实际应用，如高能量效率的正极，稳定的锌负极，廉价的电解液等。然而在不久的将来，可以使用更成熟的技术设计出足够稳定的锌负极、更优秀的金属氧化物正极和电解液，促进可充电锌离子电池的商业化。

10.5 钙离子电池

10.5.1 概述

与现有的商业化锂离子电池相比，多价金属离子电池具有潜在的更高比容量、更低成本和更好的安全性等特点，因而引起了人们的研究兴趣。镁离子电池、铝离子电池和锌离子电池在过去几年中深受关注，并且取得了重要进展。相比之下，钙离子电池作为另一种多价金属离子电池，到目前为止相关研究相对较少。钙是地壳中含量第三的金属元素，其丰富的资源为钙离子电池的发展提供了保障。金属钙负极的理论比容量为1337mA・h/g，并且钙的标准氧化还原电势［−2.87V（vs. 标准氢电极）］最接近金属锂［−3.04V（vs. 标准氢电极）］，并且比金属镁［−2.37V（vs. 标准氢电极）］和金属锌［−0.76V（vs. 标准氢电极）］都要高，这赋予可充电钙离子电池比可充电镁离子电池和锌离子电池更高的输出电压和能量密度。此外，钙离子与镁离子、锌离子和铝离子相比，离子半径相对较大，因此离子表面电荷密度相对较小，极化强度更小，表明钙离子作为多价电荷载流子可能具有更好的扩散动力学性质。因此，钙离子电池是一种很有前景的电池体系。但是目前关于钙离子电池的研究尚处于起步阶段，开发高性能的钙离子电池电极材料对该领域的发展具有重要意义。

10.5.2 研究现状

钙离子电池是近年来深受关注的一种新型储能系统，然而高性能电极材料的缺乏阻碍了它的发展。目前，钙离子电池的发展主要面临两个挑战：一是在各种电解液中金属钙不可逆电镀/剥离，这严重阻碍了基于钙金属负极的钙离子电池的基础研究；二是缺乏高性能的钙离子储存电极材料。因此，尽管研究者对钙基材料的探索从未停止，但可充电钙离子电池的发展依旧很缓慢。

武汉理工大学麦立强教授等[32] 以双层 $Mg_{0.25}V_2O_5 \cdot H_2O$ 为可充电钙离子电池正极材料，其晶体结构如图 10-8（a）所示，发现在钙离子嵌入/脱嵌过程中，该材料表现出超稳定的结构特征，层间距仅显示约 0.09Å 的微小变化，因此表现出突出的循环稳定性（在 500 圈循环后容量保持率为 86.9%）。基于原位/非原位实验表征和第一性原理计算，他们揭示了这种优异的结构稳定性的原因，即层间的镁离子相比于钙离子具有更强的极化强度，可与层表面及结构水中的氧原子产生更强的静电吸引。因此，在钙离子扩散时，镁离子在层间可保持稳定，同时镁离子可有效束缚层间结构水，稳定的镁离子和层间结构水共同保证了层状结构的稳定性。An 等[33] 将 $VOPO_4 \cdot 2H_2O$ 作为钙离子电池正极材料，平均工作电压为 2.8V（vs. Ca^{2+}/Ca），具有 100.6mA·h/g 的放电比容量、优良的循环稳定性（200 圈循环）和良好的倍率性能（在 200mA/g 时有 42.7mA·h/g）。此外，他们还通过原位 X 射线衍射、原位拉曼光谱和原位 X 射线光电子能谱技术，证实了 $VOPO_4 \cdot 2H_2O$ 的钙离子储存机理是基于不对称钙离子的嵌入/脱嵌单相反应。Sun 等[34] 为了预测尖晶石 $CaCo_2O_4$ 作为钙离子电池正极材料的可能性，对 $CaCo_2O_4$ 的电子和电化学性质进行了第一性原理研究。结果表明，尖晶石 $CaCo_2O_4$ 的结构稳定，其晶体结构如图 10-8（b）所示，并且当电压高于 3.0V 时，$CaCo_2O_4$ 中的钙将全部或部分脱嵌。电子结构分析表明，脱嵌的尖晶石 $Ca_xCo_2O_4$ 为金属结构，这有利于充放电过程中的电化学反应。在 100% 钙浓度和 0% 钙浓度下，钙离子扩散势垒分别为 0.58eV 和 0.22eV，这表明尖晶石 $CaCo_2O_4$ 中钙离子的迁移率较高。因此，尖晶石 $CaCo_2O_4$ 的这些优点使其作为钙离子电池正极材料而具有潜在的应用前景。

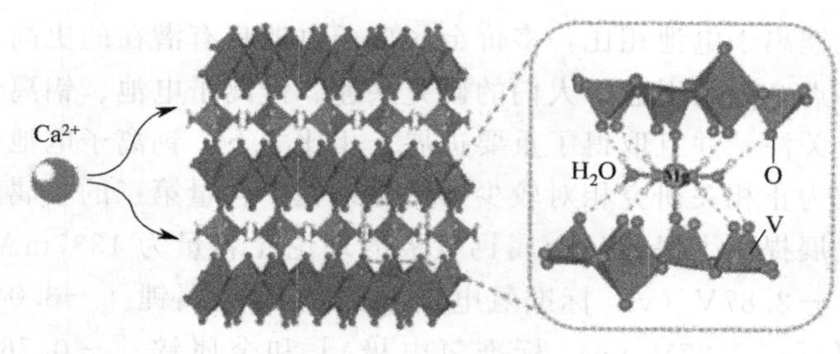

(a) $Mg_{0.25}V_2O_5 \cdot H_2O$[32]

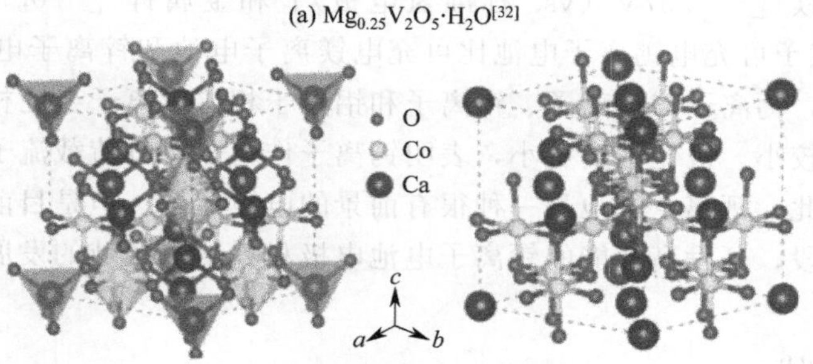

(b) $CaCo_2O_4$[34]

图 10-8 晶体结构示意图

早期的工作表明，多价金属（钙、镁等）在充放电过程中几乎没有枝晶生长，这一发现可以显著提高负极的容量，使它有可能代替商业锂离子电池中的石墨负极。与锂离子电池相比，这些钙离子电池等多价电池有望提高能量密度，同时多价离子的使用还可能使插层电极的电化学容量增加。例如，如果使用二价离子（镁离子、钙离子等），则与等效的一价离子嵌入相比，只需要嵌入一半数量的二价离子，便可以获得相同数量的转移电子。虽然钙是一个原子量较大的元素，但是如果以每个电子为基础来衡量质量，那么钙实际上比钠要轻，并且钙离子的大小（1.00Å）与钠离子（1.02Å）非常相似。因此，对于多价离子电池，钙离子电池具有很大的吸引力。

10.5.3 小结

虽然目前关于钙离子电池电极材料的研究不多，但是在碱土金属元素中，钙具有极化低、标准电极电势与锂接近、离子为+2 价（带电荷数目为锂离子的两倍）、储量丰富、成本较低的优点。因此，钙离子电池成为高效低成本储能电池是非常有希望的。尽管钙离子电池目前面临的金属钙不可逆电镀/剥离和缺乏高性能电极材料的阻碍，但在未来更成熟技术的支持下将会逐步解决这些困难，使可充电钙离子电池实现大规模商业化。

参考文献

[1] Zhang J, Liu T, Cheng X, et al. Development status and future prospect of non-aqueous potassium ion batteries for large scale energy storage[J]. Nano Energy, 2019, 60:340-361.

[2] Hwang J Y, Myung S T, Sun Y K. Recent progress in rechargeable potassium batteries[J]. Advanced Functional Materials, 2018, 28 (43) :1802938.

[3] 刘燕晨，黄斌，邵奕嘉，等．钾离子电池及其最新研究进展[J]. 化学进展，2019，31 (9)：1329-1340.

[4] Eftekhari A. Potassium secondary cell based on Prussian blue cathode[J]. Journal of Power Sources, 2004, 126 (1-2) :221-228.

[5] Pei Y, Mu C, Li H, et al. Low-cost $K_4Fe(CN)_6$ as a high-voltage cathode for potassium-ion batteries[J].ChemSusChem, 2018, 11 (8) :1285-1289.

[6] Hironaka Y, Kubota K, Komaba S. P2- and P3-K_xCoO_2 as an electrochemical potassium intercalation host[J]. Chemical Communications, 2017, 53 (26) :3693-3696.

[7] Kim H, Kim J C, Bo S H, et al. K-ion batteries based on a P2-type $K_{0.6}CoO_2$ cathode[J]. Advanced Energy Materials, 2017, 7 (17) :1700098.

[8] Deng T, Fan X, Luo C, et al. Self-templated formation of P2-type $K_{0.6}CoO_2$ microspheres for high reversible potassium-ion batteries[J]. Nano Letters, 2018, 18 (2) :1522-1529.

[9] Vaalma C, Giffin G A, Buchholz D, et al. Non-aqueous K-ion battery based on layered $K_{0.3}MnO_2$ and hard carbon/carbon black[J]. Journal of the Electrochemical Society, 2016, 163 (7) :A1295-A1299.

[10] Kim H, Seo D H, Kim J C, et al. Investigation of potassium storage in layered P3-type $K_{0.5}MnO_2$ cathode[J]. Advanced Materials, 2017, 29 (37) :1702480.

[11] Wang X, Xu X, Niu C, et al. Earth abundant Fe/Mn-based layered oxide interconnected nanowires for advanced K-ion full batteries[J]. Nano Letters, 2017, 17 (1) :544-550.

[12] Hwang J Y, Kim J, Yu T Y, et al. Development of P3-$K_{0.69}CrO_2$ as an ultra-high-performance cathode material for K-ion batteries[J]. Energy & Environmental Science, 2018, 11 (10) :2821-2827.

[13] Yakubovich O V, Massa W, Dimitrova O V. A new type of anionic framework in microporous potassium iron (Ⅱ) phosphate $K[Fe(PO_4)]$[J]. Zeitschrift für anorganische und allgemeine Chemie, 2005, 631 (12) : 2445-2449.

[14] Mathew V, Kim S, Kang J, et al. Amorphous iron phosphate: potential host for various charge carrier ions[J].

NPG Asia Materials, 2015, 7 (1) :e149-e149.
[15] Wang X, Niu C, Meng J, et al. Novel K_3V_2 (PO_4) $_3$/C bundled nanowires as superior sodium-ion battery electrode with ultrahigh cycling stability[J]. Advanced Energy Materials, 2015, 5 (17) : 1500716.
[16] Han J, Li G N, Liu F, et al. Investigation of K_3V_2 (PO_4) $_3$/C nanocomposites as high-potential cathode materials for potassium-ion batteries[J]. Chemical Communications, 2017, 53 (11) : 1805-1808.
[17] Chihara K, Katogi A, Kubota K, et al. $KVPO_4F$ and $KVOPO_4$ toward 4 volt-class potassium-ion batteries [J]. Chemical Communications, 2017, 53 (37) :5208-5211.
[18] Chen Y, Luo W, Carter M, et al. Organic electrode for non-aqueous potassium-ion batteries[J]. Nano Energy, 2015, 18:205-211.
[19] Jian Z, Liang Y, Rodríguez-Pérez I A, et al. Poly (anthraquinonyl sulfide) cathode for potassium-ion batteries [J]. Electrochemistry Communications, 2016, 71:5-8.
[20] Mao M, Gao T, Hou S, et al. A critical review of cathodes for rechargeable Mg batteries[J]. Chemical Society Reviews, 2018, 47 (23) :8804-8841.
[21] 刘凡凡，王田甜，范丽珍．镁离子电池关键材料研究进展[J]. 硅酸盐学报，2020，48（7）：1-16.
[22] Tang H, Xu N, Pei C, et al. $H_2V_3O_8$ nanowires as high-capacity cathode materials for magnesium-based battery [J]. ACS Applied Materials & Interfaces, 2017, 9 (34) :28667-28673.
[23] Zhou L, Liu Q, Zhang Z, et al. Interlayer-spacing-regulated $VOPO_4$ nanosheets with fast kinetics for high-capacity and durable rechargeable magnesium batteries[J]. Advanced Materials, 2018, 30 (32) : 1801984.
[24] Esparcia E A, Chae M S, Ocon J D, et al. Ammonium vanadium bronze ($NH_4V_4O_{10}$) as a high-capacity cathode material for nonaqueous magnesium-ion batteries[J]. Chemistry of Materials, 2018, 30 (11) :3690-3696.
[25] Levi E, Gershinsky G, Aurbach D, et al. New insight on the unusually high ionic mobility in chevrel phases[J]. Chemistry of Materials, 2009, 21 (7) : 1390-1399.
[26] Arsentev M, Missyul A, Petrov A V, et al. TiS_3 magnesium battery material: Atomic-scale study of maximum capacity and structural behavior[J]. The Journal of Physical Chemistry C, 2017, 121 (29) : 15509-15515.
[27] Makino K, Katayama Y, Miura T, et al. Electrochemical insertion of magnesium to $Mg_{0.5}Ti_2$ (PO_4) $_3$[J].Journal of Power Sources, 2001, 99 (1-2) :66-69.
[28] Zhang Y, Liu S, Ji Y, et al. Emerging nonaqueous aluminum-ion batteries: Challenges, status, and perspectives[J]. Advanced Materials, 2018, 30 (38) : 1706310.
[29] Verma V, Kumar S, Manalastas W, et al. Progress in rechargeable aqueous zinc- and aluminum-ion battery electrodes: Challenges and outlook[J]. Advanced Sustainable Systems, 2019, 3 (1) : 1800111.
[30] 徐鹏帅，郭兴明，白莹，等．水系铝离子电池的研究进展与挑战[J]. 硅酸盐学报，2020，48（7）：1-11.
[31] Xu W, Wang Y. Recent progress on zinc-ion rechargeable batteries[J]. Nano-Micro Letters, 2019, 11 (1) :90.
[32] Xu X, Duan M, Yue Y, et al. Bilayered $Mg_{0.25}V_2O_5 \cdot H_2O$ as a stable cathode for rechargeable Ca-ion batteries [J]. ACS Energy Letters, 2019, 4 (6) : 1328-1335.
[33] Wang J, Tan S, Xiong F, et al. $VOPO_4 \cdot 2H_2O$ as a new cathode material for rechargeable Ca-ion batteries[J]. Chemical Communications, 2020, 56 (26) :3805-3808.
[34] Zhao Z, Yao J, Sun B, et al. First-principles identification of spinel $CaCo_2O_4$ as a promising cathode material for Ca-ion batteries[J]. Solid State Ionics, 2018, 326: 145-149.